mentor Grundwissen

Biologie

bis zur 10. Klasse

Alle wichtigen Themen

Reiner Kleinert
Wolfgang Ruppert
Franz X. Stratil

mentor
Eine Klasse besser.

Über die Autoren:
Reiner Kleinert und Franz X. Stratil sind Oberstudienräte für Biologie, Wolfgang Ruppert ist Studienrat für Biologie. Alle Autoren haben bereits zahlreiche Lehr- und Lernwerke veröffentlicht.

Redaktion: Gabriele Ernst, Icking
Illustrationen: Udo Kipper, Hanau
Fotonachweis: siehe S. 283
Layout: Peter Pleischl, München
Vignetten: Ulf Marckwort, Kassel

Umwelthinweis: Gedruckt auf chlorfrei gebleichtem Papier.

mentor Grundwissen Band 11

Printed in Germany
www.mentor.de

ISBN-13: 978-3-580-64011-8
ISBN-10: 3-580-64011-9

3. 4. 5. 6. 08 07 06

Inhaltsübersicht

Lebewesen bestehen aus Zellen

Pflanzen als Grundlage des Lebens

Ernährung und Stofftransport

Abwehr von Krankheitserregern

Wahrnehmung durch Sinne

Steuerungsvorgänge

Regelungsvorgänge

Fortpflanzung, Entwicklung, Sexualität

Vererbung

Wechselbeziehungen mit der Umwelt

Verhalten

Evolution der Lebewesen

Lebewesen lassen sich ordnen

Vorwort

Warum müssen Pflanzen nichts essen?
Weshalb schlägt das Herz bei sportlichen Aktivitäten, aber auch vor Aufregung schneller?
Warum bekommen Menschen Fieber?
Wieso sehen Kinder ihren Eltern ähnlich?
Was ist eigentlich Gentechnik?
Warum ist der Wald so wichtig?

Wenn du auf diese oder ähnliche Fragen nach Antworten suchen solltest, dann ist unser Buch genau das Richtige für dich. Wir haben aus dem riesigen Wissen über die Vorgänge des Lebens die grundlegenden Sachverhalte zusammengestellt und gut verständlich erklärt. Bei der Auswahl haben wir uns an den Themen orientiert, die üblicherweise in den Klassen 5 bis 10 im Biologieunterricht an den Schulen behandelt werden. Insofern ist unser Buch eine sinnvolle Ergänzung zu deinem Biologie-Schulbuch. Du kannst unser Buch aber auch völlig unabhängig davon zum Schmökern, Lernen oder Nachschlagen benutzen. Das gilt auch für erwachsene Leser!
In der 5. und 6. Klasse könnte es sein, dass dir einige Texte unseres Buches noch zu kompliziert sind. Das ist nicht weiter dramatisch, denn dann hast du versehentlich ein Thema erwischt, das auch in der Schule erst später behandelt wird. In der 9. und 10. Klasse solltest du alles in diesem Buch nachvollziehen können. Und falls du beim Lesen mal etwas noch genauer wissen willst, findest du viele weitere Einzelheiten zu allen Themen in unseren *mentor Abiturhilfen Biologie*.

Wir wünschen allen Leserinnen und Lesern viel Spaß und Erfolg!

Reiner Kleinert, Wolfgang Ruppert und Franz X. Stratil

Lebewesen bestehen aus Zellen

Der Grundbaustein des Lebens ist die Zelle. Ein Mensch besteht aus ca. 80 Billionen verschiedenst spezialisierter Zellen, die in einem harmonischen Zusammenspiel von Zellen, Geweben und Organen koordiniert sind. Die Erforschung des Zellbaues ist eng an die Erfindung immer leistungsfähigerer Mikroskope geknüpft. Tier- und Pflanzenzellen, die Eukaryonten, unterscheiden sich in ihrem Aufbau weniger voneinander als von den Prokaryonten, den Lebensformen ohne Zellkern. Die Zellteilung ist für Wachstum und Vermehrung zuständig.

1 Kennzeichen des Lebens

Delfine: Säuger, die dem Leben im Wasser optimal angepasst sind

Die **Zelle** stellt für alle Lebewesen die Grundeinheit dar. Lebewesen lassen sich von unbelebter Materie allein schon durch diesen zellulären Aufbau unterscheiden. Allerdings gibt es weitere Kriterien, die in ihrer Gesamtheit **Kennzeichen des Lebendigen** sind.

Individualität, Gestalt. Eine Blume, ein Schmetterling, ein Delfin, ein Mensch – für Lebewesen ist ihr individuelles Aussehen charakteristisch. Die Gestalt ist typisch für das Individuum selbst, aber auch für die Art, zu der es eingeordnet wird. Auf die äußerlichen Merkmale hat auch die **Umwelt** einen großen **Einfluss**.

Alter

Wachstum und Entwicklung. Lebewesen wachsen und entwickeln sich: Bei der Entwicklung von der befruchteten Eizelle zum Organismus finden dabei tiefgreifende Veränderungen statt. Nach der Geburt wächst der Köper weiter heran, seine Zellen vermehren sich und werden ständig erneuert. Trotzdem kommt es zur **Alterung**, einem Prozess, der erst mit dem **Tod** endet.

Reizbarkeit, Bewegung und Verhalten. Lebewesen reagieren auf Reize aus der Umwelt, dabei zeigen sie häufig Bewegungen: Pflanzen stellen ihre Blätter in Lichtrichtung oder falten sie bei Berührungsreizen zusammen, Tiere suchen aktiv nach Nahrung, Schutz oder Partnern. Die Gesamtheit ihrer Handlungen wird als Verhalten bezeichnet.

Reizbarkeit bei Pflanzen: die Mimose

Stoffwechsel. Für die beschriebenen Prozesse von Wachstum, Reizbarkeit und Bewegung benötigen Lebewesen Energie. Diese beziehen sie entweder aus der Nahrung oder wie die grünen Pflanzen aus der Umwandlung von Lichtenergie. Dabei werden die aufgenommenen Stoffe im Stoffwechsel so umgewandelt, dass sie eine für den Körper nutzbare Form erhalten: Als **Baustoffe** sind sie am Aufbau des Körpers beteiligt, als **Energiestoffe** stellen sie die notwendige Energie zur Verfügung.

Löwe mit Beute

Fortpflanzung, Vermehrung, Vererbung. Alle Organismen pflanzen sich fort: Durch einfache Zweiteilung, Knospung oder Ablegerbildung (ungeschlechtliche Fortpflanzung) können sich Pflanzen und Tiere vermehren. Bei der Verschmelzung von Ei- und Samenzelle zweier unterschiedlicher Individuen (geschlechtliche Fortpflanzung) kommt es gleichzeitig zu einer Neukombination des Erbgutes. Allerdings bleiben dabei die grundsätzlichen Eigenschaften erhalten und werden auf die Nachkommen übertragen, also vererbt.

Manche Pflanzen sind bei ihrer Fortpflanzung auf die Hilfe von Tieren angewiesen

Evolution. Betrachtet man die Organismen einer Art über viele Generationen hinweg, bleiben sie nicht konstant, sondern verändern sich. Sowohl die heute existierenden als auch die ausgestorbenen Arten sind das Ergebnis einer Jahrmillionen dauernden stammesgeschichtlichen Entwicklung, der so genannten Evolution.

Saurier: eine längst ausgestorbene Lebensform

2 Organisationsebenen des Lebendigen

Blick in einen Mischwald

Die Lebensformen auf unserer Erde sind äußerst **vielgestaltig**: Mehr als 1,2 Millionen Tierarten, 320 000 Pflanzen- und 5 000 Bakterienarten leben in den unterschiedlichsten Lebensräumen.

Der Blick in einen Mischwald zeigt eine große Vielfalt von Lebensformen, die untereinander in Wechselwirkungen stehen und eine **Lebensgemeinschaft** bilden. Lebensgemeinschaften bestehen aus einer Vielzahl einzelner **Organismen**, die alle Merkmale des Lebendigen erkennen lassen.

Organismen sind aus einer begrenzten Anzahl von **Organsystemen** aufgebaut, die für übergeordnete Funktionen verantwortlich sind:

Hirsch

- Bei Pflanzen aus Wurzel, Sprossachse und Blättern/Blüten.
- Bei Tieren aus der Haut, dem Bewegungs-, Stabilitäts-, Herz-/Kreislauf-, Atmungs-, Verdauungs-, Ausscheidungs-, Fortpflanzungs-, Sinnes-, Nerven- und Hormonsystem.

Bei der Untersuchung von Organsystemen werden weitere Untereinheiten deutlich, die **Organe**: Beim Sinnessystem sind dies z. B. Augen, Ohren, Nase und Zunge, bei der Blüte Kron-, Blüten-, Staubblätter und Stempel. Sie erfüllen jeweils eine bestimmte Leistung.

Blätter

Die Organe bestehen ihrerseits aus dem Zusammenschluss von unterschiedlichen Zellverbänden, den **Geweben**. Diese sind aus überwiegend gleichartigen Zellen aufgebaut und üben eine bestimmte Funktion aus. Das Auge verfügt z. B. über die Horn-, Leder-, Ader- und Netzhaut sowie Muskelgewebe und Blutgefäße; das typische Laubblatt besitzt eine obere und untere Epidermis, ein Palisaden- und ein Schwammgewebe.

Grundbausteine aller Gewebe sind die **Zellen**; sie stellen für die Biologie die kleinste lebensfähige Einheit dar: Während die Zelle der Einzeller alle Lebensfunktionen erfüllt, ist der vielzellige Organismus erst durch das geordnete Zusammenspiel einer ungeheuer großen Anzahl unterschiedlich spezialisierter Zellen lebensfähig. Größe und Gestalt der Zellen hängen dabei maßgeblich von ihrer spezifischen Funktion ab. Die **Winzigkeit** der einzelnen Zelle – nur wenige Zellen sind mit dem bloßen Auge überhaupt sichtbar – macht es schwer mit ihr »vertraut« zu werden. Schier unvorstellbar wird es, wenn man sich gleichzeitig die unglaubliche Vielfalt der heute bekannten Leistungen von Zellen vor Augen führt.

Verstehbar werden diese Leistungen erst, wenn man in das Innere der Zellen vordringt, das durch **Zellorganellen** in Funktionseinheiten gegliedert ist: Typisch für Tier- und Pflanzenzellen sind z. B. die Mitochondrien. In diesen »Kraftwerken« der Zellen findet die Zellatmung statt, Energie in Form der chemischen Substanz ATP wird gewonnen.

Letztlich bestehen die Zelle und ihre Organellen aus **Makromolekülen** (Eiweißen, Fetten, Kohlenhydraten und Nukleinsäuren), **Molekülen** und **Atomen**.

Der Vielfalt im Erscheinungsbild aller Lebensformen auf unserer Erde steht also bei genauer Untersuchung eine **grundlegende Gemeinsamkeit** im mikroskopischen Bereich gegenüber: **Alle Lebewesen bestehen aus Zellen**.

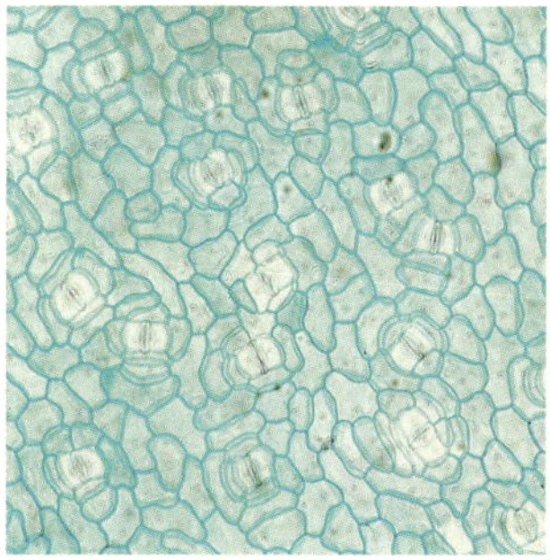

Untere Blattepidermis mit Spaltöffnungen

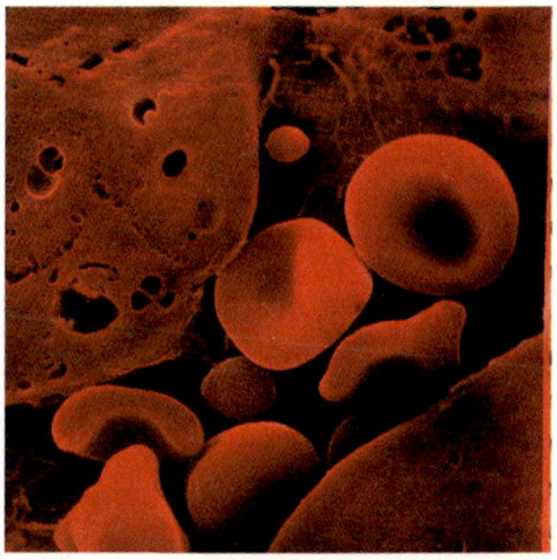

Rote Blutkörperchen versorgen den Organismus mit Sauerstoff

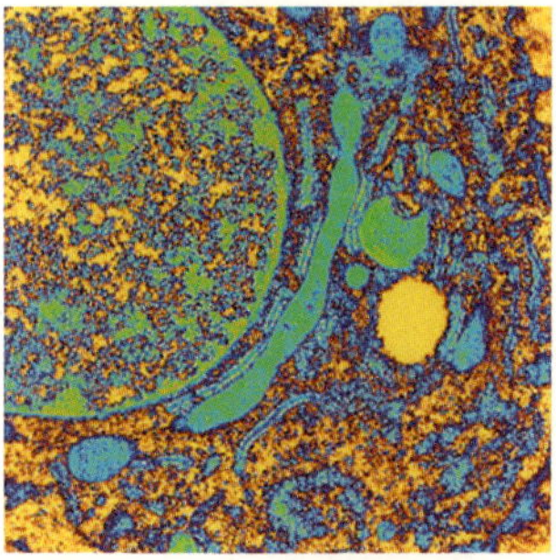

Ausschnitt aus einer Zelle, elektronenmikroskopische Aufnahme

3 Geschichte der Zellenlehre

Die Fortschritte der Zellenlehre sind eng verknüpft mit der Erfindung von Geräten, welche die Leistungsfähigkeit des menschlichen Auges erweitern.

Vor ca. 400 Jahren bauten in Holland die Brüder *Janssen* mithilfe der Kombination von mehreren Linsen Geräte, mit denen man feststellte, dass es vieles gibt, was mit bloßem Auge nicht sichtbar ist. 1665 entwickelte der englische Physiker *Hooke* diese ersten **Mikroskope** weiter und entdeckte in dünnen Schnitten der Rinde von Korkeichen kästchenförmige Strukturen, die ihn an Bienenwaben erinnerten; er bezeichnete sie als **»cells«**. Seine Beobachtungen hielt er in Form von Zeichnungen und Skizzen fest.

Der Holländer *Leeuwenhoek* erreichte 1667 schon bis zu 200fache Vergrößerungen und entdeckte in Wassertropfen winzige lebende Organismen, die Einzeller, und im Blut die roten Blutkörperchen.

In den folgenden Jahrzehnten führten weitere Verbesserungen der optischen und mechanischen Eigenschaften der Mikroskope zur Erkenntnis, dass alle biologischen Untersuchungsobjekte aus einzelnen Zellen bestehen, deren Grundbauplan bei allen Lebewesen übereinstimmt.

Modernes Lichtmikroskop

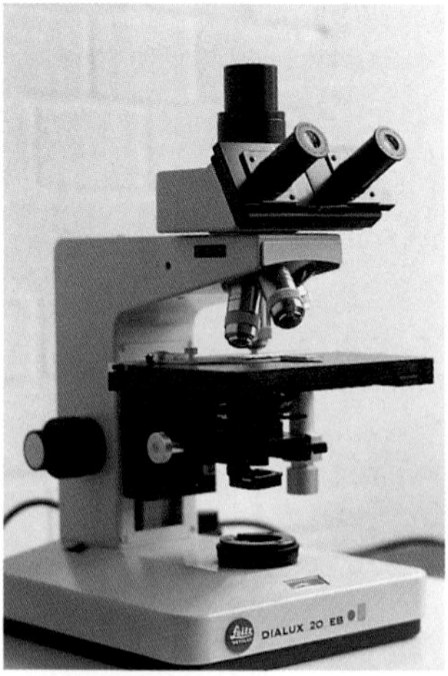

Diese Erkenntnis führte zu zwei **Kernsätzen der Biologie**: Die strukturelle und funktionelle Einheit aller Tiere und Pflanzen ist die Zelle (*Schleiden/Schwann*; 1838).

Alle Zellen können immer nur aus schon vorhandenen Zellen entstehen (*Virchow*; 1855).

Durch die Entwicklung des Elektronenmikroskops (*Knoll/Ruska*; 1931) konnten der Feinbau und die Innenarchitektur der Zellen weiter aufgeklärt werden; die Zelle entpuppte sich als ein ungeheuer kompliziertes Gebilde in Struktur und Funktion.

4 Das Lichtmikroskop

Um erkannt zu werden, müssen Objekte ein ausreichend großes Abbild auf der Netzhaut des Auges entwerfen. Je näher ein Gegenstand dem Auge kommt, desto größer wird er abgebildet und umso mehr Einzelheiten sind erkennbar **(Perspektivische Vergrößerung)**. Die maximale Größe wird dabei vom **Nahpunkt** des Auges bestimmt. Bei Unterschreitung wird die Abbildung unscharf.

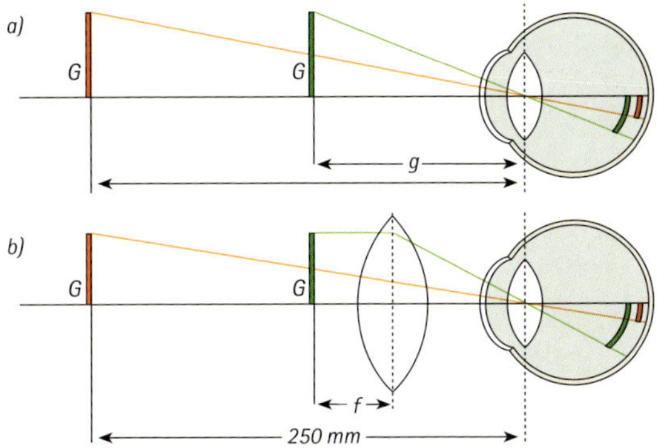

a) Perspektivische Vergrößerung beim Auge, b) Lupenvergrößerung

Lupen sind gläserne **Sammellinsen**, die kleine Dinge größer und genauer abbilden, indem die Objekte näher an das Auge herangeführt werden können. Dabei ist die Vergrößerungsleistung umso größer, je stärker die Linse gekrümmt ist. Um noch höhere Vergrößerungen zu erreichen, werden mehrere Linsen hintereinander geschaltet.

Auflösungsvermögen ist die Fähigkeit, zwei benachbarte Punkte getrennt wahrzunehmen.

Beim **Lichtmikroskop** besteht das vergrößernde System aus zwei zusammengesetzten Linsensystemen, dem **Objektiv** und dem **Okular**. Unterhalb des **Objekttisches** befinden sich eine **Lichtquelle** sowie der **Kondensor**, ein weiteres Linsensystem mit **Blende**, der zur Regelung der Bildhelligkeit und einer möglichst gleichmäßigen Ausleuchtung dient. Gegenstände, die untersucht werden sollen, heißen **Objekte**, sie liegen auf dem Objekttisch und werden von unten her durchstrahlt. Das Objektiv erzeugt im **Tubus** ein vergrößertes Zwischenbild des Objektes **(Primärvergrößerung)**, diese wird vom Okular wie von einer Lupe nochmals vergrößert **(Sekundärvergrößerung)**. Mit dem **Grob- und Feintrieb** lässt sich die Entfernung zwischen Objekttisch und Objektiv verändern und damit die Schärfe einstellen. Die **Gesamtvergrößerung** berechnet sich aus: Objektivvergrößerung mal Okularvergrößerung.

Strahlengang beim Lichtmikroskop

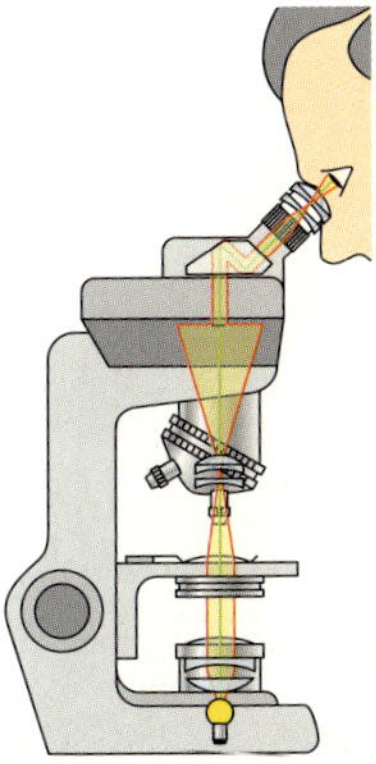

5 Untersuchungen mit dem Mikroskop

Um Objekte im Lichtmikroskop untersuchen zu können, müssen sie für Lichtstrahlen durchlässig sein. Alle Objekte, die lichtdurchlässig und dünn sind, können direkt in einen **Wassertropfen** auf einem **Objektträger** eingebracht und mit einem **Deckgläschen** abgedeckt werden **(Frischpräparate)**, auch lebende Strukturen. Dickere Objekte müssen zunächst geschnitten werden. Dies kann im einfachsten Fall mit einer Rasierklinge geschehen; im Labor werden häufig spezielle Schneidegeräte, **Mikrotome**, verwendet. Zur Vorbereitung werden die Untersuchungsobjekte meist abgetötet, fixiert, entwässert, gefärbt und in geeignete Materialien (z. B. Paraffin) eingebettet und erst danach geschnitten.

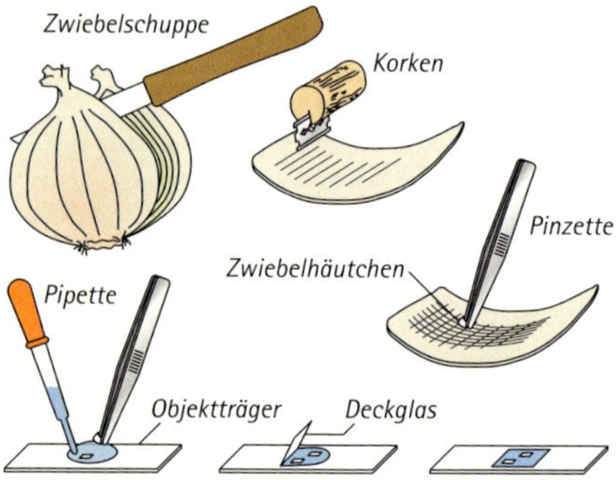

Herstellung eines Abziehpräparates

Zur **Färbung** und **Kontraststeigerung** werden bei der Lichtmikroskopie unterschiedliche Färbemittel eingesetzt: Methylenblau hebt die Zellkerne hervor, Jod-Jod-Kalium die Stärkekörner, Neutralrot die Zellsaftvakuolen, Karmin-Essigsäure die Chromosomen und Phloroglucin/Salzsäure die Holzstoffe (Lignin).

Grundregeln des Mikroskopierens

1. Immer sauber arbeiten!
2. Immer mit Deckgläschen arbeiten!
3. Immer mit dem kleinsten Objektiv beginnen, auf das Einrasten der Objektive am Objektivrevolver achten und bei jedem neuen Objektiv die Schärfe nachstellen!
4. Den Kondensor in die höchste Stellung bringen, zunächst mit offener Blende arbeiten!
5. Beim Scharfstellen mit dem Grobtrieb den Objekttisch immer vom Auge (Objektiv) wegbewegen (Gefahr von Glasbruch)!

Schon einfache biologische Präparate ermöglichen bei gezielter Auswahl einen Einblick in die **Grundstruktur des Zellbaues** und die Unterschiede zwischen pflanzlichen und tierlichen Zellen. Von allen Untersuchungen sollte grundsätzlich ein **Protokoll** angefertigt werden.

Zwiebelhäutchen (Abziehpräparat). Von der konkaven Innenseite einer Zwiebelschuppe wird das dünne Häutchen abgezogen und in einen Wassertropfen auf einem Objektträger gelegt, gegebenenfalls glatt gestrichen. Nach dem Auflegen eines Deckgläschens kann das so vorbereitete Präparat auf den Objekttisch gelegt und mikroskopiert werden.

Mundschleimhautzellen (Abstrichpräparat). Von der Zungenoberfläche lassen sich mit einem Holzspatel vorsichtig eine große Zahl von Schleimhautzellen abschaben, sie bleiben am Spatel hängen. Werden die Zellen in den Wassertropfen auf einem entsprechend vorbereiteten Objektträger eingebracht und mit einem Deckglas abgedeckt, können sie mikroskopiert werden. Um die Zellgrenzen und Zellstrukturen besser zu erkennen, kann das Präparat mit Methylenblaulösung gefärbt werden: Färbemittel an den Rand des Deckglases tropfen und mittels eines Filterpapiers unterziehen.

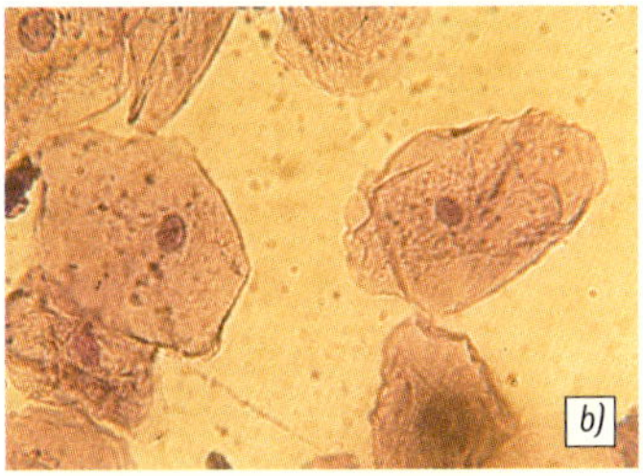

Wasserpest (Zupfpräparat). Mit einer Pinzette lassen sich leicht Blättchen vom Spross der Wasserpest abzupfen, auf einen vorbereiteten Objektträger in einen Wassertropfen legen und mikroskopieren.

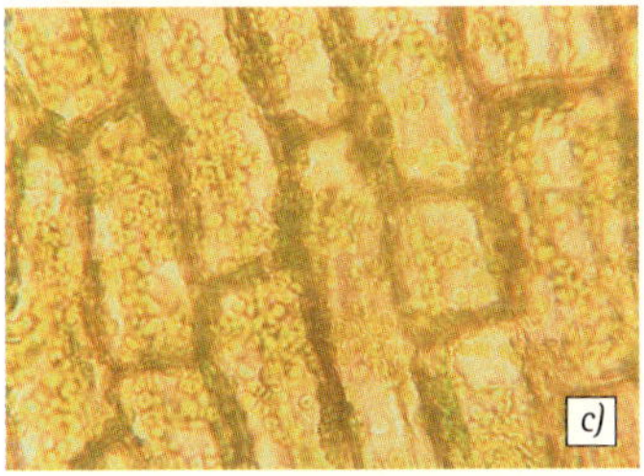

Mikrophotos: a) Zellen der Zwiebelschuppenepidermis, b) Zellen aus der Mundschleimhaut des Menschen, c) Zellen im Blatt der Wasserpest

6 Die Grundstruktur der Zelle

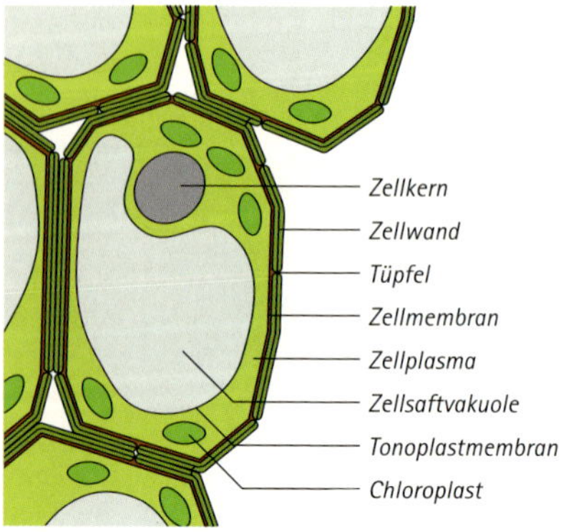

Lichtmikroskopisch erkennbare Strukturen der Pflanzenzelle

Pflanzenzellen. Die Zellen des Zwiebelhäutchens eignen sich gut, um den Aufbau einer Pflanzenzelle kennen zu lernen. Als Zellgrenzen treten die **Zellwände** deutlich hervor. Über winzige Poren **(Tüpfel)** in den Wänden sind die Zellen untereinander verbunden. Im Inneren, dem strukturlos erscheinenden **Zellplasma**, fällt ein rundlicher, dunkel granulierter Körper, der **Zellkern**, auf. Bei gefärbten Präparaten treten die **Zellsaftvakuolen** deutlich hervor, sie enthalten eine wässrige Lösung aus verschiedenen organischen und anorganischen Stoffen und sind durch ein dünnes Häutchen, die **Tonoplastmembran**, vom restlichen Zellplasma getrennt. Bei Blattzellen und anderen grünen Pflanzenzellen sind im Inneren kleine grüne, ovale Körperchen zu erkennen, die **Chloroplasten**, die sich in lebenden Zellen mit der **Plasmaströmung** bewegen (vgl. Wasserpest).

Lichtmikroskopisch erkennbare Strukturen der Tierzelle

Zellen von Tieren und Menschen. Die Zellen der Mundschleimhaut sind in ihrer äußeren Form unregelmäßig, die Zellgrenzen sind undeutlich, eine Zellwand fehlt. Die Zellen sind nur durch ein äußerst feines Häutchen, die **Zellmembran**, begrenzt. Das **Zellplasma** ist fein granuliert, der **Zellkern** als stärker granulierter Körper deutlich sichtbar. Bei starker Vergrößerung treten im Plasma weitere punktförmige Strukturen hervor, **Nahrungsvakuolen** und **Zellorganellen**. Eine exakte Bestimmung ihrer Form ist mit dem Lichtmikroskop nicht möglich. In der intakten Mundschleimhaut sind die Zellen zu einem geschlossenen Gewebe verbunden, dem **Plattenepithel**.

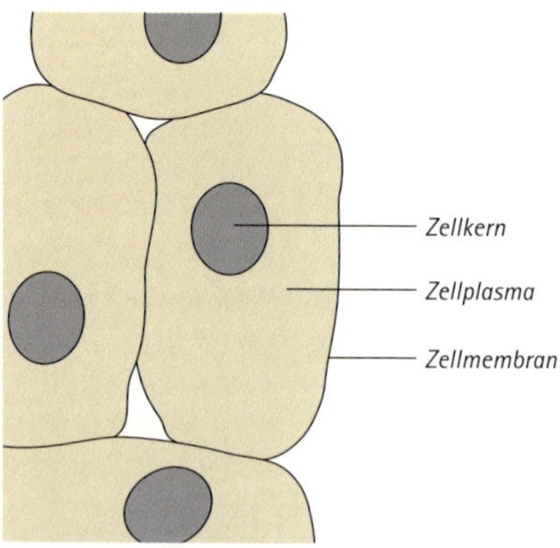

Zellgröße und Zellform. Die Gestalt von ausdifferenzierten Zellen in den Geweben von Vielzellern ist hinsichtlich der Form und Größe sehr vielfältig, meist herrscht eine deutliche Beziehung zwischen **Struktur und Funktion**: Nervenzellen können z. B. mehr als 1 m lang werden. Allgemein sind pflanzliche Zellen mit 10 µm bis 100 µm deutlich größer als menschliche und tierliche Zellen mit 10 bis 30 µm. Die Zelle ist vom Stoff- und Energieaustausch mit der Umwelt abhängig: Je kleiner die Zellen sind, desto größer ist die Oberfläche im Verhältnis zum Inhalt, was den Austausch verbessert und die Diffusionswege verkürzt.

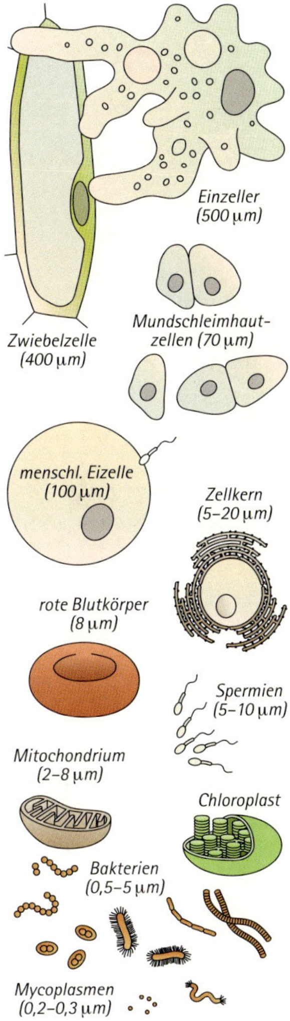

Verschiedene Zelltypen und -organellen im Größenvergleich

Tier- und Pflanzenzelle im Vergleich. Der Zellleib **(Protoplast)** der Pflanzenzelle ist von der Zellwand aus **Cellulose** umgeben; sie verleiht der Pflanzenzelle eine relativ feste, unveränderbare Form. Die **Zellmembran**, die für die tierliche Zelle die einzige Begrenzung darstellt, bildet den Abschluss des Zellplasmas nach außen hin; sie liegt der Zellwand als dünnes Häutchen direkt an. Auffälligstes Organell ist der meist kugelförmige **Zellkern (Nukleus)**. In seinem Innern befinden sich oft ein oder mehrere **Kernkörperchen (Nukleoli)**, die in eine netzartige Struktur, das **Chromatingerüst**, eingebettet sind. Das Chromatin enthält die Erbinformationen.

Nur pflanzliche Zellen enthalten **Plastiden**: die Chromoplasten (gelblich/rötlich) in Blüten und Blättern, die Chloroplasten (grün, Chlorophyll) in den Blattzellen, die Leukoplasten (farblos) in Speicherzellen (z. B. Kartoffel, Stärkespeicherung). Auch die **Zellsaftvakuole** ist typisch für die pflanzliche Zelle: Neben ihrer Bedeutung für den **Zelldruck (Turgor)**, der der Zelle und dem gesamten Pflanzenkörper Festigkeit verleiht, erfüllt sie Aufgaben bei der **Stoffaufnahme** und **Stoffausscheidung**.

7 Zellteilung

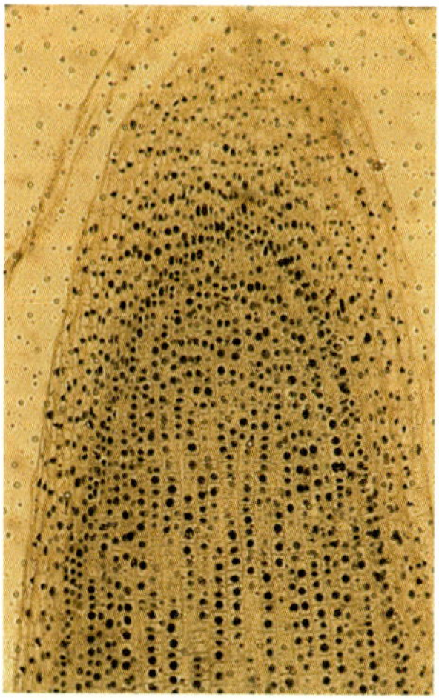

Zellen in verschiedenen Mitosestadien (Wurzelspitze der Zwiebel)

Ein erwachsener Mensch besteht aus ca. 60 Billionen Zellen, täglich sterben Zellen ab und müssen wieder ersetzt werden (ca. 1,5 Millionen Zellen pro Sekunde). Dabei ist die **Teilungshäufigkeit** von Zellen sehr unterschiedlich: Skelettmuskel- und Nervenzellen teilen sich kaum, Leberzellen werden ein- bis zweimal pro Jahr erneuert, manche Darmepithelzellen verdoppeln sich mehrmals pro Tag.
Wie alle vielzelligen Lebewesen entsteht auch der menschliche Körper durch Zellteilungen aus einer einzigen befruchteten Eizelle, der **Zygote**. Für die **Zellorganellen**, die jeweils in großer Zahl vorliegen, reicht es aus, wenn sich ihre Zahl zwischen den Teilungen annähernd verdoppelt und der Zellinhalt in zwei etwa gleich große Tochterzellen aufgeteilt wird. Für die **Erbinformationen des Zellkerns** lässt sich das Problem nicht so einfach lösen: Die **Erbsubstanz (DNA)** muss exakt verdoppelt und genau auf die beiden neuen Zellen aufgeteilt werden. Der Vorgang, der hier eine entscheidende Rolle spielt, heißt **Mitose**. Er lässt sich im Lichtmikroskop gut beobachten.

Mitosephasen. Der normale Zellkern **(Interphase- oder Arbeitskern)** ist im Lichtmikroskop als ungeordnetes, fädiges Gewirr zu erkennen **(Chromatingerüst)**. Vor der Verteilung wird jede einzelne Faser **verdoppelt (identisch redupliziert)**. Zur besseren Übersicht ist der stetige Ablauf in **fünf Phasen** unterteilt: Prophase, Prometaphase, Metaphase, Anaphase, Telophase.

Prophase. Zunächst teilt sich das **Centrosom** und die beiden Tochtercentrosome wandern zu den Zellpolen. Hier werden sie zum Ausgangspunkt für das Wachstum der **Mikrotubuli (Teilungsspindel)**. Die **Nucleoli** verschwinden, die Fasern des **Chromatingerüstes** verdichten sich und nach und nach werden die **Chromosomen** sichtbar. Diese bestehen aus zwei identischen Spalthälften, den **Chromatiden**, die am **Centromer** miteinander verbunden sind. Sie werden als Zweichromatidchromosomen bezeichnet.

Prometaphase. In der Prometaphase löst sich die Kernhülle auf. Die Mikrotubuli des **Spindelapparates** dringen in den ursprünglichen Zellkernbereich vor und treten mit den Chromosomen in Wechselwirkung. Einzelne Mikrotubulistränge verbinden sich mit den Centromeren der Zweichromatidchromosomen.

Metaphase. Die Zweichromatidchromosomen ordnen sich in der Mitte der Zelle zwischen den Spindelpolen in einer Ebene an (**Äquatorialebene bzw. -platte**).

Anaphase. Jedes Zweichromatidchromosom wird am Centromer geteilt. Die beiden Einchromatidchromosomen wandern zu den entgegengesetzten Polen.

Telophase. In der Telophase sind die Chromatiden an den Zellpolen angekommen, sie entspiralisieren sich und werden wieder zum Chromatingerüst. Die beiden neuen Kernmembranen und die Nukleoli entstehen wieder. Zwischen den beiden neu entstandenen Tochterzellen bildet sich in der so genannten **Cytokinese** eine neue Zellmembran aus. Damit ist die Teilung beendet, es sind zwei neue Zellen entstanden.

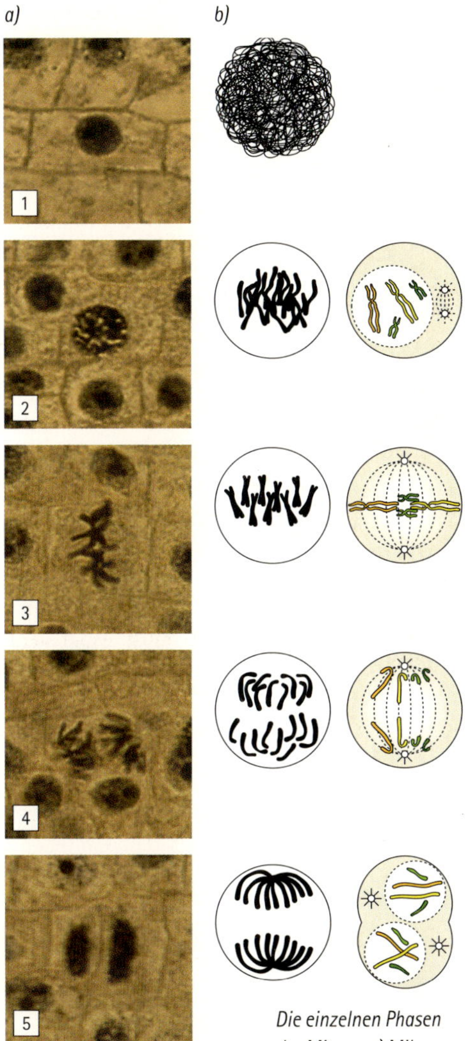

Die einzelnen Phasen der Mitose: a) Mikrophoto, b) Zeichnung; 1. Interphasekern, 2. Prophase, 3. Metaphase, 4. Anaphase, 5. Telophase

8 Zellen und Gewebe

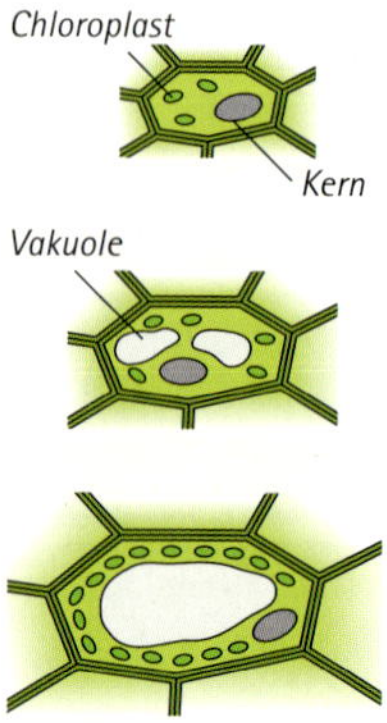

Zelldifferenzierung einer Pflanzenzelle (schematisch)

Bei der Zellteilung entstehen zwei identische Tochterzellen. Ein Organismus besteht aber aus einer Vielzahl unterschiedlicher Zellen, die sich durch asymmetrische Teilungen während der Embryonalzeit herausbilden. Sie zeigen **Differenzierung in Struktur** (Form) **und Funktion**; die äußere Form und die individuelle Ausstattung mit Zellorganellen sind ihrer spezifischen Leistung angepasst.

Folgende **Gewebetypen** lassen sich unterscheiden:

- Das **Bildungsgewebe (Meristem)** besteht aus Zellen, deren Teilungsfähigkeit über die gesamte Lebensdauer erhalten bleibt; es kommt hauptsächlich bei Pflanzen vor.
- Das **Wechselgewebe** enthält nicht ausdifferenzierte, ständig teilungsfähige Stammzellen, die den notwendigen Zellnachschub in Bereichen mit ständigen Zellverlusten ausgleichen (z. B. in Abschlussgeweben, Blut).
- Das **regenerationsfähige Dauergewebe** enthält Zellen, die sich auch nach Abschluss der Embryonalentwicklung bei Bedarf wieder teilen können (z. B. Leberzellen).
- Das **Dauergewebe** besteht aus ausdifferenzierten Zellen, die ihre Teilungsfähigkeit weitgehend verloren haben (z. B. Nervenzellen).

Differenzierung pflanzlicher Zellen. Pflanzen zeigen anders als Tiere ein **lebenslanges Wachstum**. Aber nicht alle Gewebe sind in gleicher Weise regenerationsfähig, also teilungsfähig. Pflanzliche **Meristeme** befinden sich meist an **Vegetationspunkten** von Wurzel und Spross. Ihre Zellen sind relativ isodiametrisch (kugelförmig), haben dünne Zellwände und kaum Vakuolen, sie ermöglichen Differenzierungen in alle Richtungen. Oft lassen sich in ihnen **Zellteilungen** beobachten.

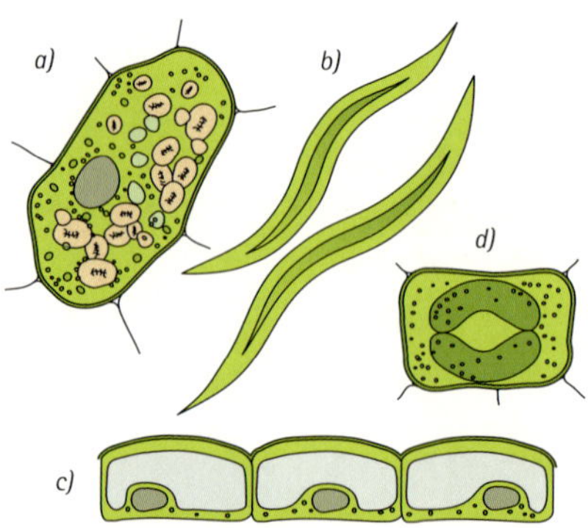

Pflanzliche Zellformen: a) Speicherzelle, b) Faserzelle, c) Epidermiszelle, d) Spaltöffnung

Die **Epidermen (Abschlussgewebe)** begrenzen die Organe untereinander und zur Außenwelt hin. Die Außenwände der Zellen sind oft deutlich verdickt und von einer **Kutikula** aus wachsartiger Substanz (Cutin) bedeckt.

Das Parenchym (Grundgewebe) ist von Epidermen umgeben, je nach Funktion ist es verschieden ausdifferenziert:

- Als Speicherparenchym übernimmt es im Wurzelbereich die Stärkespeicherung.
- Als Assimilations- oder Palisadenparenchym der Blätter nimmt es an den photosynthetischen Prozessen teil.
- Als Schwammparenchym ist es in den Blättern am Gasaustausch beteiligt.

Im Parenchym eingebettet liegt das **Stütz- oder Festigungsgewebe**, das **Sklerenchym**. Es besteht meist aus lang gestreckten, abgestorbenen Zellen mit extrem verdickten Zellwänden.

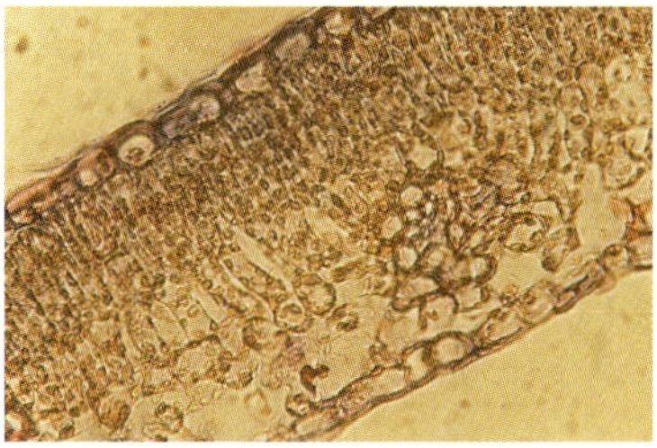

Blattquerschnitt

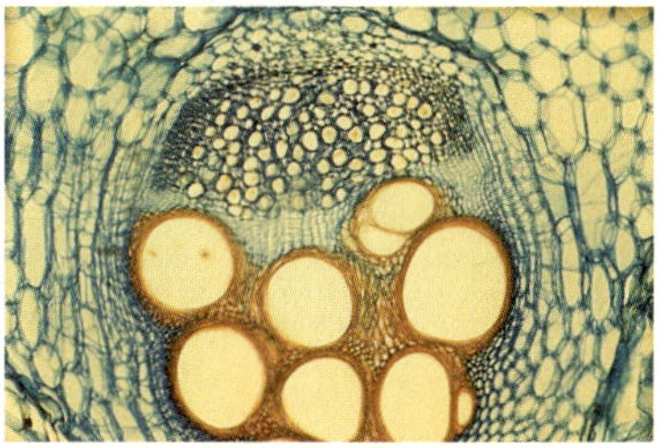

Leitgewebe

Differenzierung von Tierzellen. Die Organe des tierlichen Organismus sind durch ein- oder mehrschichtige **Abschlussgewebe**, die **Deckgewebe** oder **Epithelien**, begrenzt. Zur Außenwelt hin ist häufig eine zusätzliche Kutikula in Form einer Hornschicht aufgelagert. Das **Bindegewebe** entspricht dem pflanzlichen Parenchym. Aus ihm entwickeln sich das **Knorpel- und Knochengewebe**, das als Stützgewebe dient, sowie die Bänder und Sehnen, die auf Zugfestigkeit hin ausgelegt sind. Das **Muskelgewebe** (quer gestreift oder glatt) besteht aus lang gestreckten Muskelzellen, die eine Vielzahl von Fibrillen aufweisen. **Nervengewebszellen** sind oft durch verzweigte Fortsätze gekennzeichnet, mit denen sie untereinander, zu den Zellen der Sinnesorgane und zu Muskelzellen in Verbindung stehen.

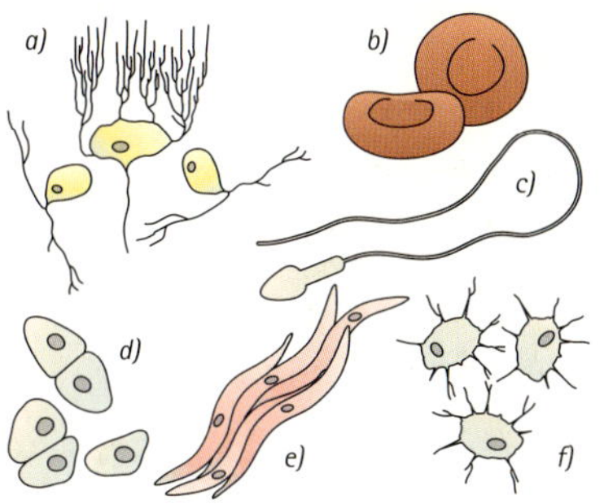

Tierliche Zellformen:
a) Nervenzellen,
b) rotes Blutkörperchen,
c) Spermium,
d) Knochenzellen,
e) Muskelfaserzellen,
f) Bindegewebszellen

9 Einzeller

Die Zelle ist die kleinste, noch selbständig lebensfähige Einheit eines Organismus.

Bei Einzellern besteht der gesamte Organismus aus einer **einzigen Zelle**; alle Lebensfunktionen müssen von dieser Zelle erfüllt werden. Nahezu alle Einzeller sind auf das Leben im **wässrigen Milieu** angewiesen. Bei der mikroskopischen Untersuchung von Tümpelwasser findet man sie in großer Vielzahl und Formenvielfalt.

Amoeba proteus

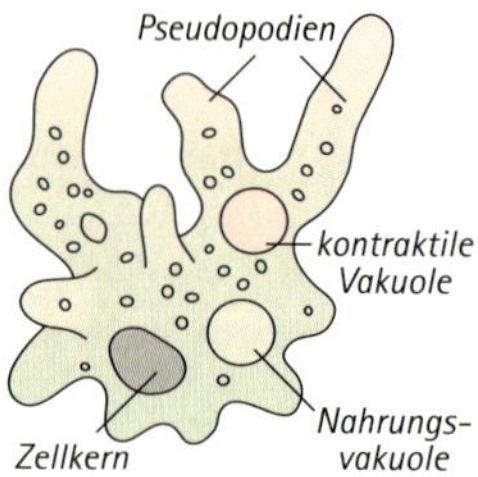

9.1 Rhizopoden (Wechseltierchen, Wurzelfüßler)

Die bekanntesten Vertreter sind die **Amöben**: Ihre Zellform ist veränderlich, ihre Fortbewegung findet über die Ausbildung von **Scheinfüßchen (Pseudopodien)** statt. Das Zellinnere gliedert sich in ein gelartiges Ektoplasma und ein relativ flüssiges, körniges Endoplasma. Neben den Nahrungsvakuolen fällt besonders die **kontraktile Vakuole** auf, da sie sich rhythmisch ausdehnt und zusammenzieht. Sie ist dafür verantwortlich, dass das ständig in die Zelle einströmende Wasser wieder abtransportiert wird.

Euglena viridis

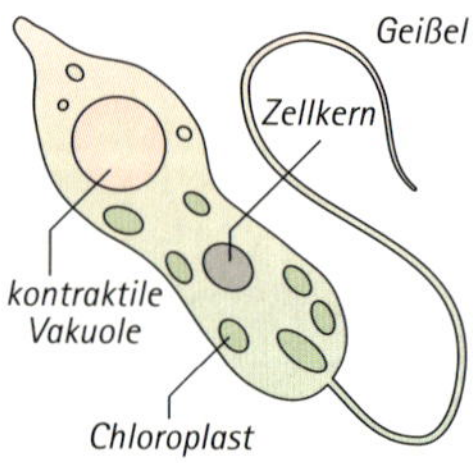

9.2 Flagellaten (Geißeltierchen)

Auffälligstes Merkmal sind eine bis vier Geißeln (Flagellen), die zur Fortbewegung sehr unterschiedliche Schlag- und Schraubenbewegungen ausführen können. Das Innere der Geißeln besteht aus Mikrotubulisträngen. Neben den kontraktilen Vakuolen findet man häufig Chloroplasten. Am bekanntesten ist das **Augentierchen** Euglena.

Pantoffeltierchen

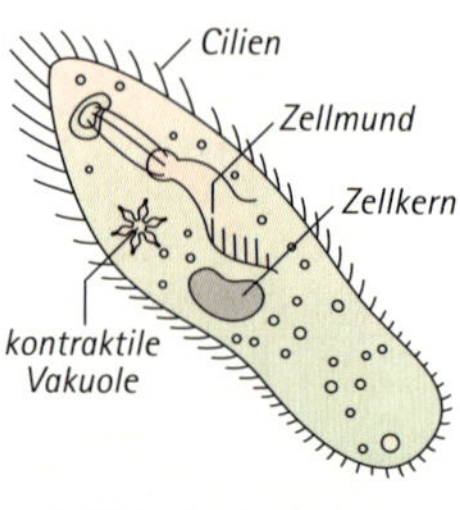

9.3 Ciliaten (Wimpertierchen)

Diese Einzeller sind von einem dichten Kranz aus kleinen Wimpern (Cilien) umgeben, die zur Fortbewegung und zum Einstrudeln von Nahrungspartikeln dienen. Neben einem Zellmund zur Nahrungsaufnahme und einem Zellafter zur Abgabe von Nahrung fällt der in einen Groß- und Kleinkern differenzierte Zellkern auf. Ein typischer Vertreter ist das **Pantoffeltierchen**.

10 Das Elektronenmikroskop

Die Erkenntnisse zum Feinbau der Zelle, ihrer Ultrastruktur, wurden durch die Entwicklung der Elektronenmikroskopie im 19. Jahrhundert erheblich erweitert.

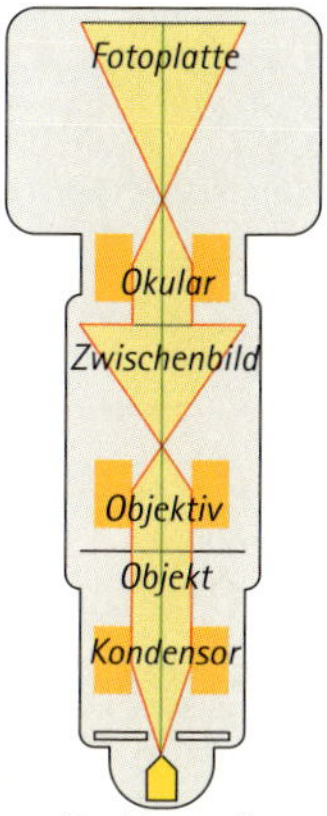

Transmissions-elektronenmikroskop, Strahlengang

Das Transmissionselektronenmikroskop (TEM). Moderne Elektronenmikroskope erreichen ca. die 1000fache Leistung eines Lichtmikroskops, d. h. bis zu 2 000 000fache Vergrößerung. Anstelle von Lichtstrahlen werden Elektronenstrahlen benutzt. Je größer die Geschwindigkeit der Elektronen, desto kleiner ist ihre Wellenlänge. Mit Spannungen von etwa 100 000 Volt werden die Elektronen extrem beschleunigt, so dass sich Strukturen von ca. 0,2 Nanometer (nm) noch auflösen lassen.
Zur Ablenkung und Bündelung dienen elektromagnetische Felder, die wie Sammellinsen wirken. Durch Veränderung der Stromstärke lässt sich die Vergrößerung variieren. Da Elektronen selbst durch Zusammenstöße mit Luftmolekülen abgelenkt würden, muss bei allen Untersuchungen im Hochvakuum gearbeitet werden. Elektronenstrahlen sind für das menschliche Auge unsichtbar, die Abbildungen können auf einem Leuchtschirm betrachtet werden.

Das Rasterelektronenmikroskop (REM). Bei ihm werden die Untersuchungsobjekte nicht durchstrahlt, sondern mit einem dünnen Metallfilm (meist Gold) beschichtet und mit einem Elektronenstrahl beschossen. Die dadurch an der Oberfläche freigesetzten Sekundärelektronen werden zu plastischen Bildern zusammengesetzt, die einen räumlichen Eindruck von den Oberflächenstrukturen vermitteln.

Wissenschaftler an einem modernen Elektronenmikroskop

Ultradünnschnitte. Selbst einzelne Zellen sind zu dick, um im TEM durchstrahlt zu werden. Sie werden nach einer komplizierten Behandlung mit dem Ultramikrotom in extrem dünne Scheiben geschnitten (eine Zelle von 0,1 mm in 1000 und mehr Scheiben).

11 Zellorganellen: Bau und Funktion

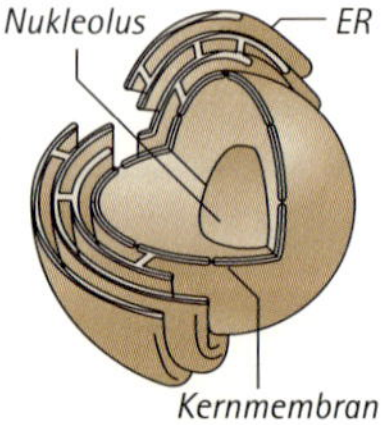

Zellkern

Zellkern. Seine Form ist meist kugelig, wird allerdings bei der Zellteilung drastisch umgestaltet. Der Innenraum des Kerns, das **Karyoplasma**, enthält das **Chromatingerüst**, das u. a. aus der Erbsubstanz DNA aufgebaut ist. Der Kern ist von einer **doppelten Membran**, der **Kernmembran**, umgeben und steht über **Kernporen** mit dem übrigen Zellplasma in Stoffaustausch. Oft besitzt er **Kernkörperchen (Nukleoli)**, die hauptsächlich die Kernsäure RNA enthalten.

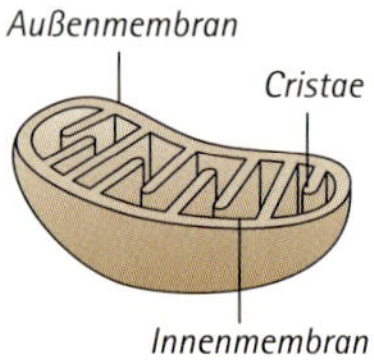

Räumliche Darstellung eines Mitochondriums

Mitochondrien. Sie erscheinen wurstförmig und sind von einer **Doppelmembran** umgeben. Die **Außenmembran** umhüllt sie wie eine Wursthaut. Die Einstülpungen der stark gefalteten **Innenmembran** heißen **Cristae**. Diese bewirken eine extreme Oberflächenvergrößerung, was in engem Zusammenhang mit den Energieversorgungsvorgängen steht, die an der inneren Membran ablaufen.

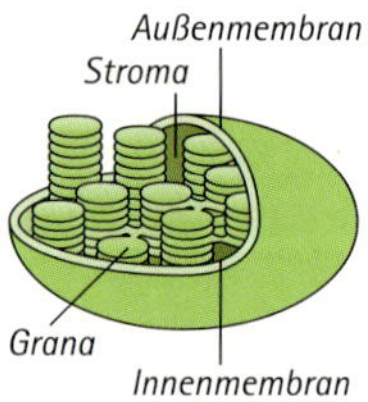

Räumliche Darstellung eines Chloroplasten

Plastiden. Sie finden sich nur in pflanzlichen Zellen. Bei den Höheren Pflanzen sehen sie aus wie Kaffeebohnen und sind ebenfalls von einer **Doppelmembran** umgeben. Die innere Membran ist eingestülpt und bildet **Thylakoide**, die an manchen Stellen dicht übereinander gestapelt vorliegen (**Grana**). Das Innere der Plastiden heißt **Stroma**. Die enorme Oberflächenvergrößerung führt zu einer **Kompartimentierung**, also zu Unterteilungen in verschiedene Räume (Photosynthese!).

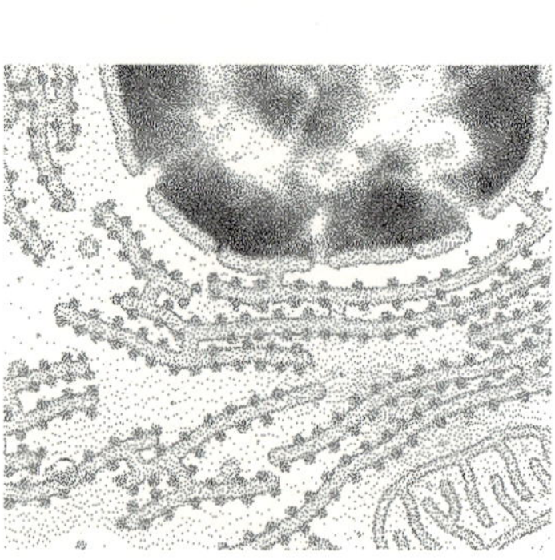

Endoplasmatisches Retikulum (ER). Das ER wird in zwei Formen unterteilt: das **agranuläre (glatte) ER** und das **granuläre (raue) ER**. Es bildet im Innern der Zellen ein vielgestaltiges und variables System aus Röhren, Kanälen und Blasen, und schafft damit eine riesige Oberfläche, an der die verschiedens-

Elektronenoptische Darstellung des ER; Ribosomen im Verhältnis stark vergrößert ten Reaktionen ablaufen können. Zusätzlich dient es zur Beförderung von Stoffen innerhalb der Zelle. Das raue ER ist dadurch gekennzeichnet, dass seine Membran mit vielen Körnchen, den **Ribosomen**, besetzt ist.

Ribosomen. Ribosomen sind winzige Körnchen, die sich frei im Plasma befinden oder am ER anliegen. Sie sind an der Produktion von Eiweißen beteiligt und damit an der Bildung von **Sekreten** (z. B. Speichel) **und Enzymen** (Eiweißstoffe, die chemische Vorgänge im Körper beschleunigen). Ribosomen bestehen aus zwei Untereinheiten, die zusammen ein rundliches Körperchen bilden. Sie sind nicht von einer Membran zum Zellplasma hin abgegrenzt.

GOLGI-Apparat, Dictyosomen. Die Gesamtheit der Dictyosomen wird nach ihrem Entdecker als GOLGI-Apparat bezeichnet. Sie bestehen aus einem Stapel von aufeinander liegenden flachen Scheiben **(Cisternen)**, die am Rand in kleine **Bläschen**, die **GOLGI-Vesikel**, auslaufen. Ihr gehäuftes Vorkommen in Drüsenzellen deutet auf ihre Funktion als **Sekretlagerstätten** hin. Gleichzeitig kommt ihnen eine **Ausscheidungsfunktion** zu.

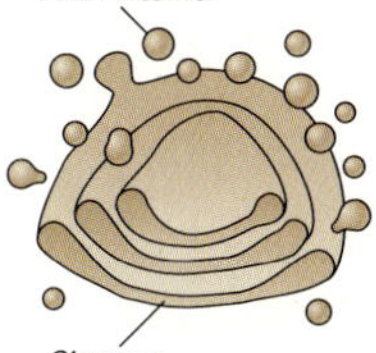

Räumliche Darstellung eines Dictyosoms

Lysosomen. Die Lysosomen sind membranumschlossene Körperchen, in denen sich **lytische** (abbauende) **Enzyme** befinden. Im **Zellstoffwechsel** kommen ihnen zwei Aufgaben zu: Sie bauen aufgenommene Stoffe ab und sind für die **Autophagocytose** da, d. h. sie umschließen »verbrauchte Teile«, bauen sie ab und scheiden sie aus.

Mikrotubuli und Centriolen. Mikrotubuli sind nicht von einer Membran umgrenzt, spielen eine wesentliche Rolle bei der **Zellteilung** (Spindelfaserapparat) und kommen gehäuft in all den Teilen der Zelle vor, die speziell der **Bewegung** dienen (Wimpern, Geißeln). Außerdem halten sie das **Zellskelett** aufrecht. Mikrotubuli sind **fibrilläre**, faserige **Strukturen** aus kugelförmigen Untereinheiten (Tubulin-Moleküle). In Tierzellen finden sich Centriolen: Je zwei sind T-förmig angeordnet und bestehen aus 9 mal 3 Mikrotubulisträngen.

a)
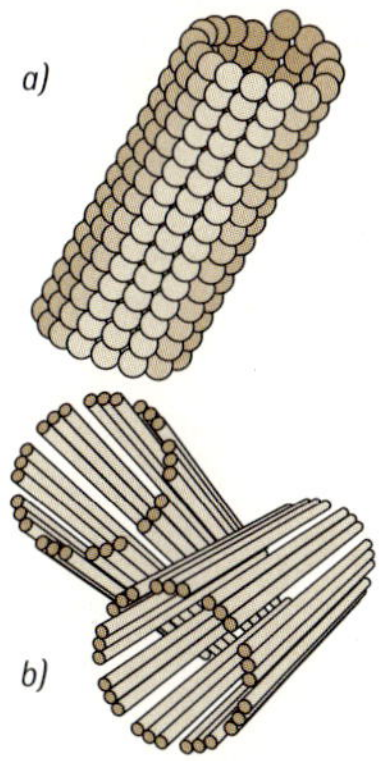
b)
Räumliche Darstellung a) eines Mikrotubulus, b) eines Centriolenpaars

12 Eukaryonten, Prokaryonten, Viren

Tiere, Pflanzen und Pilze haben Zellen, deren Zellkern durch eine Kernmembran vom restlichen Zellplasma getrennt ist, sie gehören zu den **Eukaryonten**. Die Unterschiede zwischen pflanzlichen und tierlichen Zellen, so genannten **Eucyten,** sind dabei deutlich geringer als zu Zellen, die auf der Organisationsstufe der **Protocyte** stehen.

Prokaryonten. Zu den Prokaryonten, für welche die Protocyte typisch ist, werden die **Bakterien** und **Cyanobakterien** (früher: Blaualgen) gezählt; sie sind dadurch charakterisiert, dass sie keinen »echten« Zellkern aufweisen. Sie enthalten Erbmaterial, was in Form eines ringförmigen DNA-Strangs (Kernäquivalent oder **Nucleoid**) frei im Plasma liegt. Zusätzlich kommen bei vielen Bakterien weitere ringförmige, kleine DNA-Stränge, die **Plasmide** vor, die besonders in der Gentechnologie von Bedeutung sind. Außer Ribosomen, die etwas kleiner sind als bei der Eucyte, besitzen Prokaryonten keine weiteren Zellorganellen. Der Zellkörper ist nach außen durch eine Zellmembran **(Plasmalemma)** abgeschlossen und wird zusätzlich von einer Zellwand umhüllt, die aus Murein besteht. Murein ist ein netzartiges, festes Makromolekül aus Zuckerketten und Aminosäuren und kommt nur bei Bakterien vor. Oft finden sich haarähnliche Ausstülpun-

Bakterienzelle: räumliche Darstellung

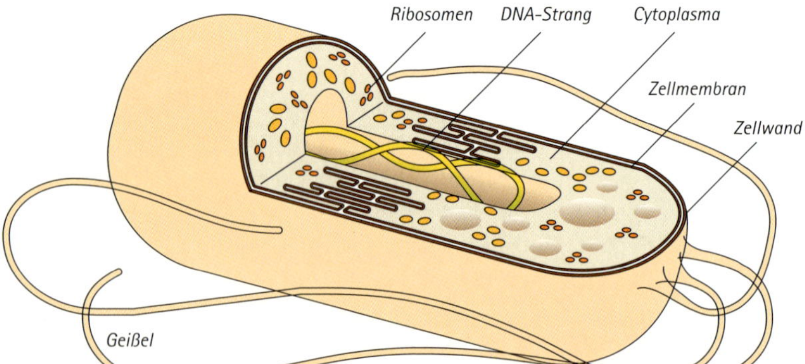

gen, Pili, und die gesamte Protocyte wird von einer zähen Schleimschicht umhüllt.
Die Zellgrößen liegen bei 0,5 bis 10 µm und sind damit deutlich kleiner als bei Eucyten, deren Zellorganellen im Größenbereich der Protocyte liegen.

Viren. Im Gegensatz zu Prokaryonten sind Viren keine zellulären Strukturen. Sie bestehen aus einer kompliziert gebauten Eiweißhülle **(Capsid)** und einem aufgewickelten Nukleinsäurefaden (entweder DNA oder RNA), der die Erbinformation enthält. Viren sind große Spezialisten: Bakteriophagen (Phagen) befallen nur Bakterien, Pflanzenviren nur Pflanzen und Tierviren nur Tiere oder den Menschen. Im menschlichen Körper sind sie als Erreger für zahlreiche Krankheiten wie Grippe, Masern, Röteln und Tollwut verantwortlich. Allen gemeinsam ist, dass sie keinen eigenen Stoffwechsel besitzen und bei ihrer Vermehrung auf lebende Zellen angewiesen sind. Ihre Größe liegt nochmals deutlich unter derjenigen für Pokaryonten: Poliovirus (Erreger der Kinderlähmung) ca. 20 nm, Pockenvirus ca. 300 nm = 0,3 µm.

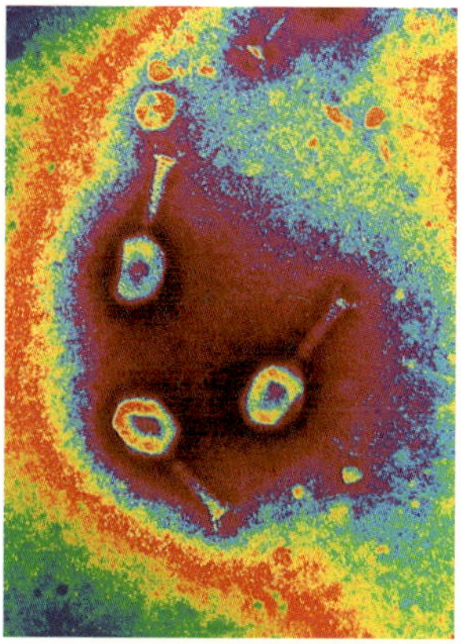

EM-Foto des Bakteriophagen T 4

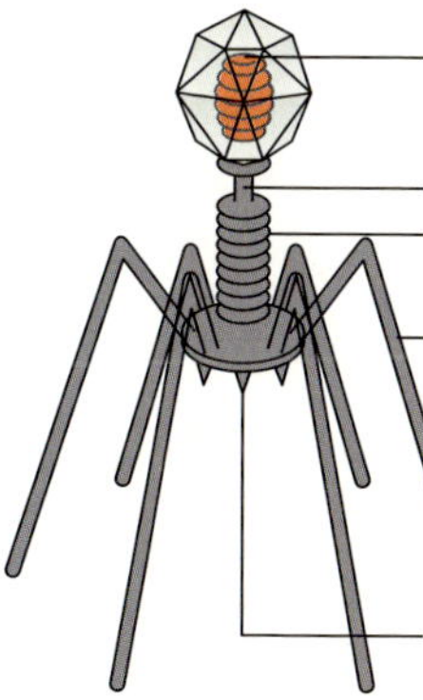

Räumliche Darstellung des Bakteriophagen T 4

Auf einen Blick: Lebewesen bestehen aus Zellen

- Alle Lebewesen bestehen aus Zellen. Kennzeichen für Lebewesen sind außerdem: Stoffwechsel, Wachstum und Fortpflanzung, Bewegung, Reizbarkeit, Individualität, Anpassungsfähigkeit, Entwicklung, Evolution, Altern und Tod.
- Im Jahr 1665 entdeckte *Robert Hooke* mit einem einfachen Lichtmikroskop in der Korkeichenrinde die ersten Zellen. Im 18. Jahrhundert entstand die allgemeine Zelltheorie: Tierliche und pflanzliche Zellen sind in ihrem grundsätzlichen Aufbau gleich und können immer nur aus schon vorhandenen Zellen entstehen.
- Mit Hilfe von Lupe und Mikroskop lassen sich Objekte vergrößert auf der Netzhaut abbilden und damit kleinste Strukturen sichtbar machen; dadurch gelingt ein Einblick in den Feinbau der Zellen. An geeigneten Objekten lassen sich Zellwände, Plastiden, Vakuolen, Mitochondrien und der Zellkern erkennen.

Zellteilung, Mitose

- Alle vielzelligen Lebewesen gehen aus einer befruchteten Eizelle hervor. Durch Zellteilungen kommt es zur Vermehrung dieser einen Zelle, es entsteht der vielzellige Organismus. Zusätzlich sind Zellteilungen erforderlich, um den ständigen Verbrauch und Verschleiß von Zellen zu ersetzen.
- Die Mitose wird in fünf Abschnitte eingeteilt: Pro-, Prometa-, Meta-, Ana- und Telophase. Aus einer Mutterzelle entstehen zwei genetisch gleiche Tochterzellen.

Zelldifferenzierung

- Ein Verband von Zellen mit ähnlicher Form und Funktion wird als Gewebe bezeichnet. Die Ausbildung verschiedener Gewebeformen ermöglicht dem Organismus Differenzierung – das entspricht einer Spezialisierung von der Form her – und Arbeitsteilung – das entspricht einer Spezialisierung von der Funktion her.

Einzeller

- Einzeller sind der lebende Beweis, dass die Zelle die kleinste selbständige Einheit des Lebens darstellt, alle Lebensvorgänge laufen innerhalb einer einzigen Zelle ab. Ihr Leben ist auf ein wässriges Milieu angewiesen.

Eukaryonten, Prokaryonten, Viren

- Eukaryonten haben einen echten Zellkern (von Kernmembran umhüllt). Prokaryonten sind Lebewesen, die keine membranumhüllten Organellen enthalten (Bakterien, Cyanobakterien). Viren sind nicht-zelluläre Teile aus RNA (oder DNA), sie benötigen Wirtszellen zum Leben.

Pflanzen als Grundlage des Lebens

Alle Samenpflanzen sind nach einem charakteristischen Grundmuster aufgebaut. Sie betreiben Photosynthese und bauen dadurch energiereiche Nährstoffe auf. Ihr Körperbau ist für diese Lebensweise maßgeschneidert und ermöglicht Wassertransport und Stoffspeicherung. Auch die Fortpflanzung weist einige grundlegende Besonderheiten auf und führt zur Bildung von Samen. Bei diesen Fortpflanzungseinheiten beginnt mit der Keimung das Wachstum der nächsten Pflanzengeneration.

1 Aufbau von Samenpflanzen

Samenpflanzen sind die häufigste Pflanzengruppe auf der heutigen Erde.

Ihre Hauptorgane sind Wurzel, Sprossachse, Blätter und Blüten. Sprossachse, Blätter und Blüten bilden zusammen den Spross.

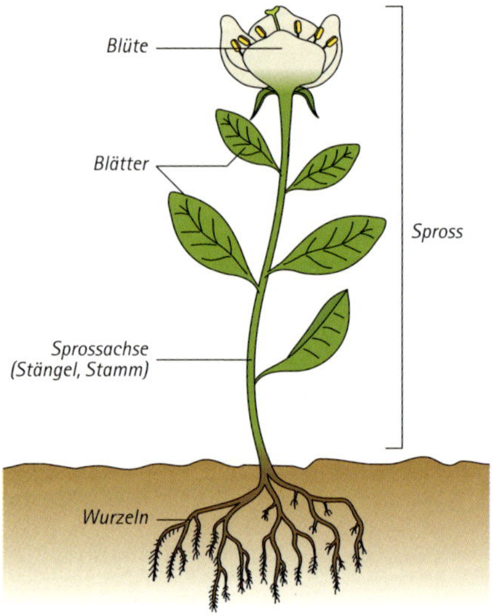

Bau einer Samenpflanze

Die Pflanzenorgane erfüllen folgende Aufgaben:

Die **Wurzeln** verankern die Pflanze im Boden und nehmen Wasser und Mineralstoffe aus dem Boden auf.

Der Stängel ist eine krautige, eventuell verholzende Sprossachse. Der Stamm ist eine verdickte und verholzte Sprossachse.

In der **Sprossachse** werden Wasser und Mineralstoffe aus der Wurzel zu den Blättern und Blüten geleitet und Nährstoffe aus den Blättern zur Wurzel. Die Sprossachse kann als Stängel oder Stamm ausgebildet sein und bringt Blätter und Blüten in die für ihre Aufgabe richtige Lage.

Die **Blätter** sind die Organe der Photosynthese und des Gasaustausches.

Blüten dienen der Fortpflanzung. In ihnen werden die Geschlechtszellen gebildet.

2 Photosynthese

2.1 Was bei der Photosynthese passiert

Tiere und Menschen nehmen mit ihrer Nahrung energiereiche Nährstoffe auf, die sich in den pflanzlichen oder tierlichen Produkten ihrer Mahlzeit befinden.

Bei Pflanzen kann man in der Regel niemals so etwas wie Nahrungsaufnahme beobachten. Dennoch wachsen und gedeihen sie. Ihrer Ernährungsweise kamen Forscher durch eine Reihe von Versuchen auf die Spur:

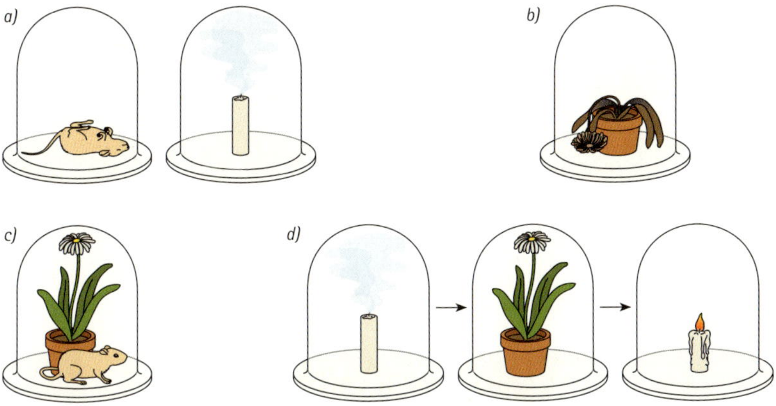

Klassische Versuche zur Ernährungsweise der Pflanzen

a) Setzt man eine Maus in ein luftdichtes Glasgefäß, so stirbt sie nach einer Weile. In der von der Maus verbrauchten Luft kann auch eine Kerze nicht mehr brennen.

b) Eine in einem luftdichten Glasgefäß gehaltene Pflanze stirbt ebenfalls nach einer Weile.

c) Tier und Pflanze, die zusammen in einem Gefäß gehalten werden, überleben hingegen beide.

d) Eine Pflanze kann in einer Luftmenge, in der eine Kerze erloschen ist, gedeihen und nach einer Weile kann auch wieder eine Kerze in dieser Luft brennen.

Pflanzen wandeln also die (von Tieren oder brennenden Kerzenflammen) »verbrauchte Luft« wieder in »gute« Luft um. Verbrauchte Luft erwies sich als reich an Kohlenstoffdioxidgas, frische Luft als reich an Sauerstoffgas.

Bereits im 19. Jahrhundert fand man heraus, dass nur die grünen Teile der Pflanzen Sauerstoff produzieren können und dass dazu immer Licht erforderlich ist. Außerdem wurde bewiesen, dass Pflanzen aus dem aufgenommenen Kohlenstoffdioxid Stärke herstellen und dass dazu auch Wasser notwendig ist. Aus dem Grundstoff Stärke können die Pflanzen dann vielerlei Produkte aufbauen, wie z. B. Eiweißstoffe, Fette, Farbstoffe und Gewürzstoffe.

- Die Ernährungsweise der Pflanzen besteht darin, dass sie aus Kohlenstoffdioxid und Wasser energiereiche Nährstoffe aufbauen. Dabei wird Sauerstoff frei.
- Weil zu diesem Vorgang Licht notwendig ist, bezeichnet man ihn als **Photosynthese**.
- Die Überführung der von den Pflanzen aufgenommenen Stoffe in körpereigene organische Substanz unter Verbrauch von Energie wird auch als **Assimilation** bezeichnet.

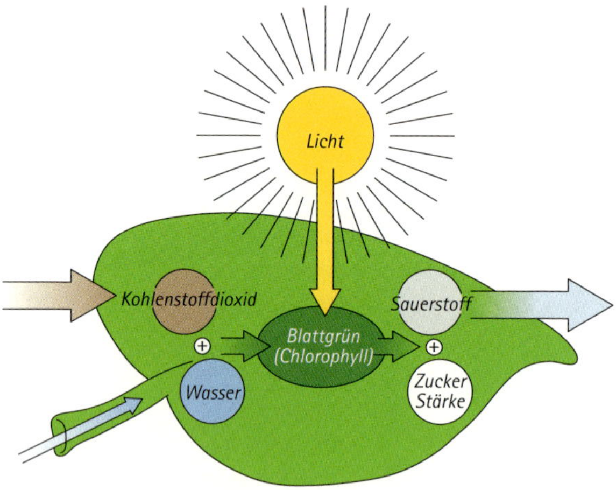

Vorgänge in der »Blattfabrik«

2.2 Das Blatt als Organ der Photosynthese

Das »Innenleben« eines Blattes lässt sich im Lichtmikroskop anhand eines Blattquerschnitts erkennen.

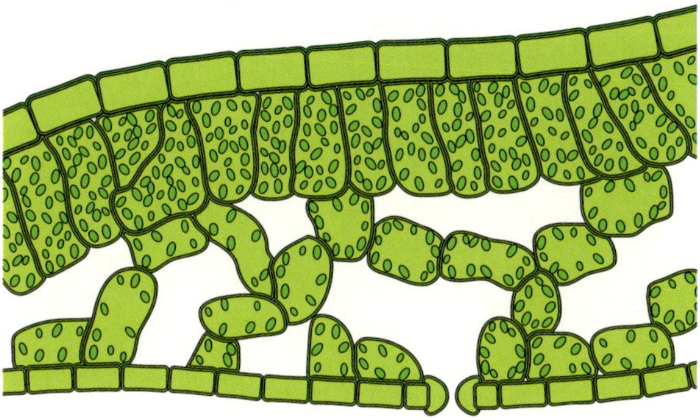

Querschnitt eines Laubblattes

Ein Laubblatt ist schichtenartig aufgebaut:

- obere Blatthaut (Epidermis)
- Palisadengewebe (längliche Zellen, vollgepackt mit Chloroplasten)
- Schwammgewebe (vielkantige, vielgestaltige Zellen mit großen Zwischenzellräumen)
- untere Blatthaut (Epidermis) mit Spaltöffnungen.

Über den Spaltöffnungen befinden sich zellfreie Räume – die Atemhöhlen. Sie dienen dem Gasaustausch. Die einzelnen Zellen jeder Epidermis sind eng zu einer geschlossenen und festen Schicht verzahnt. Diese wird durch eine weitgehend undurchlässige hauchdünne Schicht (Kutikula) bedeckt, die aber im Lichtmikroskop kaum deutlich wird. In die untere Epidermis sind Spaltöffnungen eingelagert.

In den Zellen des Blattes befinden sich Blattgrünkörper (Chloroplasten, s. S. 28). Sie enthalten den grünen Blattfarbstoff (Chlorophyll), der für die Photosynthese so wichtig ist.

a) Untere und b) obere Laubblattepidermis

a)

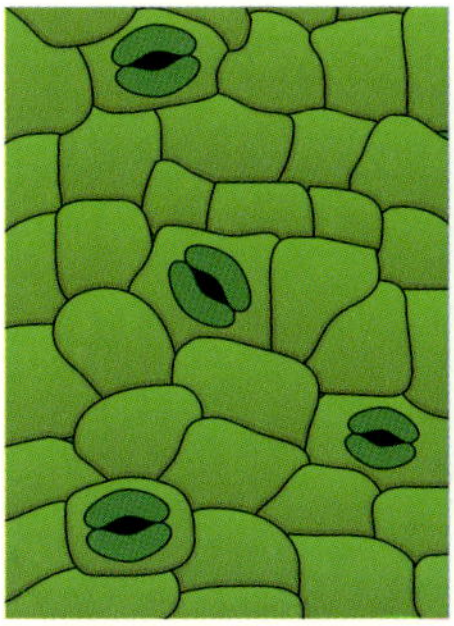

b)

2.3 Wichtige Versuche zur Photosynthese

Was die Pflanzen zur Photosynthese benötigen und was sie herstellen, zeigen einige einfache Versuche.

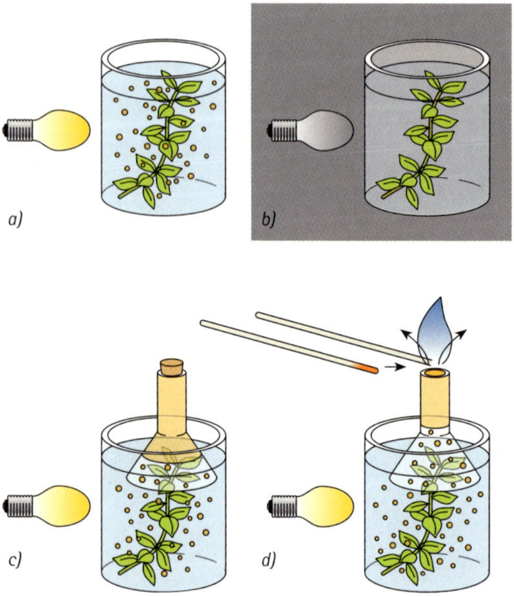

Versuche zur Photosynthese 1

Versuchsreihe 1

a) Ein im Dunkeln stehendes, mit Wasser gefülltes Glasgefäß, das eine Wasserpflanze enthält (z. B. Wasserpest), wird durch einen Scheinwerfer angestrahlt. An der Pflanze entstehen viele Gasblasen, die emporsteigen.

b) Wird das Licht ausgeschaltet, so dass das Glasgefäß wieder im Dunkeln steht, kommt die Gasproduktion sofort zum Erliegen.

c) Stülpt man einen mit Wasser gefüllten Trichter über die beleuchtete Wasserpflanze, können die aufsteigenden Gasblasen aufgefangen werden. Nach einer Weile haben sie das Wasser aus dem Trichterhals verdrängt.

d) Entfernt man den Stöpsel im Trichterhals, so entweicht das aufgefangene Gas. Führt man einen glimmenden Holzspan in das ausströmende Gas, beginnt es mit leuchtender Flamme zu brennen.

Die Pflanze kann also Sauerstoff bilden. Dazu braucht sie allerdings Licht!

Versuchsreihe 2

a) Man deckt das Blatt einer Pflanze, die längere Zeit im Dunkeln stand, teilweise mit einer Schablone ab. Anschließend wird dieses Blatt für einige Stunden mit Licht bestrahlt.

b) Danach entfernt man das Blatt von der Pflanze und löst die Blattfarbstoffe heraus. Das so behandelte Blatt wird in eine Jod-Lösung getaucht. Die zuvor belichteten Blattabschnitte färben sich schwarzblau (Stärkenachweis!).

c) In einem gescheckten Blatt tritt die schwarzblaue Färbung nur an den ursprünglich grünen Stellen auf.

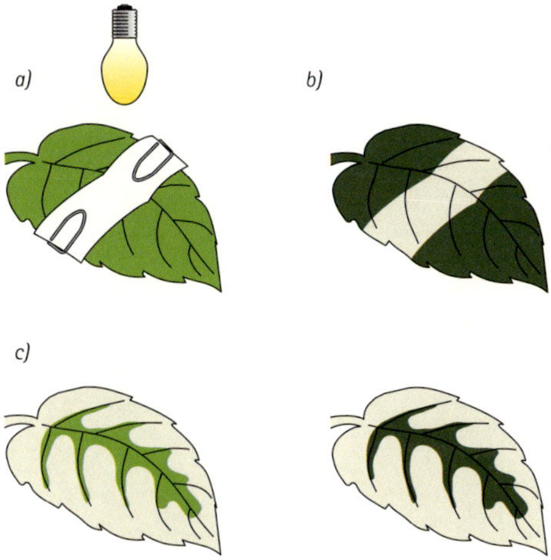

Versuche zur Photosynthese 2

> Die Pflanze kann also Stärke bilden. Das kann sie aber nur mit den Teilen, die grünen Blattfarbstoff enthalten!

3 Wassertransport und Stoffspeicherung

3.1 Bau von Sprossachse und Wurzel

Im Inneren einer Sprossachse befindet sich Leitgewebe zum Stofftransport, wie schon ein einfacher Färbeversuch zeigt.

Rote Tinte steigt in Leitbündeln zu Blättern und Blüte einer abgeschnittenen Tulpe empor

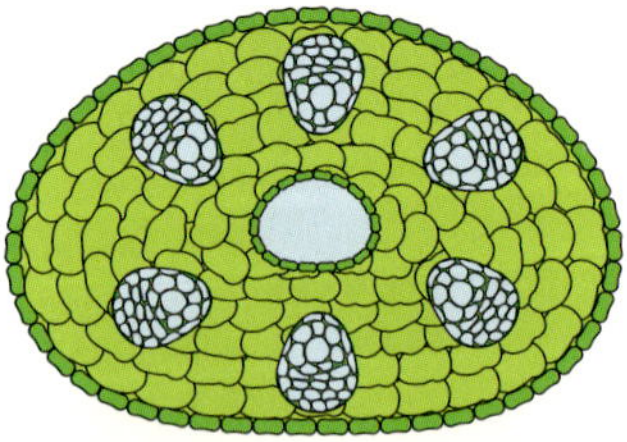

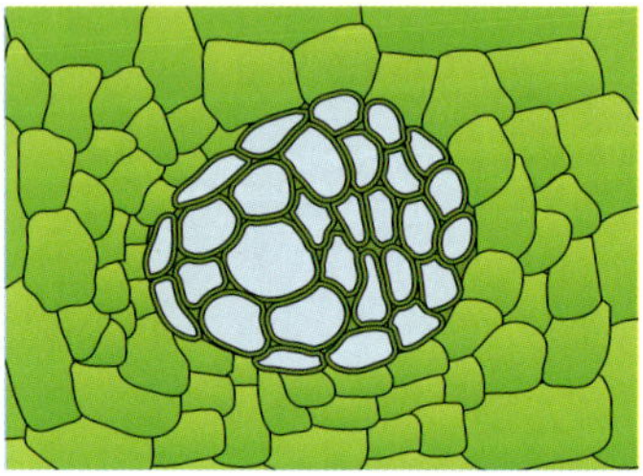

Querschnitte durch die Sprossachse vom kriechenden Hahnenfuß (Ranunculus repens). Oben: Stängelquerschnitt, unten: Querschnitt durch ein Leitbündel

Der Querschnitt eines Pflanzenstängels zeigt: Außen befindet sich ein geschlossener Ring aus Epidermiszellen mit aufgelagerter Kutikula. Darunter folgen mehrere Zellschichten, die ebenfalls ringförmig aufgebaut sind; ihre Zellgrößen nehmen von außen nach innen zu. Besonders ins Auge springen einige dunkler erscheinende »Flecken«, die Leitbündel.

Ein Leitbündel hat zwei Bereiche:

- Die eine Hälfte besteht aus sehr vielen relativ kleinen, dickwandigen Zellen, dem so genannten **Siebteil** (Phloem); in ihm werden Nährstoffe aus den Blättern in die Wurzeln (Speicherorgane) transportiert.
- Die andere Hälfte besteht aus unterschiedlich großen, meist weiträumigen Zellen, deren Zellwände häufig noch stärker verdickt sind als bei den Phloemzellen; in diesem **Gefäßteil** (Xylem) findet der Wasser- und Nährsalztransport statt.

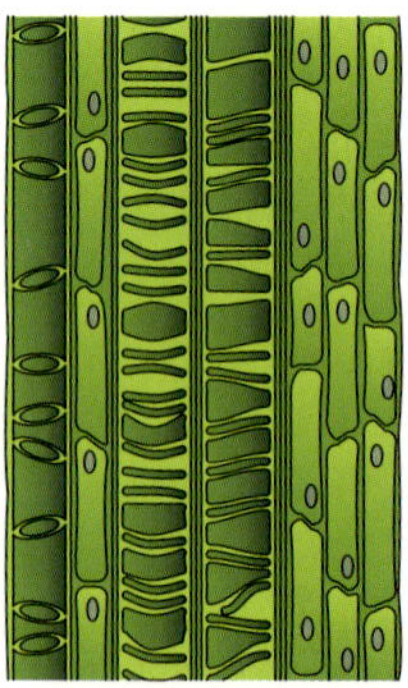

Längsschnitt durch ein Stängelstück vom Kürbis (Cucurbita pepo)

Dass Siebteil und Gefäßteil wie »Leitungsrohre« aufgebaut sind, zeigt ein Längsschnitt durch ein Stängelstück. Lang gestreckte Zellen sind durch mehr oder weniger starke Auflösung der Zellwände an bestimmten Stellen zu langen, den ganzen Pflanzenkörper durchziehenden Röhren verbunden.

Die **Wurzel** besteht aus mehreren Gewebesorten, die schichtenartig angeordnet sind. Die »Leitungsrohre« befinden sich in diesem Fall im Zentrum.

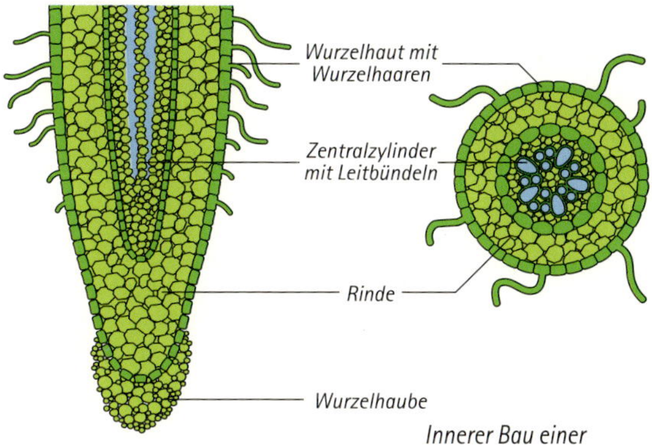

Innerer Bau einer Wurzel

3.2 Wassertransport

Von der **Wurzel** über die **Sprossachse** bis in die **Blätter** besteht ein durchgehendes System von Leitungsbahnen. Die drei Organsysteme arbeiten beim Wassertransport Hand in Hand. Der »Motor« für den Wassertransport liegt dabei überraschenderweise nicht in den Wurzeln als dem Organsystem der Wasseraufnahme, sondern in den Blättern, den Organen der Photosynthese. Die Blätter saugen das Wasser quasi durch den Pflanzenkörper.

① Über die Spaltöffnungen verdunstet Wasser nach außen. Diese Abgabe von Wasserdampf an die umgebende Luft wird als **Transpiration** bezeichnet.

② Die Zellen direkt unterhalb der Spaltöffnung verlieren dabei Wasser, der Zellsaft wird »eingedickt«. Durch osmotische Kräfte strömt Wasser aus den benachbarten Zellen nach.

③ Diese nehmen Wasser aus den Blattadern, den obersten Abschnitten des Gefäßsystems, auf.

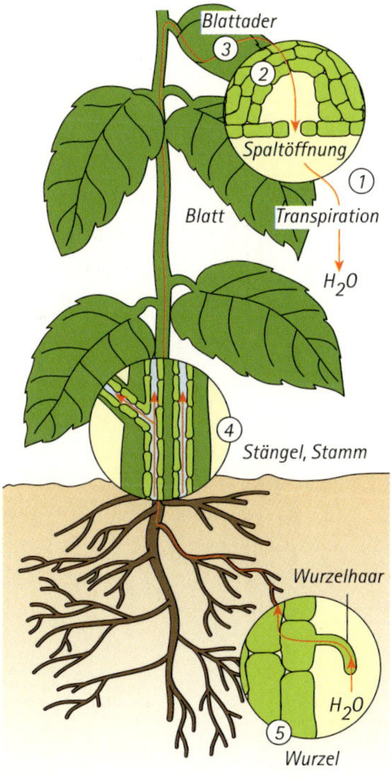

Wassertransport in der Pflanze

An einem heißen Sommertag verdunstet eine Sonnenblume 1 l und eine Birke bis zu 400 l Wasser.

④ Insgesamt entsteht ein **Transpirationssog**, durch den das Wasser wie in einem dünnen Strohhalm durch die Leitungsbahnen hochgezogen wird, die von der Wurzel bis in die Blätter verlaufen.

⑤ Die Wurzeln nehmen neues Wasser aus dem Boden auf.

3.3 Stoffspeicherung

Unterirdische Speicherorgane dienen der Ernährung von Mensch und Tier.

Überschüsse an Nährstoffen lagern viele Pflanzen in unterirdische Speicherorgane ein. Dadurch können sie dann den Winter oder Dürreperioden überstehen. Der Mensch kann diese Speicherorgane für die eigene Ernährung oder für die Tierfütterung verwenden. Je nach Gewebesorte, in der die Nährstoffe gespeichert sind, lassen sich verschiedene Speicherorgane unterscheiden:

- **Rüben** sind fleischig verdickte Speicherorgane, bei denen sowohl die Wurzel als auch der unterste Sprossabschnitt verdickt sein kann. Bei der Mohrrübe ist die Hauptwurzel verdickt. Bei einem Radieschen der unterste Sprossabschnitt.
- **Zwiebeln** sind weit verbreitete Speicherorgane. An einem kurzen dicken Stängel, der Zwiebelscheibe, entspringen Spezialblätter, die als Speicherorgane dienen.
- **Kartoffeln** sind so genannte Sprossknollen. Das sind Speicherorgane, die sich aus unterirdischen Ausläufern des Sprosses bilden. Kartoffeln enthalten neben Stärke auch hochwertiges Eiweiß, Mineralstoffe und Vitamin C!

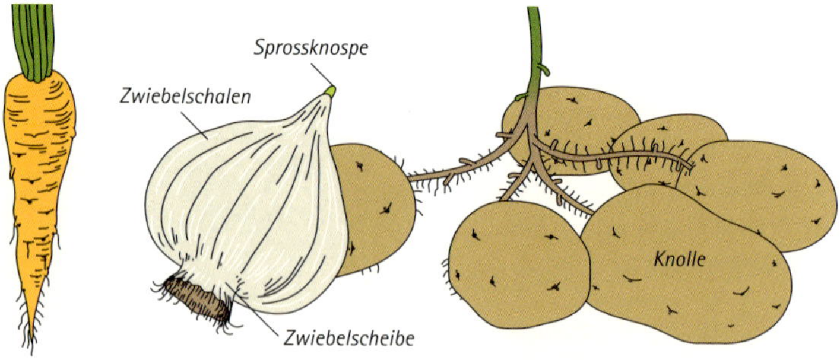

Speicherorgane: Mohrrübe, Zwiebel, Kartoffel

4 Von der Blüte zur Frucht

Blüten dienen der geschlechtlichen Fortpflanzung.

Eine Blüte dient der geschlechtlichen Fortpflanzung und wird aus Blättern aufgebaut, die zu diesem Zwecke umgebildet sind. Von außen nach innen folgen aufeinander die Blütenhüllblätter (Kelchblätter, Kronblätter), die Staubblätter und die Fruchtblätter.

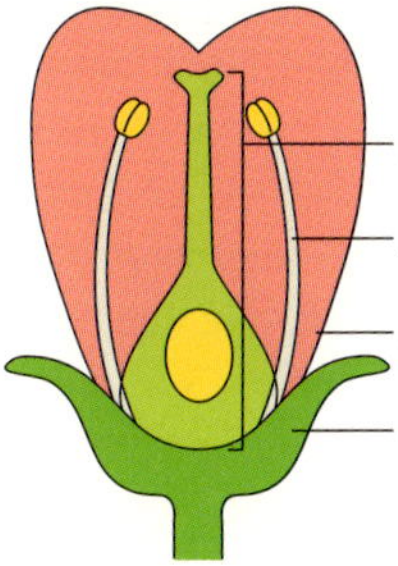

Bau einer Blüte

Die **Staubblätter** sind der Ort, an dem die männlichen Fortpflanzungszellen (Blütenstaub oder Pollen) gebildet werden. Staubblätter bestehen in der Regel aus 2 **Staubbeuteln** an einem **Staubfaden**.
Die **Fruchtblätter** sind der Ort, an dem die weiblichen Fortpflanzungsorgane gebildet werden. Bei den Bedecktsamern verwachsen die Fruchtblätter miteinander und umschließen die **Samenanlagen**. Der untere Teil der Fruchtblätter bildet den **Fruchtknoten**, der obere den **Griffel** mit der **Narbe**.

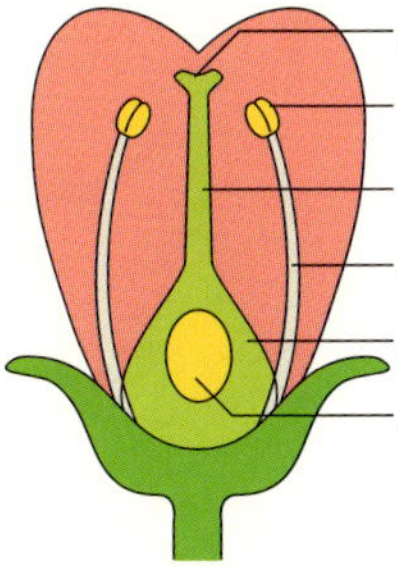

Staubblätter und Fruchtblätter

Bei der **Bestäubung** wird Blütenstaub auf die Narbe aufgebracht. Die Übertragung des Blütenstaubs von einer Blüte zur anderen geschieht häufig durch Insekten. Es gibt aber auch andere Möglichkeiten wie z. B. die Übertragung durch den Wind.

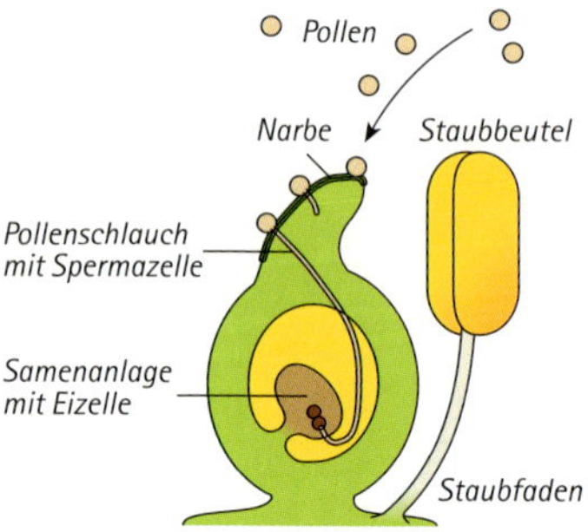

Bestäubung und Befruchtung

Ist ein **Pollenkorn** auf der Narbe angekommen, so wächst es zum **Pollenschlauch** aus, der sich seinen Weg zur **Samenanlage** im **Fruchtknoten** sucht. Während dieses Vorgangs bildet sich am Ende des Pollenschlauchs eine männliche Keimzelle (Spermazelle). Schließlich kommt es zur **Befruchtung**: Die Spermazelle verschmilzt mit der Eizelle, die sich in der Samenanlage befindet.

Nach der erfolgreichen Befruchtung beginnen nun überflüssig gewordene Blütenteile zu welken; die Blütenhüllblätter und die Staubblätter fallen ab. Die übrigen Blütenteile hingegen entwickeln sich jetzt weiter:

- In der Samenanlage bildet sich aus der Eizelle ein **Pflanzenembryo**.
- Die Samenanlage wird zum **Samen**.
- Der Fruchtknoten reift zur **Frucht** heran.

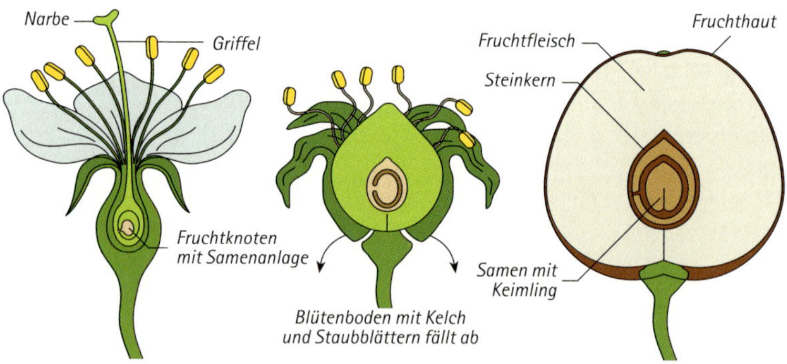

Von der Blüte zur Kirsche

5 Keimung und Wachstum

Pflanzensamen sind die Fortpflanzungseinheiten von Samenpflanzen. Sie sind so ausgerüstet, dass sie bei schlechten Bedingungen (Kälte, Trockenheit) überdauern können. Wenn die äußeren Bedingungen stimmen, keimen die Samen und wachsen zu neuen Pflanzen heran.

Ein Samen besteht aus Samenschale, Nährgewebe und Keimling (Embryo).

Nicht verwechseln: Bei Tieren und Menschen steht der Begriff Samen für das Sperma.

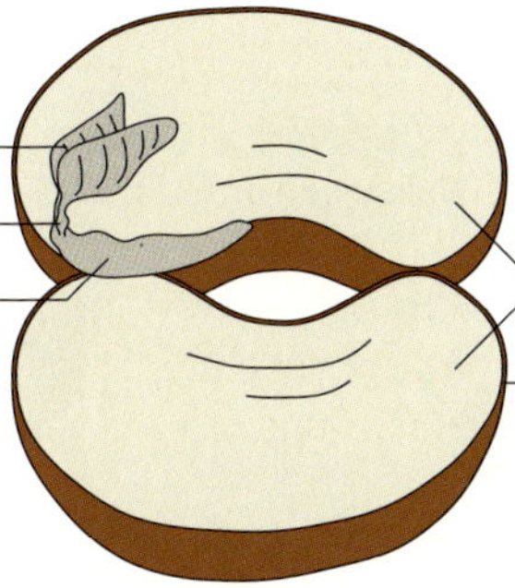

Bau des Bohnensamens mit Keimling

Den Aufbau eines Samens kann man besonders gut beim Bohnensamen erkennen. In seiner derben Samenschale befinden sich die beiden Keimblätter, die Stärke und andere Reservestoffe wie Eiweißstoffe und Fette enthalten und als Nährgewebe für den Keimling dienen. Dieser **Pflanzenembryo** ist eine zwar winzige, aber bereits vollständige Pflanze mit einer **Keimwurzel**, einem kurzen **Keimstängel** und ersten **Blättern**, die allerdings noch nicht ergrünt sind. Pflanzensamen enthalten sehr wenig Wasser. Ihr Inhalt ist deshalb sehr gut gegen Fäulnis geschützt. Manche Samen können Jahrzehnte keimfähig bleiben.

In feuchte Erde gebracht, verändern sich die Samen. Sie werden durch Wasseraufnahme größer und schwerer, sie quellen. Schließlich werden die Samen so groß, dass die Samenhülle platzt. Die im Nährgewebe gelagerten Reservestoffe (Stärke, Eiweiß, Fett) werden aktiviert und stehen dem Keimling zur Verfügung. Dieser beginnt zu wachsen. Erst streckt sich die Keimwurzel, die nach unten in den Boden einwächst, sich verzweigt und Wurzelhaare ausbildet. Dann streckt sich der Keimstängel und wächst nach oben. Schließlich durchbrechen die ersten Laubblätter den Boden und gelangen an das Licht. Sie ergrünen und die weitere Versorgung der heranwachsenden Pflanze durch Photosynthese kann anlaufen.

Für die Keimung benötigen die Samen Wasser, Luft und Wärme. Licht ist dagegen meistens nicht nötig.

Keimungsstadien einer Feuerbohne

6 Nutzpflanzen

Zahlreiche Pflanzenarten werden vom Menschen zu vielerlei Zwecken genutzt:

- **Nahrungsmittelpflanzen** dienen der menschlichen Ernährung. Dies gilt vor allem für die nährstoffreichen Samen der Getreidepflanzen wie Weizen, Gerste, Roggen, Mais, Reis und Hirse. Aber auch Kartoffeln und eiweißreiche Hülsenfrüchte wie Bohnen, Erbsen, Linsen und Sojabohnen zählen zu den Grundnahrungsmitteln.
- **Futtermittelpflanzen** dienen der Ernährung von Nutztieren. Zum Angebot von Wiese und Weide kommen noch weitere Futterpflanzen wie Mais oder Rüben dazu. Aber auch Nahrungsmittelpflanzen wie die Kartoffel oder Sojabohnen werden an Tiere verfüttert.
- **Gewürzpflanzen** besitzen in ihren Organen und Fortpflanzungseinheiten (in Wurzeln, Stängeln, Blättern, Blüten, Früchten oder Samen) Stoffe, die würzig oder scharf schmecken und sich als Zugabe zur menschlichen Nahrung eignen (Gewürz).
- **Genussmittelpflanzen** liefern Stoffe, die nicht der Ernährung dienen. Vielmehr schätzt der Mensch diese Stoffe wegen ihres Wohlgeschmacks oder ihrer anregenden Wirkung (Kaffee, Tee, Tabak, Kakao).
- **Heilpflanzen, Arzneipflanzen** enthalten Wirkstoffe, die zu Heilzwecken eingesetzt werden können. Dabei kommt es aber häufig auf die richtige Dosis an, denn etliche dieser Substanzen können auch eine giftige Wirkung entfalten. Die Liste von Heilpflanzen ist endlos (z. B. Kamille, Weißdorn, Ginseng, Fenchel, Johanniskraut, Salbei, Pfefferminze).
- **Rohstoffpflanzen** liefern Stoffe, die vom Menschen technisch verwendet werden können (Bäume als Holzlieferanten, Baumwolle als Rohstoff für Textilien, Kautschuk zur Herstellung von Gummi).

Auch ein Nutzen:
Pflanzen, die als Zimmer- oder Zierpflanzen unsere Wohnungen, Balkons und Gärten verschönern!

Auf einen Blick: Pflanzen als Grundlage des Lebens

Aufbau von Samenpflanzen

- Die Hauptorgane von Samenpflanzen sind Wurzel, Sprossachse, Blätter und Blüten. Sprossachse, Blätter und Blüten bilden zusammen den Spross.

Photosynthese

- Die Ernährungsweise der Pflanzen besteht darin, dass sie aus Kohlenstoffdioxid und Wasser energiereiche Nährstoffe aufbauen können. Dabei wird Sauerstoff frei.
- Weil zu diesem Vorgang Licht notwendig ist, bezeichnet man ihn als Photosynthese.
- Die Überführung der von den Pflanzen aufgenommenen Stoffe in körpereigene organische Substanz unter Verbrauch von Energie wird auch als Assimilation bezeichnet.

Wassertransport und Stoffspeicherung

- Im Inneren von Wurzel und Sprossachse befinden sich Leitbündel.
- In einem Leitbündel lassen sich zwei Bereiche unterscheiden. Im Siebteil (Phloem) werden Nährstoffe transportiert. Im Gefäßteil (Xylem) findet der Wasser- und Nährsalztransport statt.
- Überschüsse an Nährstoffen lagern viele Pflanzen in Speicherorgane ein: Rüben, Zwiebeln, Kartoffeln.

Von der Blüte zur Frucht

- Männliche Fortpflanzungszellen werden in den Staubblättern, weibliche in den Fruchtblättern gebildet.
- Bei der Bestäubung gelangen Pollenkörner auf die Narbe des Fruchtknotens und bilden einen Pollenschlauch, der sich seinen Weg zu einer Samenanlage im Fruchtknoten sucht.
- Bei der Befruchtung verschmilzt die im Pollenschlauch gebildete Spermazelle mit der Eizelle in der Samenanlage. Es entwickelt sich ein Pflanzenembryo.
- Die Samenanlage wird zum Samen, der Fruchtknoten zur Frucht.

Keimung und Wachstum

- Ein Samen besteht aus Samenschale, Nährgewebe und Keimling (Embryo).
- Bei der Keimung kommt es zur Wasseraufnahme (Quellung). Nährstoffe im Samen werden aktiviert, der Embryo beginnt zu wachsen. Keimwurzel und Keimstängel mit Blättern brechen aus der Samenschale hervor.

Ernährung und Stofftransport

Mit der Nahrung werden dem menschlichen Körper Nährstoffe zugeführt, die Energie und Aufbaustoffe liefern. Der Körper kann die Energie aus den Nährstoffen nur gewinnen, wenn über die Atmung ausreichend Sauerstoff aufgenommen und Kohlenstoffdioxid abgegeben wird. Über das Blut werden alle Stoffe in einem geschlossenen Kreislaufsystem durch den Körper transportiert. Das Herz ist der Motor dieses Stofftransports.

1 Ernährung

Wir nehmen mit der Nahrung »Kraftstoffe« auf. Sie liefern die **Energie** für Muskelarbeit, den Aufbau von körpereigenen Substanzen und die Erzeugung der Körperwärme. Mit der Nahrung werden dem Körper aber auch alle **Stoffe** zugeführt, die für Aufbau und Erneuerung des Organismus unentbehrlich sind. Außerdem sind Substanzen enthalten, die eine **Verwertung** der Nahrungsbestandteile erst ermöglichen – wie z. B. die Vitamine.

1.1 Energiebedarf

Der Energiebedarf unseres Körpers hängt von dessen **Energieverbrauch** ab, d. h. davon, wie viel Energie pro Zeiteinheit umgesetzt wird. Wir sprechen daher auch von **Energieumsatz.**

Der Energieumsatz eines Menschen ist abhängig
1. vom Ruhe- oder **Grundumsatz** und
2. vom Arbeits- oder **Leistungsumsatz**.

Grundumsatz

Als **Grundumsatz** wird diejenige Energiemenge bezeichnet, die zur **Erhaltung der Lebensfunktionen** benötigt wird. Mehr als die Hälfte der hierfür umgesetzten Energie wird von der **Leber** (25 %), vom **Gehirn** (20 %) und vom **Herzen** (10 %) verbraucht.

Den größten Einfluss auf den Grundumsatz hat das **Körpergewicht.** Als groben Richtwert kann man für Erwachsene mittleren Alters einen **relativen Grundumsatz** von etwa **1 kcal** (Kilokalorie) oder **4 kJ** (Kilojoule) **pro kg Körpergewicht und Stunde** angeben.

Abhängigkeit des relativen Grundumsatzes von verschiedenen Faktoren

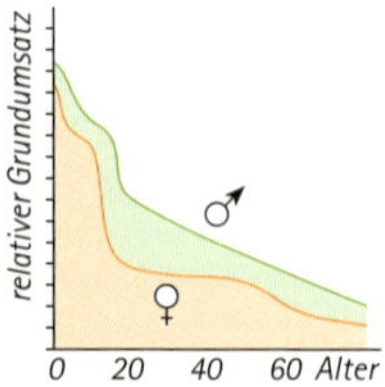

Ein weiterer Faktor ist das **Alter**. Den höchsten relativen Grundumsatz haben Säuglinge. Danach nimmt der Wert mit dem Alter kontinuierlich ab. Dabei sind **zwei Phasen** deutlich zu unterscheiden. Von der Geburt bis etwa zur Volljährigkeit sinkt der Wert um rund 30 %; danach beträgt der Rückgang nur noch 2 % pro Lebensjahrzehnt.

Auch das **Geschlecht** spielt eine Rolle: Frauen verbrauchen im Grundumsatz 10 bis 20 % weniger Energie als Männer. Der Geschlechtsunterschied wird hauptsächlich der geringeren Muskelmasse, aber auch der niedrigeren Stoffwechselaktivität von Frauen zugeschrieben.
Schließlich wird der Grundumsatz von der **aufgenommenen Nahrungsmenge** beeinflusst. Das liegt daran, dass unser Körper nicht wie eine Maschine arbeitet, die immer gleich viel Energie verbraucht. Unser Körper passt sich an: Steht ihm bei überkalorischer Ernährung viel Energie zur Verfügung, geht er verschwenderisch damit um und verwandelt einen Teil der aufgenommenen Nahrungsenergie sofort in Wärme. Kommt es umgekehrt bei unterkalorischer Ernährung zu einem Energiemangel, wird gespart und die Wärmeproduktion gedrosselt.
Allerdings gibt es erhebliche **Unterschiede** zwischen den Menschen. »Schlechte Futterverwerter« verheizen sofort einen Teil der aufgenommenen Kalorien wieder. Anders sieht es bei den »guten Futterverwertern« aus: Aufgrund eines ökonomischer arbeitenden Stoffwechsels speichern sie einen großen Teil der mit der Nahrung aufgenommenen Energie – meist in Form von Körperfett.

Leistungsumsatz

Bei körperlicher Betätigung steigt der Energieumsatz in Abhängigkeit vom Ausmaß der Arbeitsintensität an. Dieser **Arbeitsumsatz** oder **Leistungsumsatz** ergibt sich im Wesentlichen aus der gesteigerten **Aktivität der Skelettmuskulatur**. Bereits beim Sitzen erhöht sich der Grundumsatz um 40 %, bei entspanntem Stehen um 50 %, bei normalem Gehen um 100 % und beim Joggen (10 km/h) um 500 %. Geistige Leistungen tragen, so anstrengend sie auch sein mögen, nichts zum Leistungsumsatz bei.

Unser Körper »verbraucht« Energie für die Erhaltung der Lebensfunktionen und für Arbeitsleistungen. Er gewinnt Energie durch die Nahrungsaufnahme. Entspricht die Energieaufnahme dem Energieverbrauch, befindet sich der Körper im **Energiegleichgewicht.**

1.2 Nährstoffe als Energieträger

Die Nahrungsbestandteile, die als Energiequellen dienen, werden als **Nährstoffe** bezeichnet. Zu ihnen gehören die **Kohlenhydrate,** die **Fette** und die **Eiweiße** (auch **Proteine** genannt).

Alle Nährstoffe zeichnen sich dadurch aus, dass sie **Energie** in Form chemischer Bindungen gespeichert haben und vom menschlichen Körper **verwertet** werden können. Die zweite Bedingung ist wichtig, weil wir mit der Nahrung auch Stoffe aufnehmen, die zwar energiereich sind, die unser Körper aber nicht abbauen kann.

Die wichtigsten Energielieferanten sind die **Kohlenhydrate.** Zu den Kohlenhydraten gehören die **Zucker. Traubenzucker** (Glukose) und **Fruchtzucker** (Fruktose), die beide natürlicherweise vor allem in Früchten vorkommen, sind sogenannte Einfachzucker, weil sie nur aus einem einzigen Molekül bestehen. **Rohrzucker** (Saccharose), der gewöhnlich zum Süßen von Speisen und Getränken verwendet wird, ist ein Doppelzucker, der aus zwei Zuckermolekülen zusammengesetzt ist.

Zu den komplizierter aufgebauten Kohlenhydraten gehört die **Stärke**, die den Hauptbestandteil des Mehls ausmacht und deshalb in Brot oder Nudeln reichlich vorhanden ist. Mehl wird bei uns meist aus den einheimischen Getreidesorten Weizen und Roggen gewonnen. Stärke ist aber auch in allen anderen Getreidesorten sowie in Kartoffeln und Reis enthalten. Das Riesenmolekül besteht aus vielen hundert Traubenzuckermolekülen, die miteinander verkettet sind. Aus diesem Grund kann Stärke chemisch in Traubenzucker zerlegt werden.

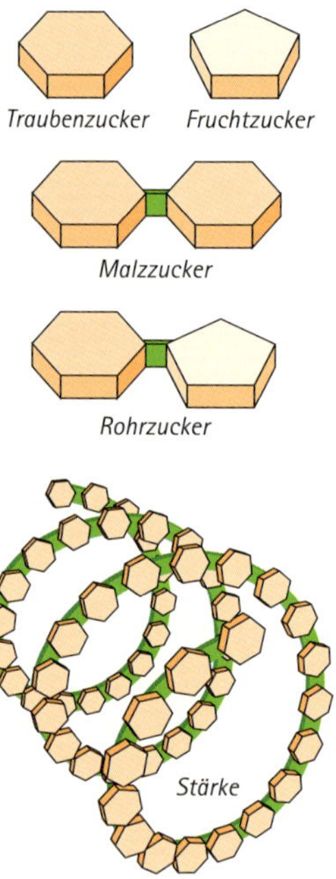

Kohlenhydrate in der Nahrung

Fette sind ebenfalls hervorragende Energieträger. Sie bestehen aus einem Molekül **Glycerin** und drei **Fettsäuren**. Die verschiedenen Nahrungsfette unterscheiden sich grundsätzlich nur in der Zusammensetzung dieser drei Fettsäuren, die unterschiedlich lang sein können. Fette sind in konzentrierter Form in Speiseölen, in Butter und Margarine enthalten. Auch Nüsse und Samen sind sehr fetthaltig. Die meisten tierischen Nahrungsmittel enthalten mehr oder weniger **verborgene** Fette (z. B. Wurst und Käse).

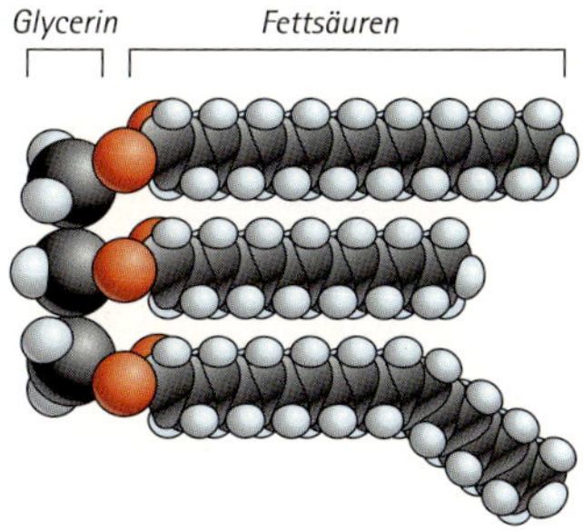

Aufbau eines Fettmoleküls

Die **Eiweiße** oder **Proteine** sind primär nicht als Energielieferanten anzusehen. Sie werden von unserem Körper hauptsächlich als Baustoffe benötigt. Da der Eiweißbedarf des Körpers begrenzt ist und Eiweiß kaum gespeichert werden kann, wird überschüssiges Eiweiß ebenfalls zur Deckung des Energiebedarfs herangezogen. Nur in diesem Sinne kommen auch Eiweiße als Energielieferanten in Frage.

Wie viel Energie die jeweiligen Nährstoffe liefern, hängt von ihrem **physiologischen Brennwert** ab. Dieser beträgt für **Kohlenhydrate und Eiweiße** etwa **4 kcal** (Kilokalorien) oder 17 KJ (Kilojoule) und für **Fette** etwa **9 kcal** oder 38 kJ pro Gramm. Fett liefert also mehr als doppelt so viel Energie wie Kohlenhydrate und Eiweiße. Deshalb eignet es sich auch so hervorragend zur Energiespeicherung!

Der von unserem Körper ausnutzbare Energiegehalt eines Nahrungsmittels hängt von der relativen Zusammensetzung der Nährstoffe und von deren physiologischem Brennwert ab.

Der Energiegehalt von Nahrungsmitteln lässt sich mithilfe einer **Nährstoff-Tabelle** ermitteln.

1.3 Nahrung als Lieferant von Aufbaustoffen

Der menschliche Körper besteht im Durchschnitt zu 60 % aus Wasser, zu 15 bis 20 % aus Eiweiß, zu 15 bis 20 % aus Fett, zu 1 % aus Kohlenhydraten und zu 5 % aus Mineralstoffen. Diese Körpersubstanzen werden während des Wachstums in Kindheit und Jugend aus Nahrungsbestandteilen aufgebaut. Auch im Körper des Erwachsenen müssen ständig Zellen ersetzt oder neu gebildet werden. Die **Aufbaustoffe,** die hierfür nötig sind, entnimmt unser Körper ebenfalls der Nahrung. Dazu gehören außer den drei Nährstoffen (Eiweiße, Fett, Kohlenhydrate) die Mineralstoffe und das Wasser.

Eiweiße

Von den drei Nährstoffen sind vor allem **Eiweiße** oder **Proteine** am Aufbau des Körpers beteiligt. Proteine sind große Moleküle, die aus **Ketten von Aminosäuren** bestehen. Es gibt insgesamt **20 verschiedene Aminosäuren,** die sich in ihrem chemischen Aufbau etwas unterscheiden. Proteine sind die vielgestaltigsten Moleküle in unserem Körper. Die Vielfalt kommt dadurch zustande, dass die 20 verschiedenen Aminosäuren in immer andersartiger Weise zu langen Ketten verknüpft werden. Dabei entstehen Ketten, die 100 und mehr Aminosäuren enthalten können.

Die 20 Aminosäuren:
Alanin
Arginin
Asparagin
Asparaginsäure
Cystein
Glutamin
Glutaminsäure
Glycin
Histidin
Isoleucin
Leucin
Lysin
Methionin
Phenylalanin
Prolin
Serin
Threonin
Tryptophan
Tyrosin
Valin

Die körpereigenen Proteine werden ständig abgebaut und wieder neu aufgebaut. Dabei werden pro Tag etwa 100 Gramm Körpereiweiß umgesetzt. Die Aminosäuren, aus denen die körpereigenen Proteine aufgebaut werden, stammen zum Teil aus dem Abbau von Körpereiweiß, zum Teil aus dem Abbau von Nahrungseiweiß. Diejenigen Aminosäuren, die der Körper nicht durch Umwandlung aus vorhandenen Aminosäuren selbst herstellen kann und die deshalb unbedingt mit der Nahrung aufgenommen werden müssen, werden als **essentielle Aminosäuren** bezeichnet. Da die Speicherung von Eiweiß im Körper praktisch nicht möglich ist, muß eine ausreichende Proteinmenge mit der täglichen Nahrung aufgenommen werden. Unserem Organismus reicht eine **tägliche Proteinzufuhr** von etwa **0,8 Gramm pro Kilogramm Körpergewicht.**

Fette. Sie dienen in erster Linie als Energielieferanten. Einige Fettbausteine werden aber auch zum Aufbau von körpereigenen Substanzen verwendet. Am wichtigsten sind die Membranlipide der Zellmembranen, die alle Körperzellen als dünne Häutchen umgeben; sie werden hauptsächlich aus den Fettsäuren der Nahrungsfette hergestellt.

Fette: Energielieferanten

Die meisten **Fettsäuren** kann unser Körper auch aus anderen Nahrungsbestandteilen herstellen. Einige vor allem in pflanzlichen Ölen vorkommende Fettsäuren müssen jedoch unbedingt mit der Nahrung zugeführt werden. Sie werden wie bei den Aminosäuren als **essentielle Fettsäuren** bezeichnet.

Kohlenhydrate. Sie sind ebenfalls vor allem Energielieferanten. Sie machen nur etwa 1% der Körpersubstanz aus, im Wesentlichen gespeichert in Form von Glykogen. In geringem Umfang sind sie jedoch auch am Aufbau von körpereigenen Substanzen beteiligt (z. B. Schleim).

Kohlenhydrate: Energielieferanten

Mineralstoffe. Sie haben im menschlichen Organismus unterschiedliche biologische Aufgaben. Als Aufbaustoffe sind sie am Aufbau, der Erhaltung und der Erneuerung von Knochen und Zähnen beteiligt. Es handelt sich hierbei vor allem um Calcium, Phosphat und Magnesium.

Mineralstoffe: Aufbaustoffe

Wasser. Dies ist der vielleicht lebenswichtigste Stoff, den wir mit der Nahrung aufnehmen. Ohne feste Nahrung kann ein Mensch ein paar Wochen überleben, aber ohne Wasser nur ein paar Tage. Wir verlieren täglich etwa 1 Liter Wasser durch **Verdunstung** über die Haut und durch die Atemluft und etwa 1,5 Liter durch **Ausscheidung** mit Harn und Kot.

Wasser: lebenswichtiger Stoff

Für die Aufrechterhaltung der Körperfunktionen ist aber eine ausgeglichene **Wasserbilanz** unerlässlich. Unser Körper benötigt deshalb täglich etwa 2,5 Liter Wasser. Davon werden in der Regel etwa 1,2 Liter mit Getränken und flüssiger Nahrung aufgenommen, etwa 1 Liter ist in fester Nahrung enthalten, und etwa 0,3 Liter entstehen im Zellstoffwechsel.

1.4 Nahrung als Lieferant von Wirkstoffen

Neben den Brennstoffen für den Energiestoffwechsel und den Aufbaustoffen für den Baustoffwechsel gibt es noch eine dritte Gruppe von Nahrungsbestandteilen, die für die Verwertung der aufgenommenen Brenn- und Aufbaustoffe unentbehrlich sind – die **Wirkstoffe**. Zu ihnen gehören die Vitamine sowie die Mineralstoffe und Spurenelemente.

Vitamine: unentbehrlich für den Stoffwechsel

Vitamine. Dies sind für den Stoffwechsel unseres Körpers unentbehrliche Substanzen, die unser Organismus selbst nicht herstellen kann. Sie müssen deshalb regelmäßig und in ausreichender Menge mit der Nahrung aufgenommen werden. Wichtige Quellen für Vitamine und deren Vorstufen (die Provitamine) sind pflanzliche Nahrungsmittel (Gemüse, Obst). Aber auch das Fleisch pflanzenfressender Tiere kommt als Vitaminquelle in Frage.

Der **Vitaminbedarf** ist von verschiedenen Faktoren wie Alter, Geschlecht, Gesundheitszustand und Nahrungszusammensetzung abhängig. Alle Angaben für eine empfohlene Vitaminzufuhr pro Tag stellen demnach nur grobe Richtwerte dar.

Die folgende Tabelle gibt einen Überblick über die biologischen Funktionen der Vitamine.

	Name	Chem. Bezeichnung	Biologische Funktion
Wasserlösliche Vitamine	B_1	Thiamin	Coenzym im Kohlenhydratstoffwechsel
	B_2	Riboflavin	Coenzym im Energiestoffwechsel
	B_6	Pyridoxin	Coenzym im Eiweißstoffwechsel
	B_{12}	Cobalamin	Coenzym im Baustoffwechsel
		Nicotinamid	Coenzym im Energiestoffwechsel
		Folsäure	Coenzym im Baustoffwechsel
		Biotin	Coenzym im gesamten Stoffwechsel
		Pantothensäure	Coenzym im Energiestoffwechsel
	C	Ascorbinsäure	aktiviert Enzyme, steigert die Abwehr
Fettlösliche Vitamine	A	Retinol	Bestandteil des Sehfarbstoffs
	D	Calciferol	reguliert den Calciumgehalt im Blut
	E	Tocopherol	schützt Zellmembranen vor Zerstörung
	K	Phyllochinon	ist an der Blutgerinnung beteiligt

Mineralstoffe und Spurenelemente. Sie sind unentbehrliche chemische Substanzen, die unser Körper vor allem für seine Stoffwechselvorgänge benötigt. Außerdem ist unser Organismus auf eine konstante mineralische Zusammensetzung seiner Körperflüssigkeiten angewiesen. Meist reichen **sehr geringe Mengen** dieser Substanzen aus (eben Spuren!). Da sie ständig mit Schweiß, Urin und Kot ausgeschieden werden, ist ein Ersatz über die Nahrungsaufnahme erforderlich. Die Tabelle gibt einen Überblick über die biologischen Funktionen der Mineralstoffe und Spurenelemente.

Mineralstoffe und Spurenelemente: Aufrechterhaltung der Stoffwechselvorgänge

	Chemische Bezeichnung	Biologische Funktion
Mineralstoffe	Calcium	Knochen- und Zahnaufbau, Stoffwechsel
	Phosphat	Knochen- und Zahnaufbau, Stoffwechsel
	Magnesium	Knochen- und Zahnaufbau, Stoffwechsel
	Kalium	Nerven- und Muskelerregung, Stoffwechsel
	Natrium	Nerven- und Muskelerregung, Wasserhaushalt
	Chlorid	Wasserhaushalt, Säurebildung im Magen
Spurenelemente	Eisen	Bestandteil von Hämoglobin, Stoffwechsel
	Jod	Bestandteil der Schilddrüsenhormone
	Zink	aktiviert viele Enzyme, steigert die Abwehr
	Kupfer	Bestandteil von Enzymen, aktivierend
	Mangan	Bestandteil von Enzymen, aktivierend
	Selen	schützt Zellmembranen, steigert die Abwehr
	Kobalt	Bestandteil von Vitamin B_{12}

1.5 Enzyme: Katalysatoren des Stoffwechsels

Katalysatoren kennen die meisten von der Abgasreinigung beim Auto. Sie bringen eine chemische Reaktion in Gang, die gefährliche Oxide (Kohlenstoffmonoxid, Stickstoffoxide) im Abgas in harmlosere Substanzen umwandelt.

Katalysatoren haben die **Eigenschaft, chemische Reaktionen zu beschleunigen**. Dabei wirken sie durch ihre bloße Anwesenheit. Sie werden nicht verändert und sie verbrauchen sich dabei auch nicht.

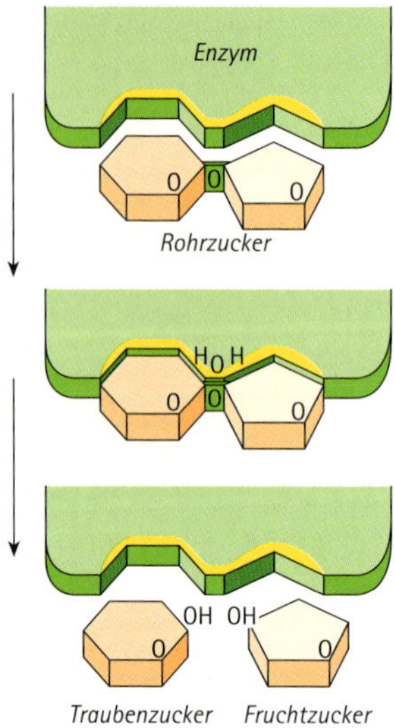

Schlüssel-Schloss-Prinzip der Enzymwirkung

Die Katalysatoren unseres Körpers sind die **Enzyme.** Es gibt mehr als 1000 verschiedene davon. Jedes Enzym vermag nämlich nur an **einer** ganz bestimmten **Substanz eine** ganz bestimmte **chemische Reaktion** zu katalysieren. Das liegt daran, dass Enzyme nach dem **Schlüssel-Schloss-Prinzip** arbeiten. Jedes Enzym ist ein relativ großes körpereigenes Protein, das so gestaltet ist, dass die Substanz, die zu einer chemischen Reaktion gebracht werden soll, räumlich genau zu diesem Enzym passt.

Enzyme arbeiten mit einer unglaublichen **Geschwindigkeit**. Unter optimalen Bedingungen können z. B. bis zu 1 Million Rohrzuckermoleküle pro Minute zerlegt worden. Enzyme arbeiten aber nur optimal, wenn die **Bedingungen** in ihrer Umgebung stimmen: die richtige Temperatur (37 °C sind optimal), der richtige pH-Wert (das ist ein Maß für den Säuregehalt der Körperflüssigkeiten), die richtige mineralische Zusammensetzung. Einige Enzyme benötigen für ihre Arbeit noch spezielle **Helfer:** die **Coenzyme.** Diese gehören zu den **Vitaminen** und müssen mit der Nahrung aufgenommen werden.

1.6 Verdauung der Nährstoffe

Wenn wir etwas verspeisen, gelangt die Nahrung zuerst in das **Verdauungssystem** unseres Körpers. Die Nährstoffe sind nämlich viel zu groß, um durch die Membranen zu gelangen, die alle Körperzellen umgeben. Deshalb müssen die Nährstoffe zunächst zerkleinert werden. Genau das passiert bei der Verdauung. Die Zerkleinerung erfolgt zum Teil **mechanisch** (z. B. durch Kauen), zum größten Teil jedoch **chemisch** durch die Einwirkung von Enzymen.

Verdauung im Mund

Zuerst gelangt die Nahrung in die **Mundhöhle**. Durch das Kauen wird die Nahrung mechanisch zerkleinert und mit Speichel durchmischt. Die Speichelflüssigkeit wird von zahlreichen **Speicheldrüsen** im Mundbereich produziert.

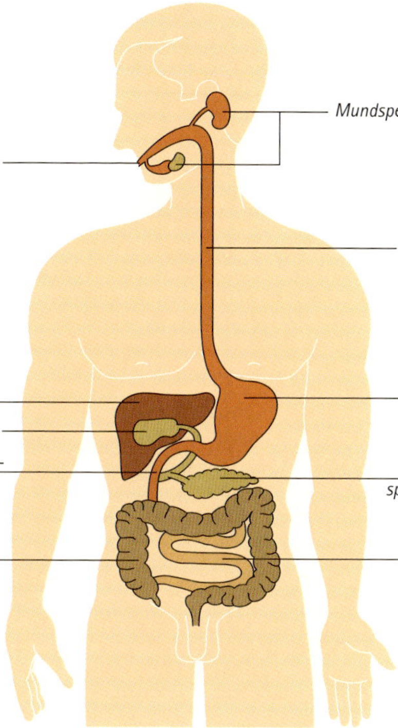

Unser Verdauungssystem gleicht – grob vereinfacht – einem langen Rohr (bestehend aus Mundhöhle, Speiseröhre, Magen, Dünn- und Dickdarm) mit anhängenden Drüsen (Mundspeicheldrüsen, Bauchspeicheldrüse, Leber).

Übersicht über das Verdauungssystem

Speichel besteht im Wesentlichen aus **Wasser, Schleim** und **α-Amylase,** einem Verdauungsenzym. Wasser und Schleim machen den Nahrungsbrei gleitfähig, so dass er leicht geschluckt und durch die Speiseröhre weitergeleitet werden kann. Die α-Amylase leitet die chemische Verdauung ein: Sie spaltet **Stärke,** die aus tausenden von Traubenzuckermolekülen besteht, in kleinere Bruchstücke aus jeweils zwei Molekülen Traubenzucker, genannt **Malzzucker** (Maltose).
Zur Weiterleitung in den Magen wird der Nahrungsbrei in geeigneten Portionen in die **Speiseröhre** gedrückt. Die muskulöse Speiseröhre befördert die Nahrungsportionen aktiv weiter bis zum Mageneingang.

Verdauung im Magen

Der **Magen** ist ein sackartiges Gebilde, das wegen seiner dehnbaren Wände ein Fassungsvermögen von 1 bis 3 Litern besitzt. Sobald eine bestimmte Menge Nahrungsbrei zusammengekommen ist, wird durch die Dehnung der Magenwand reflektorisch ein Zusammenziehen der Muskeln in der Magenwand ausgelöst. Dadurch wird der Nahrungsbrei intensiv mit den Magensäften durchmischt und langsam Richtung Magenausgang (»Pförtner«) geschoben.

Der **Magensaft** wird von bestimmten Zellen in der Magenwand hergestellt. Er besteht im Wesentlichen aus Wasser, Salzsäure, dem Verdauungsenzym Pepsin und Schleim.

Mit dem pH-Wert wird ausgedrückt, wie sauer oder alkalisch eine Flüssigkeit ist. Je saurer sie ist, desto niedriger der pH-Wert. Je höher der pH-Wert ist, desto alkalischer eine Flüssigkeit. Bei einem pH-Wert von 7 ist eine Flüssigkeit neutral.

Durch die **Salzsäure** wird der Mageninhalt stark angesäuert, was jeder bei »Sodbrennen« auch schmecken kann. Dadurch verschiebt sich der pH-Wert. Der Magensaft ist noch saurer als Zitronensaft; er hat einen pH-Wert von 1 bis 2. Unter diesen Bedingungen gerinnen die meisten Proteine. Davon bleiben auch die mit der Nahrung aufgenommenen mikroskopisch kleinen Bakterien und Pilze nicht verschont; sie werden dadurch meistens abgetötet. Die Salzsäure des Magens gehört also zu den **unspezifischen Abwehrmechanismen** unseres Körpers (»Desinfektionsschleuse«).

Das Verdauungsenzym des Magens, das **Pepsin,** ist an dieses saure Milieu hervorragend angepasst. Es wird erst in Gegenwart von Salzsäure besonders aktiv. Pepsin zerlegt die **Proteine** im Nahrungsbrei in kleinere Bruchstücke, die als **Peptide** bezeichnet werden.

Die Eiweißverdauung im Magen wirft aber ein kleines Problem auf. Die Zellen des Magens bestehen nämlich zu einem nicht unerheblichen Teil selbst aus Eiweiß. Weshalb werden sie nicht vom Pepsin und der Salzsäure angegriffen? Der Magen schützt sich vor dieser Selbstverdauung durch eine dünne **Schleimschicht,** die das Mageninnere vollständig auskleidet. Die Schleimstoffe verkleben miteinander und dichten so die Magenwand ab.

Verdauung im Dünndarm

Vom Magen wird der Nahrungsbrei portionsweise in den Dünndarm befördert. Der Dünndarm ist ein etwa 3 m langer Schlauch, der vielfach gewunden den Bauchraum ausfüllt. Die Mediziner unterteilen ihn in unterschiedlich lange Abschnitte. Am wichtigsten ist der **Zwölffingerdarm** (der etwa

so lang ist wie 12 Finger breit sind). In ihn münden die Ausführgänge der Leber und der Bauchspeicheldrüse. In der **Leber** wird der **Gallensaft** produziert. Gallensaft ist eine Mischung aus Wasser, Gallenfarbstoffen aus dem Abbau von Hämoglobin und Gallensäuren.
Die **Gallensäuren** tragen dazu bei, dass die im Nahrungsbrei enthaltenen Fette, die in der Regel zusammengeklumpt sind (Fett ist nicht wasserlöslich!), in feinste Tröpfchen zerteilt werden; die Chemiker nennen das **»emulgieren«**. Durch diese **Oberflächenvergrößerung** werden die Fette für die wasserlöslichen Verdauungsenzyme leichter zugänglich. Der Gallensaft wird zunächst in der **Gallenblase** gesammelt. Erst wenn fettreicher Nahrungsbrei in den Zwölffingerdarm gelangt, wird sie entleert. Der Gallensaft gelangt dann gleichzeitig mit dem Verdauungssaft der Bauchspeicheldrüse in den Darm.

Verdauungsdrüse
Bauchspeicheldrüse

Bauchspeicheldrüse. Sie ist die wichtigste Verdauungsdrüse in unserem Körper. Sie produziert nicht nur die meisten Verdauungsenzyme, sondern sie bildet auch die Hormone zur Regulation des Blutzuckerspiegels. Der **Bauchspeichel** besteht hauptsächlich aus Wasser, verschiedenen Verdauungsenzymen und Natron. Zu diesen Verdauungsenzymen gehören: eine α-**Amylase,** die – wie das entsprechende Enzym im Mund – Stärke in Malzzucker verwandelt, und eine **Maltase,** die den Malzzucker schließlich in zwei **Traubenzuckermoleküle** spaltet; eine **Lipase,** die **Fette** in **Glycerin** und **Fettsäuren** zerlegt; zwei weitere Enzyme, **Trypsin** und **Chymotrypsin,** die Proteine in kleinere Peptide zerlegen, und schließlich **Erepsin,** das die Peptide in einzelne **Aminosäuren** auftrennt. Diese Enzyme sind am aktivsten, wenn ihre Umgebung leicht **alkalisch** ist.
Das entspricht etwa einem pH-Wert von 8. Nun kommt aber **saurer Nahrungsbrei** aus dem Magen. Unter diesen Bedingungen wären die Verdauungsenzyme der Bauchspeicheldrüse sehr träge. Deshalb enthält der Bauchspeichel **Natron** (chemisch exakt: Natriumhydrogencarbonat). Dieser Stoff **neutralisiert** die Magensäure und sorgt für das alkalische Milieu.

Durch die Enzyme des Bauchspeichels werden die meisten Nährstoffe endgültig in Bausteine zerlegt, die die Darmwand passieren können. Den Rest erledigen die Verdauungsenzyme, die vom **Dünndarm** abgegeben werden. Diese Enzyme gelangen auf ganz ungewöhnliche Weise an den Nahrungsbrei: Sie sitzen in den Membranen von **Schleimhautzellen,** die als ganze abgestoßen werden. Die Sekrete des Dünndarms enthalten außerdem **Schleim,** der die Darmwand vor Selbstverdauung schützen soll.

1.7 Resorption der Nährstoffe

Die Endprodukte der Verdauung werden nun zusammen mit den Vitaminen und den Mineralstoffen von den Schleimhautzellen der unteren **Dünndarmabschnitte** aufgenommen. Die Bausteine der Eiweiße (die **Aminosäuren)** und der Stärke (der **Traubenzucker)** werden in die **Blutkapillaren** der Darmwand weitertransportiert, die Bausteine der Fette **(Glycerin** und **Fettsäuren)** gelangen zunächst in die Kapillaren des **Lymphsystems,** erreichen aber mit dem Lymphstrom in der Nähe des Herzens ebenfalls das Blut.

Die Dünndarmwand ist für diese **Resorption** der Nährstoffe zweckmäßig gebaut; durch verschiedene Ausstülpungen ist die **Oberfläche extrem vergrößert**. Wäre der Dünndarm nur ein einfacher Schlauch von 3 m Länge und einem Durchmesser von 4 cm, würde seine Innenfläche etwa 0,3 m^2 betragen. Durch die Ausbildung von **Falten** vergrößert sich die Fläche auf etwa 1 m^2.

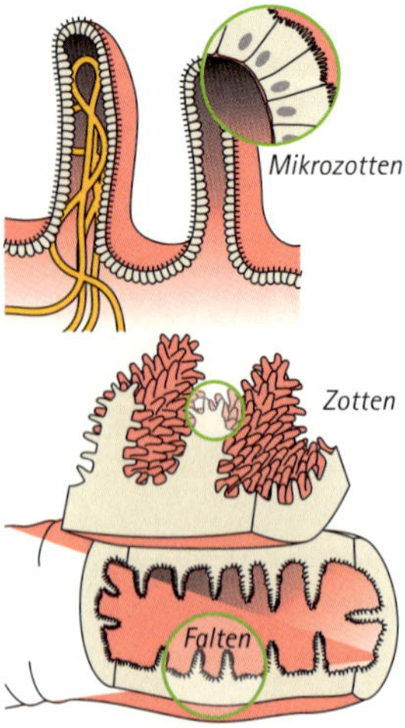

Oberflächenvergrößerung des Dünndarms

Aus den Falten ragen kleinere **Zotten,** die die Innenfläche auf 10 m^2 vergrößern. Den größten Beitrag leisten allerdings die Zellen der Darmschleimhaut. Sie besitzen zum Darminnenraum hin mikroskopisch kleine **Mikrozotten,** die die gesamte Darmoberfläche auf **200 m^2** vergrößern. Das entspricht der Fläche eines Tennisplatzes. Die **Resorptionskapazität** des Dünndarms wird durch diese Oberflächenvergrößerung **600fach** gesteigert.

Einige Nahrungsbestandteile werden allerdings gar nicht oder nur bedingt resorbiert. Das gilt vor allem für eine Stoffgruppe, die wir bisher außer Acht gelassen haben: die **Ballaststoffe.** Dabei handelt es sich im Wesentlichen um Faserstoffe, aus denen die Zellwände von Pflanzen aufgebaut sind, vor allem um **Cellulose.** Cellulose gehört chemisch zur Gruppe der Kohlenhydrate, denn sie besteht – wie die Stärke – aus tausenden von Traubenzuckermolekülen. Unser Körper kann Cellulose aber nicht abbauen, weil wir kein Verdauungsenzym für Cellulose besitzen.

Resorption von Wasser im Dickdarm

Dickdarm. Der Dünndarm mündet in den Dickdarm, allerdings seitlich, so dass der Dickdarm nicht übergangslos aus dem Dünndarm hervorgeht, sondern an dieser Stelle »blind« endet. An diesem **Blinddarm** sitzt ein etwa 10 cm langer **Wurmfortsatz,** der sich leider häufig entzündet und dann durch eine Operation entfernt werden muss, damit es nicht zu einer schweren Bauchfellentzündung kommt.
Der Dickdarm heißt so, weil er mit 5 bis 8 cm Durchmesser dicker ist als der Dünndarm, und weil hier der Nahrungs(reste)brei eingedickt wird. Das geschieht durch die **Resorption von Wasser.** Dieses Wasser stammt nur zu einem geringen Anteil aus der aufgenommenen Nahrung; das meiste wurde dem Nahrungsbrei mit den Verdauungssäften zugeführt. Um den Wasserverlust unseres Körpers so gering wie möglich zu halten, wird der größte Teil im Dickdarm zurückgewonnen. Zusammen mit dem Wasser werden **Mineralstoffe** und **Vitamine** resorbiert. Der eingedickte Speisebreirest wird schließlich als **Kot** durch den **Mastdarm** ausgeschieden.

1.8 Stoffwechsel der Nährstoffe

Die Nährstoffe werden mit dem Blut und der Lymphe zu den Körperzellen transportiert und dort weiter verarbeitet.

Energiestoffwechsel

Energiestoffwechsel. Hier werden vor allem **Traubenzucker** und **Fettsäuren** vollständig zu Kohlenstoffdioxid und Wasser **abgebaut.** Dazu wird **Sauerstoff** benötigt (»Verbrennung«), den wir über die Atmung aus der Luft aufnehmen. Die in den Brennstoffen enthaltene **Energie** wird etwa zur Hälfte als **Wärme** frei. Der Rest wird in einem besonderen Molekül gespeichert, das alle Energie verbrauchenden Vorgänge in unserem Körper antreibt: **ATP** (Adenosintriphosphat).

Baustoffwechsel

Baustoffwechsel. Hier kommt es auf eine ausgewogene Zusammensetzung der Nahrungsbestandteile an. Vor allem die **Aminosäuren** werden zum Aufbau körpereigener Proteine herangezogen. Zu diesem Bereich des Stoffwechsels gehören alle Reaktionen, über die körpereigene Stoffe aus Nahrungsbestandteilen hergestellt werden (z. B. Hormone, Signalstoffe im Nervensystem und Membranbestandteile).

1.9 Speicherung von Nährstoffen

Unser Körper legt nach jeder Nahrungsaufnahme Depots an, allerdings nur für Kohlenhydrate und Fette. Da Aminosäuren nicht gespeichert werden können, ist nur das vorhandene Körpereiweiß ein potenzielles Depot. Deshalb ist die regelmäßige Zufuhr einer ausreichenden Eiweißmenge lebenswichtig!

Traubenzucker wird in der Leber und in den Muskeln zu riesigen Speichermolekülen verkettet: zu **Glykogen.** Aus dem Leberglykogen kann bei Bedarf wieder Traubenzucker ins Blut freigesetzt werden. Das Muskelglykogen dient nur der Energieversorgung der Muskulatur. Ein Erwachsener kann allerdings nur so viel Glykogen aufbauen, dass der **Energiebedarf eines Tages** gedeckt werden kann.

Alle Kohlenhydrate, die nicht mehr in Form von Glykogen gespeichert werden können, verwandelt die Leber in **Fett**. Dieses Fett wird zusammen mit dem überschüssigen Fett aus der Nahrung in **Fettzellen** deponiert. Diese Fettzellen befinden sich vor allem im Bindegewebe unter der Haut. In den Industrieländern haben Erwachsene im Durchschnitt so viel Fett gespeichert, dass sie einen Monat ohne Nahrung auskommen könnten.

2 Atmung

Ohne Atmung kann kein Mensch leben. Wie lebensnotwendig das Atmen ist, wird am besten daran deutlich, dass niemand über längere Zeit den Atem anhalten kann; bereits nach kurzer Zeit bewirkt ein innerer Drang, dass wir weiteratmen. Warum **müssen** wir atmen?

> Die Zellen unseres Körpers können die **Energie** für die Aufrechterhaltung der Lebensprozesse nur gewinnen, wenn sie die Nährstoffe mit Hilfe von **Sauerstoff** »verbrennen«. Diesen Sauerstoff kann unser Körper nur der umgebenden **Luft** entnehmen. Gleichzeitig entsteht als Abfallprodukt des Energiestoffwechsels **Kohlenstoffdioxid,** das ausgeschieden werden muss.

Der **Gasaustausch,** d.h. die Abgabe von Kohlenstoffdioxid und die Aufnahme von Sauerstoff, erfolgt in den **Lungen.** Die Luft in den Lungen muss ständig erneuert werden. Das erfolgt durch die **Atembewegungen.** Die Atmungsorgane sind für diese Aufgaben besonders konstruiert.

2.1 Die Atemwege

Die Nasenschleimhaut erwärmt, befeuchtet und reinigt die Atemluft.

In der Regel atmen wir durch die Nase. Wir können auch durch den Mund atmen, aber das hat einige Nachteile. Wenn wir **durch die Nase** einatmen, strömt die Luft an der **Nasenschleimhaut** entlang. Dabei wird die Luft erwärmt, befeuchtet und gereinigt. Staubteilchen (»Dreck«) und Krankheitserreger bleiben an den feinen **Flimmerhärchen** und am **Schleim,** den die Schleimhautzellen unablässig produzieren, hängen.

Die **Erwärmung** sorgt dafür, dass die eingeatmete Luft bereits im Rachenraum die Körperinnentemperatur von etwa 37 °C erreicht hat. Das erleichtert den Gasaustausch in der Lunge. Die **Befeuchtung** erfolgt dadurch, dass die Schleimhäute (vor allem in den Lungen) ständig Wasser(dampf) abgeben; die empfindlichen Lungenbläschen werden auf diese Weise vor dem Austrocknen geschützt.

Für die normalen Aktivitäten reicht in der Regel die Atmung durch die Nase aus; es sei denn, sie ist verstopft. Wenn bei körperlicher Belastung bis zu 100 Liter Luft in der Minute ein- und ausgeatmet werden, geht das nur noch durch den Mund, weil die Mundöffnung der strömenden Luft viel weniger Widerstand entgegensetzt.

Kehldeckel: »Wegweiser« für Luft und Nahrung

Über die **Rachenhöhle** gelangt die Luft in die **Luftröhre.** Das ist ein 10–12 cm langer Schlauch aus Knorpelgewebe. An dessen Spitze befindet sich der **Kehlkopf,** der für die Lauterzeugung beim Sprechen und Singen zuständig ist. Hier kreuzen sich die mit Nase und Mund beginnenden Luft- und Speisewege und teilen sich in Luft- und Speiseröhre auf. Als Schaltstelle sitzt hier der **Kehldeckel,** der dafür sorgt, dass die Luftröhre immer dann verschlossen wird, wenn Nahrung geschluckt und in die benachbarte Speiseröhre befördert wird. Jeder weiß, wie unangenehm es ist, wenn das mal nicht funktioniert.
An ihrem Ende teilt sich die Luftröhre in die zwei **Bronchien** auf. Sie leiten die Luft in die **Lungen,** in denen sie sich wie die Äste eines Baumes immer stärker verzweigen **(Bronchiolen)**.

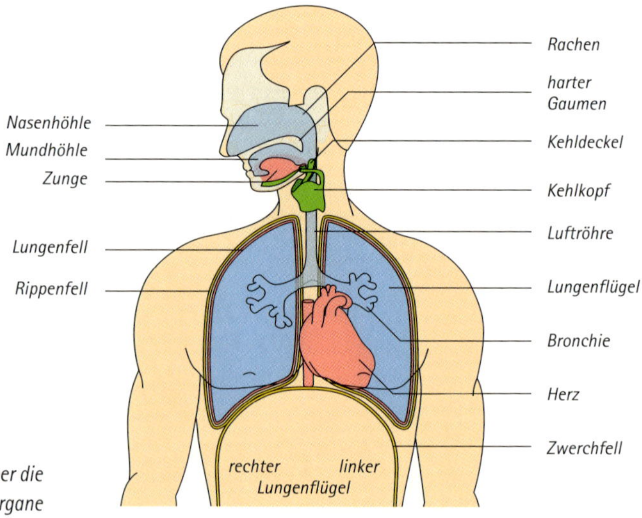

Übersicht über die Atmungsorgane

2.2 Die Lungen

Die Lungen bestehen aus zwei **Lungenflügeln,** die zusammen die Brusthöhle fast vollständig ausfüllen. Das Innere der Lungenflügel besteht zum größten Teil aus den **Lungenbläschen.** Das sind halbkugelförmige, dünnwandige Ausstülpungen am Ende der kleinsten Verzweigungen der Bronchien. Jedes Lungenbläschen hat nur einen Durchmesser von etwa 0,2 mm, aber die gewaltige Anzahl summiert sich zu einer Oberfläche von fast **100 m^2**. Jedes Lungenbläschen ist von einem dichten **Netz von Blutkapillaren** umsponnen. Deren dünne Wände stellen für Sauerstoff und Kohlenstoffdioxid keine Barriere dar: eine ideale Voraussetzung für den **Gasaustausch**.

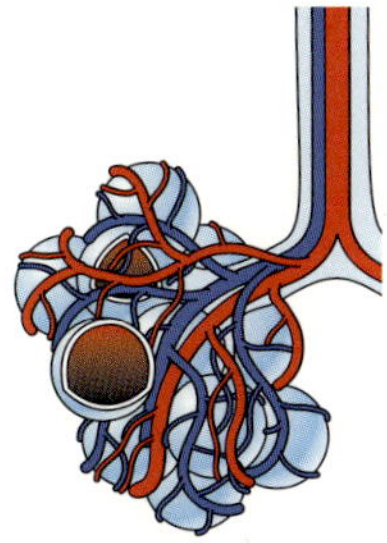

Lungenbläschen von außen und angeschnitten

Beide Lungenflügel sind außen von einer spiegelglatten, feuchten Haut überzogen: dem **Lungenfell**. Es grenzt, nur durch einen dünnen, mit Flüssigkeit gefüllten Spalt getrennt, an das **Rippenfell,** das den Brustraum auskleidet und mit den **Rippen** und dem **Zwerchfell** verwachsen ist.

2.3 Die Atembewegungen

Die Lungenbläschen müssen ständig belüftet werden, damit neuer Sauerstoff zugeführt und Kohlenstoffdioxid entfernt wird. Die Lungen verfügen selbst über keine Muskeln, die die Atembewegungen vollführen könnten. Sie folgen stattdessen den **Veränderungen der Brustkorbweite.** Das funktioniert deshalb, weil in dem schmalen Spalt zwischen Lungenfell und Rippenfell ein geringer **Unterdruck** herrscht und die beiden Häute gut **gegeneinander beweglich** sind.

Beim **Einatmen** erweitert sich der Brustraum. Die Lungen folgen dieser **Erweiterung:** Sie dehnen sich dadurch aus, wobei sich vor allem der Hohlraum der Lungenbläschen **vergrößert.** Luft wird angesaugt.

Beim **Ausatmen** verkleinert sich der Brustraum. Die Lungen folgen dieser **Verengung:** Sie sinken etwas zusammen, wobei sich der Hohlraum der Lungenbläschen **verringert.** Dadurch wird ein Teil der Luft nach außen gepresst.

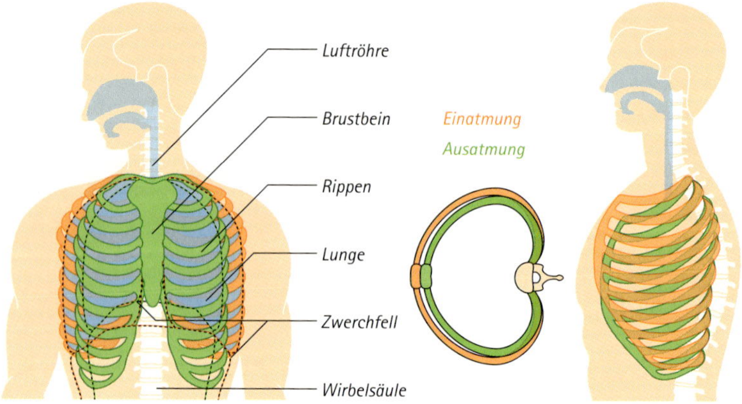

Atembewegungen

Die Erweiterung des Brustraumes ist ein **aktiver Vorgang,** an dem unterschiedliche **Muskeln** beteiligt sind.

Bauchatmung

Bauchatmung. Hierbei spannen sich die **Muskeln des Zwerchfells** an. Dieses wird dabei nach unten gezogen. Dadurch erweitert sich der Brustraum. Erschlaffen die Muskeln, wird das Zwerchfell von den Eingeweiden des Bauchraums nach oben gedrückt; der Brustraum verengt sich wieder.

Brustatmung

Brustatmung. Dabei spannen sich die **Muskeln zwischen den Rippen** an. Dadurch wird der Brustkorb etwas angehoben. Der Brustraum erweitert sich nach vorne und ein wenig auch zur Seite. Erschlaffen die Muskeln, senkt sich der Brustkorb und der Brustraum verengt sich wieder.

Das Ausatmen erfolgt also in der Regel **passiv.** Wenn wir allerdings sehr tief ausatmen, geht das nur mit **aktiver** Unterstützung der Muskeln der Bauchdecke, die den Druck auf das Zwerchfell verstärken, und besonderer Muskeln zwischen den Rippen, die den Brustkorb senken.

Ein erwachsener Mann atmet unter Ruhebedingungen pro Minute etwa 7,5 Liter Luft ein und wieder aus. Verteilt auf etwa 15 Atemzüge ergibt das ein **Atemzugvolumen** von 0,5 Litern.

2.4 Der Gasaustausch in der Lunge

In der Abbildung rechts sind zwei Lungenbläschen mit den sie umgebenden Kapillaren schematisch dargestellt. Der zuführende Schenkel (rechts unten) enthält **kohlenstoffdioxidreiches, sauerstoffarmes** (dunkles) Blut, das von der rechten Herzkammer in den Lungenkreislauf gepumpt wird. Das Blut fließt an den Lungenbläschen vorbei und gibt in einer sehr kurzen Kontaktzeit von nur 0,3 Sekunden das Kohlenstoffdioxid ab und nimmt gleichzeitig Sauerstoff auf **(Gasaustausch).** Der abführende Schenkel (links oben) enthält daher **sauerstoffreiches, kohlenstoffdioxidarmes** (helles) Blut, das über die Lungenvenen zum linken Herzen gelangt und von dort in den Körperkreislauf gepumpt wird.

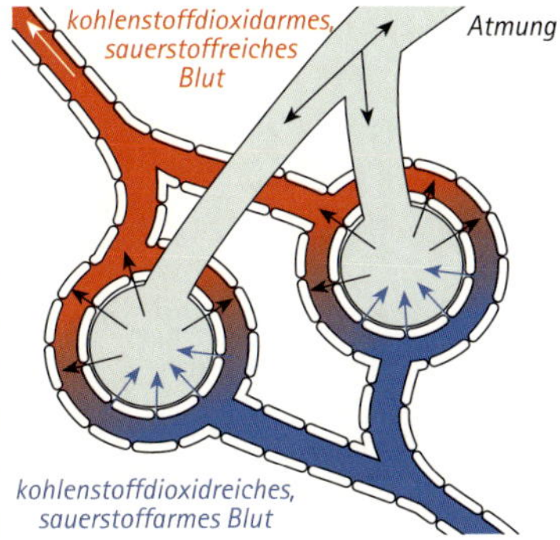

Gasaustausch in den Lungenbläschen

Die **treibende Kraft** für den Gasaustausch zwischen den luftgefüllten Lungenbläschen und den blutgefüllten Lungenkapillaren ist der **unterschiedliche Gehalt an Sauerstoff und Kohlenstoffdioxid** in den beiden Räumen.

Luft besteht aus Gasen.

Bestandteile der Luft. Die **Luft, die wir einatmen**, ist aus verschiedenen Gasen zusammengesetzt. Sie besteht zu 78 % aus Stickstoff, zu 1 % aus Edelgasen, zu 21 % aus Sauerstoff und zu nur 0,04 % aus Kohlenstoffdioxid. Damit ist der Sauerstoffgehalt in der eingeatmeten Luft höher als im ankommenden Blut. Sauerstoff wandert **(diffundiert)** daher passiv aus den Lungenbläschen ins Blut zu den roten Blutkörperchen, um an Hämoglobin gebunden zu werden. Umgekehrt ist der Kohlenstoffdioxidgehalt im ankommenden Blut **höher** als in der eingeatmeten Luft. Kohlenstoffdioxid wandert also von den roten Blutkörperchen aus dem Blut in die Lungenbläschen.

Die **Luft, die wir ausatmen**, enthält nur noch 16 % Sauerstoff, dafür aber 4 % Kohlenstoffdioxid. Der Anteil der anderen Gase hat sich nicht verändert. Durch den Gasaustausch in den Lungenbläschen hat sich also der Sauerstoffgehalt um etwa 4 % verringert, während der Kohlenstoffdioxidgehalt um etwa 4 % größer geworden ist.

3 Blut und Blutkreislauf

Blut ist ein ganz besonderer Saft.

Das Blut ist das wichtigste **Transportmittel** im menschlichen Organismus. Es übernimmt im Dünndarm **Nährstoffe, Vitamine** und **Mineralstoffe** und in den Lungen den eingeatmeten **Sauerstoff**. Diese Stoffe werden mit dem Blutstrom allen Zellen des Körpers zugeführt, die sie teils zur Energiegewinnung und Wärmeproduktion, teils zum Aufbau von Körpersubstanzen verwenden. Die dabei entstehenden **Abfallstoffe** werden zu den Orten der Ausscheidung befördert. Auch **Hormone** werden mit dem Blut transportiert. Außerdem verteilt das Blut die **Wärme** im Körper und sorgt so mit für die Aufrechterhaltung einer gleichmäßigen Körpertemperatur von etwa 37 °C. Da das Blut mit allen anderen Flüssigkeitsräumen unseres Körpers in Verbindung steht, sorgt es für die **Aufrechterhaltung eines konstanten inneren Milieus.**

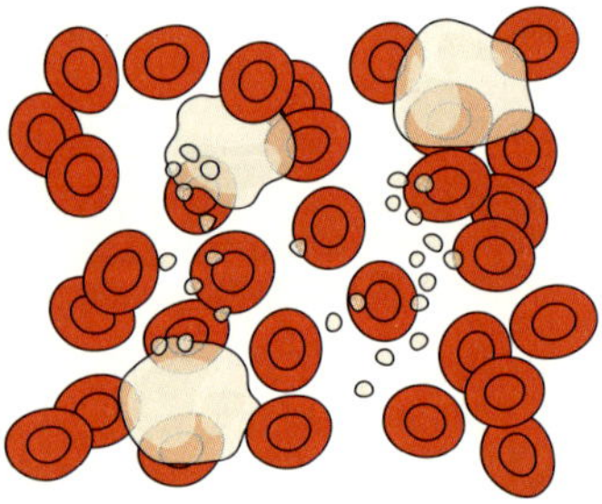

Blutausstrich

3.1 Zusammensetzung des Blutes

Betrachtet man einen frischen Blutstropfen, der auf einen Objektträger aufgetragen und mit einem zweiten Objektträger gleichmäßig verteilt wurde (»Blutausstrich«), unter dem Mikroskop, so sieht man, dass sich Blut aus zwei verschiedenartigen Bestandteilen zusammensetzt: der **Blutflüssigkeit** oder dem **Blutplasma** und den **Blutzellen,** die etwas altertümlich noch immer als **Blutkörperchen** bezeichnet werden.

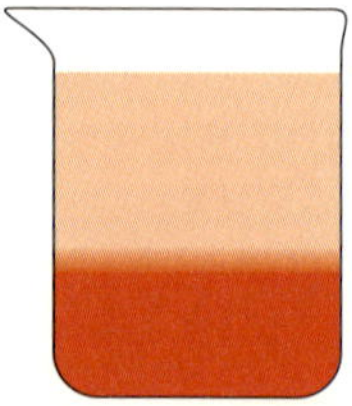

Nach der Blutsenkung

Setzt man einer frischen Blutprobe einen Stoff zu, der die Gerinnung verhindert, sinken die Blutzellen aufgrund ihrer höheren Dichte langsam zu Boden und setzen sich von der Blutflüssigkeit ab (Blutsenkung). Auf diese Weise ist deutlich zu erkennen, dass Blut etwa zur Hälfte aus den festen Bestandteilen (den Blutzellen) und zur Hälfte aus der Blutflüssigkeit besteht. Die **Gesamtblutmenge** eines Menschen beträgt etwa 7 bis 8 % seines Körpergewichts. Bei Erwachsenen entspricht das 4 bis 7 Litern Blut.

3.2 Die Blutzellen und ihre Funktionen

Die Abbildung rechts zeigt die Blutzellen, wie sie im elektronenmikroskopischen Bild erscheinen: ⓐ die scheibenförmigen **roten Blutkörperchen**, ⓑ die kugelförmigen **weißen Blutkörperchen** und ⓒ die sehr viel kleineren **Blutplättchen.**

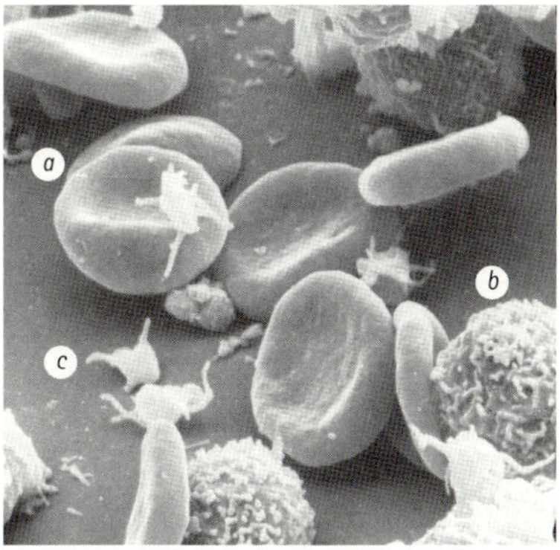

Blutzellen

Rote Blutkörperchen (Erythrocyten). Sie bilden die Hauptmasse der zellulären Blutbestandteile. Männer besitzen davon im Durchschnitt etwa 5 Millionen und Frauen etwa 4,5 Millionen in 1 Mikroliter Blut! (1 Mikroliter = $^{1}/_{1\,000\,000}$ Liter.) Ihre Gesamtzahl beläuft sich auf 25 bis 30 Billionen. Der Volumenanteil am Gesamtblutvolumen kann vom Arzt bestimmt werden. Der Wert wird als **Hämatokrit** bezeichnet; er beträgt im Mittel beim Mann 0,47, bei der Frau 0,42. Die roten Blutkörperchen nehmen also knapp die Hälfte des Blutvolumens ein!

Rote Blutkörperchen sind etwa $^{2}/_{1000}$ mm dünne, kreisrunde, auf beiden Seiten etwas eingedellte Scheiben mit einem Durchmesser von etwa $^{7}/_{1000}$ mm, die angefüllt sind mit einem eisenhaltigen Farbstoff, dem **Hämoglobin,** der dem Blut die **rote Farbe** verleiht. Hämoglobin besitzt die Fähigkeit, **Sauerstoff zu binden.** Der Sauerstoff ist allerdings nur locker gebunden und kann wieder abgegeben werden. Ob Hämoglobin Sauerstoff bindet oder abgibt, hängt vom **Sauerstoffgehalt** der Umgebung ab.

Erythrocyten sind die roten Blutkörperchen.

Die roten Blutkörperchen sind jedoch nicht nur für den Transport von Sauerstoff von den Lungen zu den Zellen des Körpers zuständig. Sie transportieren auch das **Kohlenstoffdioxid,** das im Energiestoffwechsel der Zellen beim Verbrennen der Nährstoffe anfällt, von den Zellen zu den Lungen, wo es mit der Luft ausgeatmet wird.

Weiße Blutkörperchen (Leukocyten). Sie stellen im Gegensatz zu den roten Blutkörperchen keine einheitliche Zellgruppe dar. Der Grund für diese Vielfalt hat mit den Aufgaben der weißen Blutkörperchen zu tun: Sie sind wesent-

Leukocyten sind die weißen Blutkörperchen.

lich an der Abwehr von Krankheitserregern beteiligt und dafür reicht ein einziger Zelltyp alleine nicht aus. Als normal gelten 5000 bis 10000 Zellen pro Mikroliter Blut. Damit sind aber nur etwa 5% der im Körper vorhandenen weißen Blutkörperchen erfaßt; der große Rest befindet sich im Knochenmark oder wandert durch die Gewebe und Organe.

Thrombocyten sind Blutplättchen.

Blutplättchen (Thrombocyten). Sie sind die kleinsten Blutzellen, so dass man sie im mikroskopischen Bild normalerweise gar nicht wahrnimmt. Die farblosen Gebilde von etwa $^{4}/_{1000}$ mm Länge und etwa $^{2}/_{1000}$ mm Dicke haben eine sehr kurze Lebensdauer von nur 8 bis 14 Tagen. Ihre Zahl beträgt 250000 bis 400000 pro Mikroliter Blut. Im elektronenmikroskopischen Bild sieht man deutlich, dass sich im Inneren der Blutplättchen viele Speicherkörnchen **(Granula)** befinden. Diese Speicherkörnchen enthalten Substanzen, welche die **Blutgerinnung** einleiten.

3.3 Die Blutflüssigkeit

Die Blutflüssigkeit oder das **Blutplasma** besteht zu etwa 90% aus Wasser und zu rund 10% aus verschiedenen darin gelösten Substanzen, hauptsächlich Mineralstoffe, Eiweiße (Proteine) und Traubenzucker aus der Verdauung.

Die **Mineralstoffe** tragen vor allem zu einer konstanten mineralischen Zusammensetzung der Körperflüssigkeiten bei, einer wesentlichen Voraussetzung der Funktionstüchtigkeit unseres Organismus. Die vorherrschenden Mineralstoffe sind **Natrium** und **Chlorid** (sie bilden zusammen Kochsalz). Deshalb kann nach starken Blutungen (z.B. nach einem Unfall) der Flüssigkeitsverlust zunächst durch eine entsprechend konzentrierte Kochsalzlösung **(physiologische Kochsalzlösung, 0,9%ig)** behoben werden, um den Kreislauf zu stabilisieren und einen Herzstillstand zu verhindern.

3.4 Das Herz-Kreislauf-System im Überblick

Das Blut fließt durch unseren Körper in einem **geschlossenen Röhrensystem** von hintereinander und parallel geschalteten **Blutgefäßen**. Der Antrieb erfolgt durch eine zentral gelegene **Pumpe,** das **Herz**. Die vom Herz wegführenden, dickwandigen Gefäße, in denen das Blut zu den Organen gelangt, werden als **Arterien** bezeichnet. Da in ihnen der Herzschlag zu spüren ist, nennt man sie auch **Schlagadern.** Sie verzweigen sich zu immer kleineren Gefäßen und gehen schließlich in die Haargefäße oder **Kapillaren** über. In den Kapillaren findet der **Stoffaustausch** statt. Das Blut sammelt sich in dünnwandigen Gefäßen, den **Venen,** die es dem Herzen wieder zuführen. Das Blut zirkuliert also in einem **Kreislauf**.

Tatsächlich sind es zwei Kreisläufe: ein **Lungenkreislauf** und ein **Körperkreislauf**. Das hängt mit dem Transport der Atemgase (Sauerstoff, Kohlenstoffdioxid) zusammen. Der Gasaustausch kann nur in Kapillaren stattfinden, weil hier die Wände keine Behinderung darstellen. In den haarfeinen Gefäßen verliert sich der Druck, den das Herz erzeugt. Die Atemgase werden zweimal ausgetauscht: einmal in den Lungen und ein zweites Mal in den anderen Körperorganen. Das Blut fließt dadurch zweimal durch das Herz; es sind also tatsächlich zwei Pumpen in einem Organ. Das **linke Herz** pumpt das von der Lunge kommende, sauerstoffreiche Blut in die **Körperarterie,** die es auf alle Organe verteilt. In den Kapillaren der Organe gibt das Blut Sauerstoff ab und nimmt Kohlenstoffdioxid auf. Durch die **Körpervene** fließt das Blut zum **rechten Herz,** das es in die **Lungenarterie** pumpt. In den Kapillaren der Lunge gibt das Blut Kohlenstoffdioxid ab und nimmt Sauerstoff auf. Durch die **Lungenvene** fließt das Blut wieder dem linken Herzen zu.

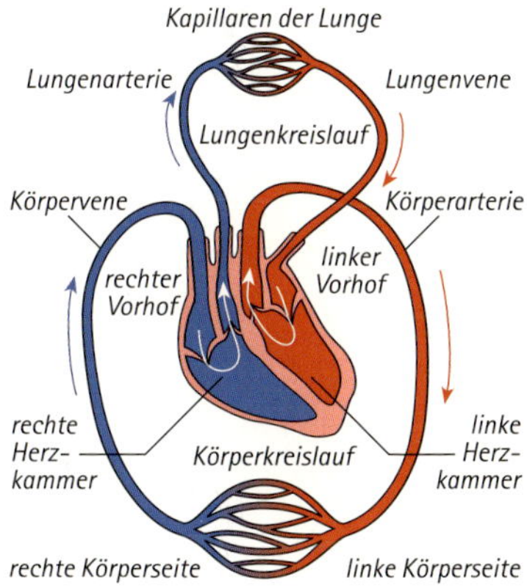

Lungen- und Körperkreislauf

3.5 Aufbau und Arbeitsweise des Herzens

Das Herz ist ein etwa faustgroßer **Hohlmuskel,** der schräg zwischen den beiden Lungenflügeln fast in der Mitte des Brustraumes liegt. Es ist von einem **Herzbeutel** umgeben, dessen Wände mit einer schleimigen Flüssigkeit ausgekleidet sind, so dass sich das Herz darin reibungslos bewegt.

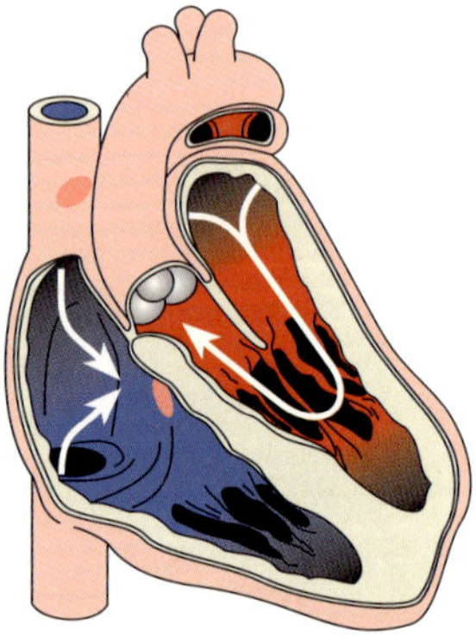

Längsschnitt durch das Herz

Im Längsschnitt zeigt sich, dass der Hohlraum durch die Herzscheidewand in zwei etwa gleich große Hälften aufgeteilt ist. Querwände unterteilen jede Hälfte noch einmal in die kleineren **Vorhöfe** und die größeren **Kammern.** Jede Kammer besitzt zwei Öffnungen, durch die das Blut ein- und wieder ausströmt. An diesen Stellen befinden sich **Herzklappen**, die wie Ventile funktionieren.

Bei den Klappen zwischen den Vorhöfen und den Kammern handelt es sich um so genannte **Segelklappen**. Das sind Bindegewebshäute, die über Sehnenfäden so an der Herzinnenwand festgemacht sind, dass sie sich nur in eine Richtung öffnen lassen. Dadurch kann das Blut nicht in die Vorhöfe zurückfließen.

Die Klappen an den Öffnungen zu den Schlagadern verfügen über taschenartige Mulden, die durch das zurückströmende Blut so aufgespannt werden, dass sie die Öffnung vollständig verschließen. Sie werden als **Taschenklappen** bezeichnet.

Die Herzwände bestehen aus **Muskelgewebe,** das ganz ähnlich aufgebaut ist wie die quer gestreifte Skelettmuskulatur. Die Vorhöfe haben dünnere Wände, da sie das ankommende Blut hauptsächlich sammeln, während die Kammern eine aktive Pumpleistung vollbringen. Aber auch deren Wände sind unterschiedlich dick. Die Wandstärke der rechten Kammer beträgt nur 2 bis 4 mm, die der linken 8 bis 11 mm. Die linke Kammer muss, da sie das Blut in den gesamten Körper befördert, einen wesentlich höheren Druck erzeugen.

Arbeitsweise des Herzens

Das Herz arbeitet als **Pumpe**: Es **saugt** Blut aus den Venen an und **drückt** es in die Arterien. Das Ansaugen erfolgt, indem sich der Herzmuskel entspannt und sich dadurch die Kammern erweitern. Diese Phase wird als **Diastole** bezeichnet. Durch Zusammenziehen der Herzmuskulatur wird das Blut in die Arterien gedrückt. Diese Phase heißt **Systole**. Zum besseren Verständnis der Arbeitsweise des Herzens wird der gesamte Ablauf eines Herzschlages in **vier Aktionsphasen** unterteilt, die sich rhythmisch wiederholen.

Entspannungsphase: Nach einer Kontraktion sinkt der Druck in den Kammern sehr schnell, weil sich die Muskulatur entspannt. Durch den Druckabfall fließt ein wenig Blut aus den Arterien zurück, wodurch die Taschenklappen geschlossen werden.

Füllungsphase: Sobald der Druck in den Kammern geringer wird als der Druck in den Vorhöfen, öffnen sich die Segelklappen. Blut strömt aus den Vorhöfen in die Kammern. Dieser Vorgang wird durch ein Zusammenziehen der Vorhofmuskulatur unterstützt. In einem normal großen Herzen befinden sich jetzt in jeder Kammer etwa 130 ml Blut.

Anspannungsphase: Die Kontraktion der Kammermuskulatur führt zu einem Druckanstieg. Dadurch werden die Segelklappen wie Segel vom Wind aufgebläht und verschließen die Öffnungen zu den Vorhöfen. Da jetzt Taschen- und Segelklappen geschlossen sind, wirkt sich die Muskelkontraktion ausschließlich als Druckerhöhung aus.

Austreibungsphase: Wenn der Druck in den Kammern größer wird als der Druck in den Schlagadern, öffnen sich die Taschenklappen, und Blut wird in die Schlagadern gepresst. Obwohl sich dadurch das Kammervolumen verringert, steigt zunächst der Kammerdruck weiter an, fällt dann aber deutlich ab.

Die ausgeworfene Blutmenge wird als **Schlagvolumen** bezeichnet. Das ist normalerweise etwa die Hälfte des gesamten Kammervolumens (60 bis 90 ml). Die andere Hälfte bleibt als **Restvolumen** in den Kammern zurück.

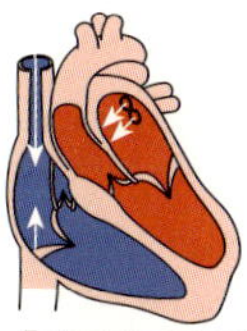

Entspannungsphase

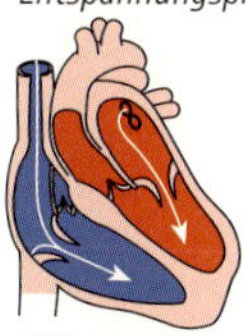

Füllungsphase

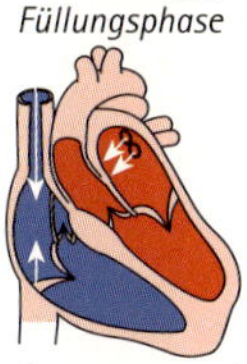

Anspannungsphase

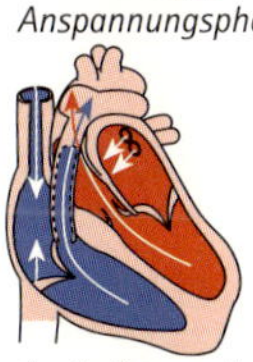

Austreibungsphase

Die Aktionsphasen der Herztätigkeit

3.6 Aufbau und Arbeitsweise der Blutgefäße

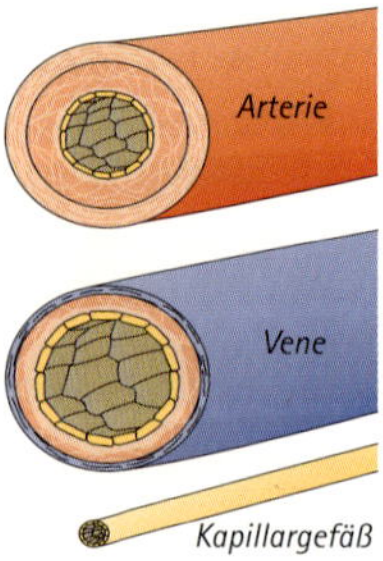

Gefäßtypen

Arterien und Venen sind nach ähnlichen Prinzipien aufgebaut: Ein röhrenartiger Hohlraum, in dem das Blut fließt, wird von Wänden begrenzt, die aus **drei Schichten** bestehen.

Die innere Schicht wird aus kleinen flachen Zellen gebildet, den **Endothelzellen,** die auf etwas Bindegewebe aufliegen. Die äußere Schicht setzt sich fast nur aus Bindegewebe und elastischen Fasern zusammen.

Bei größeren Gefäßen ist die äußere Schicht von Nervenfasern und kleinen Blutgefäßen durchzogen. Durch die mittlere Schicht unterscheiden sich die verschiedenen Gefäßtypen. Sie besteht aus elastischen Fasern und glatten Muskelzellen, deren Anteil aber stark variiert.

Arterien führen das Blut zu den Organen.

Arterien. Bei den großen herznahen Arterien, vor allem der Körperschlagader **(Aorta),** ist die innere Schicht sehr dick und besteht vor allem aus elastischen Fasern. Sie werden als **Arterien vom elastischen Typ** bezeichnet. Sie sind sehr dehnbar. Dadurch sorgen sie für einen gleichmäßigen Blutstrom. In einer starren Röhre würde das Blut so weiterfließen, wie es vom Herzen ausgeworfen wird: schubweise. Die elastischen Arterien aber dehnen sich aus, wenn das Herz das Schlagvolumen auswirft. Während der anschließenden Diastole zieht sich die Gefäßwand wieder zusammen und schiebt so das zuvor gespeicherte Blut weiter.

In der Abbildung links ist dargestellt, wie sich diese Dehnung als Druckwelle entlang der Arterie ausbreitet. Jeder kann diese Druckwelle als Pulsschlag an Stellen, an denen die Arterien nahe an die Hautoberfläche kommen, deutlich fühlen (z. B. an den Handgelenken, an den Schläfen, am Hals).

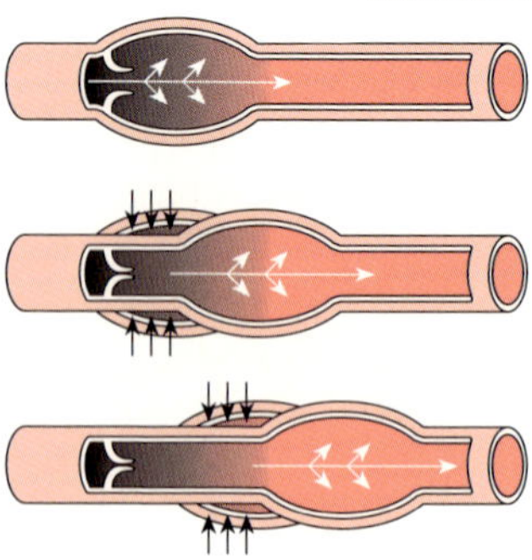

Wie der »Puls« entsteht

Mit zunehmender Entfernung vom Herzen werden die Wände der Arterien dünner, der Anteil der elastischen Fasern nimmt ab und der der Muskelfasern zu. Diese **Arterien vom muskulären Typ** können durch Kontraktion und Entspannung die Weite ihres Hohlraumes verändern. Sie regeln auf diese Weise die **Durchblutung** der einzelnen Organe. Durch Verzweigung entstehen immer kleinere Arterien, die auch als **Arteriolen** bezeichnet werden. Sie gehen in die Haargefäße oder Kapillaren über.

Kapillaren. Die Kapillaren sind die kleinsten Blutgefäße. Ihr Durchmesser beträgt nur etwa $^{5}/_{1000}$ mm. Mit einer Gesamtlänge von etwa 100 000 Kilometern bilden sie jedoch den Hauptteil des menschlichen Gefäßsystems. Die Wände bestehen nur aus Endothelzellen. Durch sie können Nährstoffe, Vitamine, Mineralstoffe, Sauerstoff und Wasser vom Blut in die Gewebsflüssigkeit übertreten und von dort in die Zellen gelangen. Umgekehrt geben die Zellen Kohlenstoffdioxid, Harnstoff und andere Stoffwechselprodukte an die Gewebsflüssigkeit ab; sie gelangen durch die Kapillarwände ins Blut.

Über die Kapillaren findet der Stoffaustausch statt.

Venen. Die Kapillaren gehen an ihrem Ende in kleine Venen **(Venolen)** über. Diese vereinigen sich dann zu großen **Venen**, die das Blut dem Herz zuführen. In den Wänden der Venen ist die innere Schicht im Vergleich zu den Arterien sehr dünn und enthält vor allem elastische Fasern. Dadurch sind sie **außerordentlich gut dehnbar** und haben ein großes Fassungsvermögen. So kommt es, dass sich unter Ruhebedingungen etwa **zwei Drittel** des gesamten Blutvolumens in den Venen befinden. Dadurch dienen die Venen als **Blutreservoir.** Bei Bedarf können daraus größere Blutmengen in andere Teile des Körpers verschoben werden, etwa wenn bei körperlicher Belastung die umlaufende Blutmenge gesteigert werden muss.

Venen führen das Blut zum Herzen.

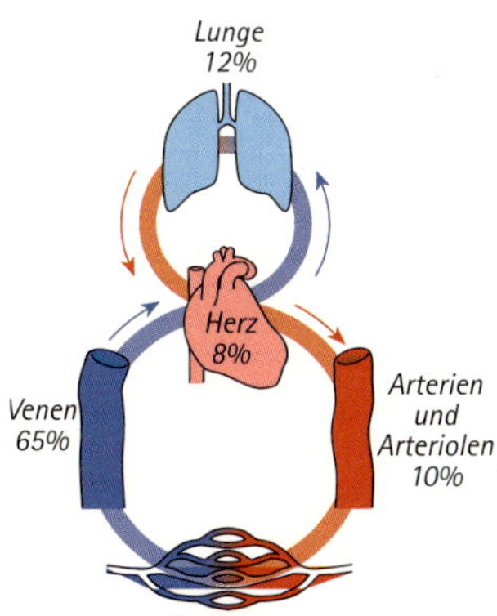

Verteilung des Blutvolumens

Von dem Blutdruck, den das Herz in den Arterien erzeugt, bleiben in den Kapillaren nur noch etwa 10 % übrig. Dieser Restdruck reicht unter Ruhebedingungen in der Regel aus, um auch das Blut aus den Beinen gegen die Erdanziehung zum Herzen zu befördern. Damit das Blut dabei nicht zurückfließt, besitzen die Venen im Abstand von einigen Zentimetern **Taschenklappen**, die sich nur in Richtung des Blutstromes öffnen (Ventilwirkung).

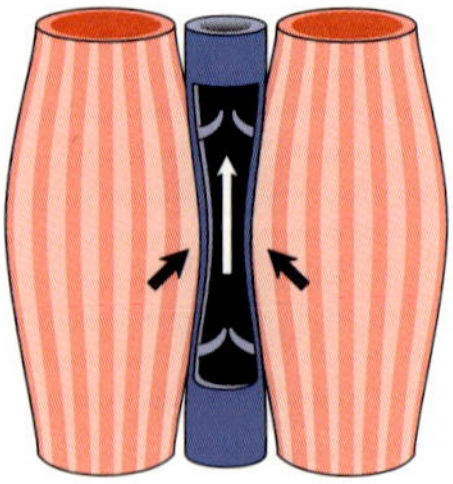

Wirkung der Venenklappen und der Muskelpumpe

Wenn allerdings bei körperlicher Belastung bis zu 4mal mehr Blut durch die Venen dem Herzen zugeführt werden muss, reicht das geringe Druckgefälle nicht mehr aus. In solchen Situationen unterstützt die so genannte **Muskelpumpe** den venösen Rückstrom. Wenn die Skelettmuskeln, die eine Vene umgeben, sich zusammenziehen, verdicken sie sich etwas. Dabei drücken sie die Vene zusammen. In Verbindung mit den Taschenklappen wird das Blut in Richtung Herz befördert.

Beim Durchströmen der Kapillaren wandern täglich etwa 20 Liter Flüssigkeit in das umgebende Gewebe ein. Etwa 18 Liter davon werden von den Kapillaren wieder aufgenommen, der Rest (2 Liter) verbleibt länger im Gewebe. Diese überschüssige Gewebsflüssigkeit wird als **Lymphe** bezeichnet; sie wird über **Lymphgefäße** wieder ins Blut zurücktransportiert.

Lymphgefäße transportieren Gewebsflüssigkeit ins Blut.

Lymphgefäße. Sie sind an ihrem dünnen Ende offen. Diese **Lymphkapillaren** vereinigen sich zu immer größer werdenden Gefäßen, den **Lymphbahnen,** die schließlich in die **linke Schlüsselbeinvene** einmünden, wo sich Lymphe und Blut wieder vereinigen.

Lymphgefäße sind ähnlich aufgebaut wie Venen und sie bewegen auch ihren Inhalt auf vergleichbare Weise, aber viel langsamer. Dadurch bleibt Zeit, die Lymphe zu **reinigen**. Das passiert vor allem in den **Lymphknoten,** in denen sich weiße Blutkörperchen festsetzen und auf Krankheitserreger »lauern«.

3.7 Die Regulation des Blutkreislaufs

Innerhalb der Blutgefäße herrscht ein vom Herzen erzeugter Druck, der als **Blutdruck** bezeichnet wird. Er ist in der Aorta am größten; hier erreicht er unter Ruhebedingungen normalerweise während der Systole einen Wert von 120 und während der Diastole einen Wert von 80. Die beiden Werte werden als **systolischer** und **diastolischer Blutdruck** bezeichnet. Zu hohe Werte **(Hypertonie)** können das Herz, das Gehirn und vor allem die Niere schädigen. Bei zu niedrigen Werten **(Hypotonie)** wird nicht genügend Sauerstoff zu den Organen transportiert; im Gehirn führt das zu Konzentrationsschwäche und Müdigkeit.

Die Blutdruck-Werte geben an, wie viele Millimeter eine Quecksilbersäule hochgedrückt wird, abgekürzt mm Hg.

Der Körper **reguliert** den Blutdruck über die **Herzfrequenz** und die **Gefäßweite.** Steigt der Blutdruck zu sehr an, werden über das vegetative Nervensystem einige Blutgefäße weiter gestellt und die Schlagfrequenz des Herzens gesenkt: Der Blutdruck fällt ab. Sinkt der Blutdruck zu sehr, werden einige Blutgefäße verengt und die Schlagfrequenz des Herzens gesteigert: Der Blutdruck steigt an.

Mit genau denselben Mechanismen **reguliert** der Körper die **Blutverteilung** im Organismus und passt sie dem wechselnden Bedarf an. Wenn wir ruhen, fließt das Blut zu 50 % vor allem den **Verdauungsorganen** und den **Nieren** zu. Die Skelettmuskulatur kommt mit 20 % aus, um ihren Ruhestoffwechsel aufrechtzuerhalten. Das Gehirn benötigt, obwohl es nur etwa 2 % der Körpermasse ausmacht, stattliche 15 %.

Wenn beim Sporttreiben (Laufen, Schwimmen, Radfahren) gleichzeitig viele Muskelgruppen aktiv sind, wird vor allem über eine **Steigerung der Herzfrequenz** die umlaufende Blutmenge bis auf das 4fache vermehrt. Gleichzeitig wird über eine **Erweiterung der Gefäße** der größte Teil den Muskeln und dem Herzen zugeleitet. Zu den Verdauungsorganen strömt durch eine **Verengung** der entsprechenden Gefäße nur noch wenig Blut, während sich die Durchblutung des Gehirns nicht verändert.

Auf einen Blick: Ernährung und Stofftransport

Ernährung

- Mit der Nahrung nehmen wir **Nährstoffe** auf. Sie liefern die **Energie** für Muskelarbeit und die Erzeugung der Körperwärme sowie alle **Baustoffe**, die für Aufbau und Erneuerung des Organismus unentbehrlich sind. Außerdem sind Substanzen enthalten, die eine **Verwertung** der Nahrungsbestandteile erst ermöglichen.
- Der Energiebedarf unseres Körpers ist abhängig vom Ruhe- oder Grundumsatz und vom Arbeits- oder Leistungsumsatz. Der **Grundumsatz** wird für die Erhaltung der Lebensfunktionen benötigt. Der **Leistungsumsatz** wird vom Ausmaß der körperlichen Betätigung bestimmt.
- Der vom Körper nutzbare **Energiegehalt** eines Nahrungsmittels hängt von der Zusammensetzung der Nährstoffe und deren physiologischem Brennwert ab.
- Als Energielieferanten dienen vor allem **Kohlenhydrate** und **Fette**. **Eiweiße** liefern hauptsächlich Aufbaustoffe, werden aber im Überschuss ebenfalls zur Deckung des Energiebedarfs herangezogen.
- Vor der Verarbeitung der Nährstoffe im Stoffwechsel der Zellen wird die Nahrung im **Verdauungssystem** mechanisch und chemisch zerkleinert und die Nährstoffe werden über den Dünndarm **resorbiert**.

Atmung

- Die Zellen unseres Körpers können die Energie für die Aufrechterhaltung der Lebensprozesse nur gewinnen, wenn sie die Nährstoffe mit Hilfe von **Sauerstoff** »verbrennen«. Gleichzeitig entsteht als Abfallprodukt des Energiestoffwechsels **Kohlenstoffdioxid**, das ausgeschieden werden muss.
- Die Abgabe von Kohlenstoffdioxid und die Aufnahme von Sauerstoff erfolgt durch den **Gasaustausch** in den **Lungen**.

Blut und Blutkreislauf

- Das Blut ist das wichtigste **Transportmittel** im menschlichen Organismus. Es führt allen Zellen Nährstoffe und Sauerstoff zu und befördert Abfallstoffe zu den Ausscheidungsorganen.
- Blut besteht aus Blutplasma und verschiedenen Blutzellen, die unterschiedliche Aufgaben erfüllen. Am Transport der Atemgase sind die Erythrocyten beteiligt.
- Das Blut fließt in zwei geschlossenen Kreisläufen aus **Arterien**, **Kapillaren** und **Venen** durch den Körper: im Lungenkreislauf und im Körperkreislauf.
- Das Herz ist ein Hohlmuskel, der durch rhythmische Kontraktionen für den Blutstrom in den Gefäßen sorgt.

Abwehr von Krankheitserregern

Wir sind ständig einem Heer von Viren und Bakterien ausgesetzt, die uns befallen. Wir bleiben aber meist gesund, weil unser Abwehrsystem mit angeborenen und erworbenen Maßnahmen die Angreifer aus dem Mikrokosmos bekämpft. Nur bei geschwächtem Abwehrsystem können sie sich ungehemmt in uns vermehren und Krankheiten verursachen, die manchmal auch tödlich ausgehen.

1 Erreger von Infektionskrankheiten

Infektionskrankheiten werden bei uns hauptsächlich durch Erreger wie Bakterien und Viren, in den Tropen auch noch durch Parasiten hervorgerufen.

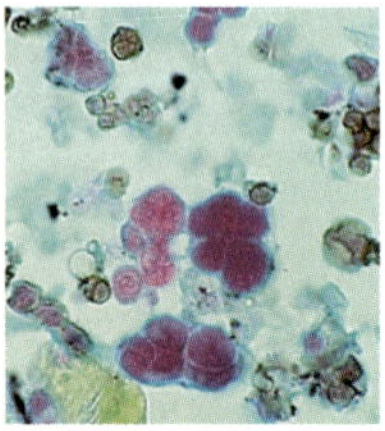

Bakterien

Bakterien. Dies sind $^{1}/_{1000}$ bis $^{5}/_{1000}$ mm kleine einzellige Organismen. Die meisten Bakterien ernähren sich durch den Abbau von Nährstoffen in ihrem Lebensraum und vermehren sich durch eine einfache Zellteilung.

Bakterien sind **allgegenwärtig.** Es gibt fast keinen Lebensraum, den sie im Laufe der Evolution nicht besiedelten, und es gibt fast keine Nahrungsquelle, die nicht von Bakterien erschlossen wurde. So ist es nicht weiter verwunderlich, dass auch der menschliche Körper als Lebensraum und Nahrungsquelle »entdeckt« wurde.

Der gesunde menschliche Körper ist an seinen äußeren und inneren Oberflächen mit Milliarden von Bakterien besiedelt. So befinden sich auf der normalen, gesunden Haut allein 1 Million Bakterien pro cm^2. Sie leben dort von unseren Ausscheidungen und abgestorbenen Hautzellen, **ohne** uns **zu schaden.** Im Dickdarm ist die Besiedelung sogar noch höher; hier finden sich in einem Gramm Verdauungsbrei etwa 100 Milliarden Bakterien.

Krankheiten durch **Bakterien:**
Atemwege: **Diphtherie, Bronchitis, Tuberkulose, Mandelentzündung, Lungenentzündung**
Verdauungssystem: **Cholera, Salmonellosen, Magenschleimhautentzündung**
Geschlechtsorgane: **Syphilis, Gonorrhö (Tripper), Harnwegsentzündung**
Nervensystem: **Tetanus, Botulismus, Meningitis**
Blut/Lymphsystem: **Pest**
Haut: **»Pickel«**

Krankheiten verursachen Bakterien erst, wenn sie in das Körpergewebe **eindringen.** Dabei setzen sie gewebeschädigende **Enzyme** frei. Außerdem produzieren viele Bakterien Substanzen, die im menschlichen Organismus als **Giftstoffe (Toxine)** wirken und schwere Schädigungen hervorrufen können. So blockiert z. B. das Tetanustoxin, das vom Erreger des Wundstarrkrampfes an einer Wunde erzeugt wird, die Freisetzung von Botenstoffen an Synapsen (s. Kap. 6) des Rückenmarks, was zu Muskelkrämpfen, Lähmungen und schließlich zum Atemstillstand führen kann. Es gibt auch Bakterien, die in Körperzellen eindringen und sich dort vermehren. Die befallenen Zellen werden dadurch zerstört.

Viren. Sie sind die kleinsten Krankheitserreger. Ihr Durchmesser beträgt weniger als $^1/_{1000}$ mm. Hätte eine menschliche Körperzelle den Umfang dieses Buches, wäre ein Virus etwa so groß wie ein Stecknadelkopf.

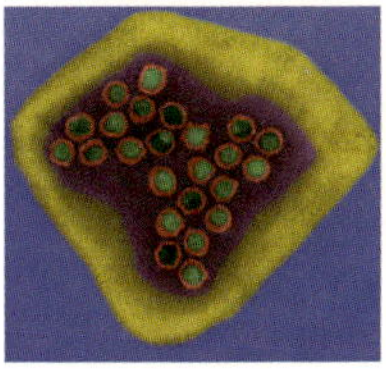

Viren

Viren bestehen nur aus einer kleinen Menge Erbinformation (DNA oder RNA), die in eine Eiweißhülle verpackt ist. Einige Viren sind noch von einer Membran umhüllt.

Viren betreiben keinen Stoffwechsel und wachsen auch nicht. Um sich zu **vermehren,** müssen sie Zellen befallen, die über diese Eigenschaften verfügen. Die Viren schieben dann diesen Zellen einen genetischen Befehl unter und der lautet immer gleich: Anfertigung vieler neuer Viren.

Krankheiten werden durch Viren auf verschiedene Weise hervorgerufen. In einigen Fällen kommt es erst zur Zerstörung von Körperzellen, wenn das Abwehrsystem auf die Virusvermehrung reagiert. Es gibt auch Viren, die Krebs hervorrufen können. Bei einigen Infektionskrankheiten (z. B. Herpes-Bläschen) verweilen die Viren nach der Infektion lebenslang im Körper und schädigen ihn nur, wenn das Immunsystem geschwächt ist. Bei den meisten Virus-Infektionen werden die Zellen unmittelbar durch die Virusvermehrung zerstört.

Krankheiten durch Viren:
Atemwege: **Schnupfen, Lungenentzündung**
Verdauungssystem: **Hepatitis, Gelbfieber, Mumps**
Geschlechtsorgane: **Herpes-Bläschen, Warzen**
Nervensystem: **Meningitis**
Blut/Lymphsystem: **AIDS**
Haut: **Herpes-Bläschen, Pocken, Windpocken, Masern, Röteln, Warzen**

Eine typische Viruserkrankung ist die **Grippe**. Die Viren werden durch Sprechen, Niesen und Husten über winzige Tröpfchen in der Luft übertragen (Tröpfcheninfektion). Über die Atemwege gelangen die Erreger in den Körper und befallen die Zellen der Luftröhre und der Bronchien, in denen sie sich vermehren. Dabei werden die Zellen so geschädigt dass sie absterben. Zunächst wird die Infektion gar nicht bemerkt. Nach mehreren Stunden oder auch Tagen treten die ersten Anzeichen der Krankheit, die **Symptome**, auf: Hals- und Kopfschmerzen, Schüttelfrost, Augentränen, dann Gliederschmerzen und Fieber. Gefährlich wird es, wenn eine Bakterieninfektion dazukommt, z.B. eine Lungenentzündung. Aber normalerweise klingen die Beschwerden nach einigen Tagen wieder ab.

2 Angeborene Immunität

2.1 Die natürliche Resistenz

Über eine natürliche Resistenz gegenüber Krankheitserregern verfügen wir von Geburt an. Sie setzt sich aus vielen Faktoren zusammen, denen aber eines gemeinsam ist: Sie wirken **unspezifisch** gegen alle Krankheitserreger.

Säuren

Erste Barrieren für Krankheitserreger sind die Haut und die Schleimhäute der verschiedenen Körperhöhlen. Hier werden unter anderem **Säuren** gebildet, die die Mikroorganismen zerstören. Das bekannteste Beispiel ist die Salzsäure, die bei der Verdauung im Magen freigesetzt wird.

Enzyme

In der Tränenflüssigkeit und in Sekreten der Lunge sowie des Verdauungssystems sind **Enzyme** enthalten, die den Abbau der Zellwände der Bakterien ermöglichen.

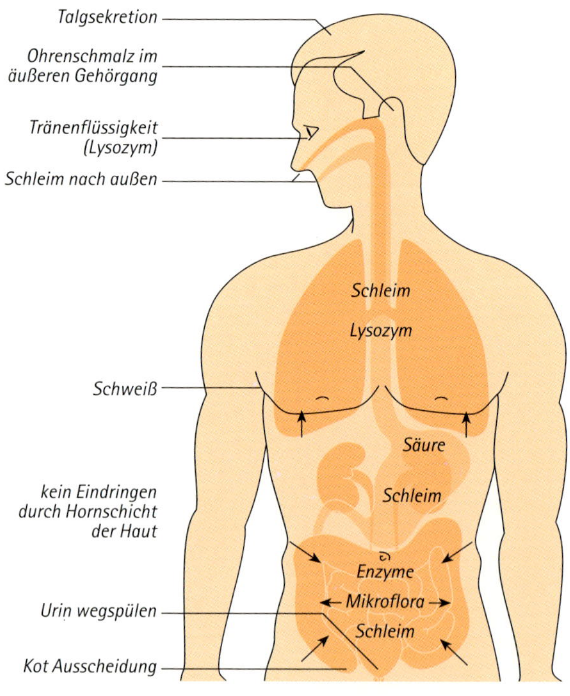

Die Faktoren der natürlichen Resistenz

In der Lunge können sich die Mikroorganismen im **Schleim** verfangen. Außerdem werden sie durch die Tätigkeit der Flimmerhärchen nach außen transportiert. Durch Husten und Niesen werden sie sehr wirkungsvoll aus dem Körper entfernt, leider aber auch ebenso wirkungsvoll verbreitet.

Schleim

Gesunde Menschen beherbergen in ihrem Darm viele Bakterien. Diese **Mikroflora** behindert in der Regel das Wachstum von Krankheitserregern. Die Verdrängung von Krankheitserregern durch die Besiedelung mit ungefährlichen Bakterien spielt auch auf der Haut und auf Schleimhäuten eine wichtige Rolle.

Mikroflora

Wenn jedoch den Erregern das Eindringen in das Körpergewebe gelingt, werden sie erneut von einer ganzen Palette **antimikrobieller Substanzen** attackiert, die als Reaktion auf die Infektion sehr schnell aktiviert oder gebildet werden. Zu diesen Substanzen gehören wiederum **abbauende Enzyme** und **Säuren,** die Bakterien und Viren unspezifisch abtöten.

Eine dieser Substanzen, das **Interferon,** spielt bei Virus-Infektionen eine besondere Rolle. Während sich die Viren innerhalb der Körperzellen vermehren, können sie nicht gezielt bekämpft werden. In dieser Phase wirkt Interferon: Es hemmt die Virus-Vermehrung.

Interferon

Weitgehend unspezifisch wirkt auch das **Komplementsystem**. Dessen Bezeichnung geht auf die Entdeckung zurück, dass Antikörper nur zusammen mit frischem Blutserum Bakterien zerstören können. Man vermutete im Serum einen unspezifisch wirkenden »Faktor«, der die Wirkung der sehr spezifischen Antikörper ergänzt (*lat. complementum*). Tatsächlich handelt es sich bei diesem »Faktor« um verschiedene **Enzyme**, die als inaktive Vorstufen in Blut und Lymphe zirkulieren und sich in einem kaskadenartigen Vorgang gegenseitig aktivieren – ähnlich wie bei der Blutgerinnung.

Komplement

2.2 Die Zellen des Immunsystems

Alle Zellen des Immunsystems gehören zu den weißen Blutzellen oder **Leukocyten.** Im Gegensatz zu der relativ konstanten Zahl der roten Blutzellen (Erythrocyten) beim Gesunden ändert sich die Zahl der Leukocyten im Blut in Abhängigkeit von der Tageszeit und dem Aktivitätszustand des Abwehrsystems. Normal ist eine Variationsbreite von 5 000 bis 10 000 Zellen pro Mikroliter Blut.

50 bis 70 % der weißen Blutzellen sind **Granulocyten** und 5 bis 10 % sind **Makrophagen**. Diese Zellen wirken **unspezifisch** und gehören somit zu den angeborenen Abwehrmechanismen.

Die restlichen 25 bis 40 % stellen die **Lymphocyten.** Das sind diejenigen Zellen, die in den Körper eingedrungene Mikroorganismen **erkennen** und **hochspezifische** Reaktionen gegen sie in Gang setzen.

Alle Zellen des Immunsystems werden aus **Stammzellen** im Knochenmark gebildet. Durch deren Teilungstätigkeit entstehen ständig Vorläuferzellen, aus denen dann wieder durch Teilung die verschiedenen Immunzellen hervorgehen. Die Zellen werden ins Blut abgegeben und gelangen auf diesem Weg in den gesamten Körper.

Die Zellen des Immunsystems

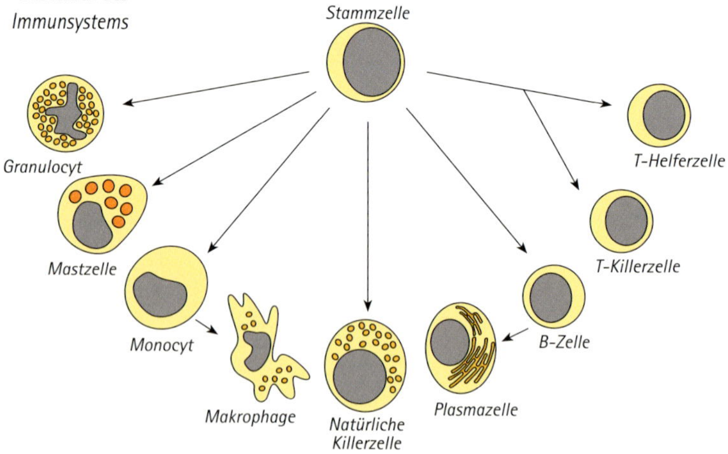

2.3 Ablauf einer Abwehrreaktion

Wenn es einem Krankheitserreger gelungen ist, ins Körpergewebe vorzudringen und sich dort zu vermehren, wird er von dieser »Armee« aus weißen Blutzellen angegriffen.

Entzündung: Reaktion auf Krankheitserreger

Entzündung. Auf die Gewebeschädigung durch die eingedrungenen Krankheitserreger reagiert der Körper mit einer Entzündung. So wie ein aktiver Muskel eine größere Blutzufuhr braucht, um ausreichend mit Traubenzucker und Sauerstoff versorgt zu werden, müssen Bestandteile des Immunsystems verstärkt an den Infektionsort gelangen. Das gelingt, indem die Blutzufuhr zum Infektionsort erhöht und die Durchlässigkeit der Endothelzellen, die die Blutgefäße auskleiden, so gesteigert wird, dass Substanzen leichter ins Gewebe gelangen können.

Dann kommen die Fresszellen ins Spiel. Sie wandern aus dem Blut ins Gewebe ein, indem sie sich zwischen den Endothelzellen hindurchquetschen, mit Ämoben-ähnlichen Bewegungen auf die Krankheitserreger zuwandern und in ihr Zellplasma aufnehmen, um sie dort zu verdauen. Dieser Vorgang wird als Phagocytose bezeichnet.

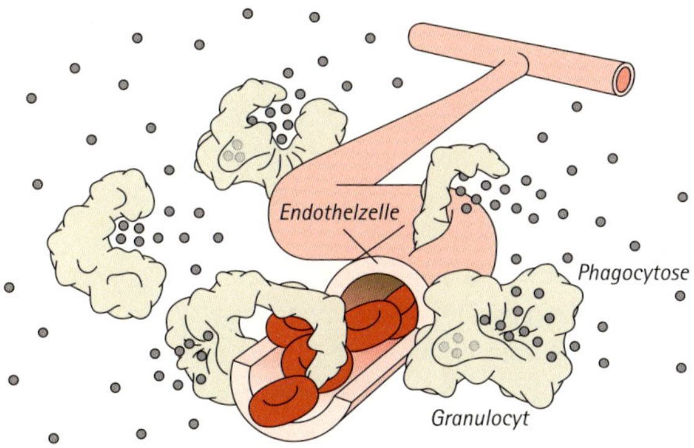

Ablauf einer Entzündungsreaktion

Es gibt zwei Gruppen von Zellen in unserem Körper, die Krankheitserreger durch Phagocytose vernichten:

Granulocyten

Granulocyten. Dies sind kurzlebige Zellen, die mit abbauenden Enzymen vollgepackt sind. Sie zirkulieren im Blut und sind in der Lage, in Gewebe, das von Krankheitserregern befallen wurde, einzuwandern.

Makrophagen

Makrophagen. Diese Riesenfresszellen stammen von im Blut zirkulierenden Vorläufer-Zellen ab, halten sich aber vor allem im Gewebe auf. Im Gegensatz zu den Granulocyten sind sie langlebiger, müssen aber erst aktiviert werden. Auch sie enthalten abbauende Enzyme zur Zerstörung der aufgenommenen Bakterien und Viren.
Eine Entzündung ist also normalerweise nichts Schädliches, sondern Teil der Selbstheilungsmechanismen des Körpers als Reaktion auf eine Infektion mit Krankheitserregern.

Fieber: Begleiterscheinung von Infektionen und Entzündungen

Fieber. Eine der häufigsten Begleiterscheinungen von Infektionen und Entzündungen ist Fieber. Es wird vor allem durch Bakteriengifte, aber auch durch körpereigene Botenstoffe hervorgerufen, die die Abwehrmaßnahmen in Gang setzen. Die Fieber erzeugenden Substanzen verstellen im Gehirn den Soll-Wert der Temperaturregulation. Die normale Körpertemperatur beträgt 37 °C. Als Fieber gelten Temperaturen von 39 °C und mehr. Die leichte Temperaturerhöhung beschleunigt den Stoffwechsel und damit auch die Abwehrreaktionen des Körpers.
Die bisher beschriebenen angeborenen Abwehrmechanismen sind bei einer Infektion in der Regel sofort verfügbar und gewährleisten in den ersten Tagen meistens einen effektiven Schutz vor den Krankheitserregern. Eine **Schwächung** der natürlichen Resistenz kann durch Unter- oder Fehlernährung, durch Vitaminmangel, aber auch durch körperliche Überanstrengung und seelische Belastung (Stress) sowie durch gleichzeitiges Auftreten mehrerer Infektionen hervorgerufen werden.

3 Erworbene Immunität

Schaffen es die Abwehrmaßnahmen der natürlichen Resistenz nicht, die Krankheitserreger zu vernichten, setzen weitere Mechanismen ein. Entscheidend für diese Immunreaktionen ist die Tatsache, dass sie sich **hochselektiv gegen den Erreger** richten. Die Vorgänge, die zu dieser **spezifischen** Immunreaktion führen, benötigen einige Tage. Während dieser Zeit wird der Erreger erkannt und die auf ihn spezialisierten Zellen werden aktiviert. Diese Form der Immunität wird also erst durch die Konfrontation mit dem Erreger **erworben,** bleibt aber dann in der Regel ein Leben lang erhalten.

Lymphocyten

Für die erworbene Immunität sind ausschließlich die **Lymphocyten** zuständig. Auch sie werden aus Stammzellen im Knochenmark gebildet. Ein Teil der Lymphocyten besiedelt nach Verlassen des Knochenmarks sofort die Milz und die Lymphknoten. In diesen Organen findet die Zellreifung statt.

B-Zellen

Diese Lymphocyten werden **B-Zellen** genannt (B von bone marrow, der englischen Bezeichnung für Knochenmark). Sie spezialisieren sich auf die Herstellung von **Antikörpern**. Ein anderer Teil der Lymphocyten durchwandert die Thymusdrüse, bevor sie ebenfalls Milz und Lymphknoten besiedeln.

T-Zellen

Diese Lymphocyten werden als **T-Zellen** (T von Thymusdrüse) bezeichnet.

Antigene

Die wichtigste Voraussetzung für eine gezielte Immunreaktion gegen einen eingedrungenen Krankheitserreger besteht darin, dass er als solcher **erkannt** wird. Auch bei Immunzellen erfolgt das durch spezifische **Rezeptoren**. Das Gegenstück zum Rezeptor wird **Antigen** genannt. Es handelt sich um ein Molekül des Erregers, das eine Immunreaktion auslöst. Das passiert in der Regel auch, wenn das Immunsystem dieses Molekül als nicht zum eigenen Körper gehörend – als **fremd** – erkennt. Man schätzt, dass das Immunsystem eines Menschen im Laufe seines Lebens mit Tausenden verschiedener Antigene konfrontiert wird. Wie schafft es das Abwehrsystem, gegen diese Vielfalt anzukommen?

Nach der heutigen Vorstellung ist die Struktur des Antigenrezeptors bereits festgelegt, **bevor** er überhaupt mit einem Antigen in Kontakt kommt. Durch den Kontakt werden diejenigen Zellen ausgewählt und vermehrt, die den zum Antigen passenden Rezeptor tragen. Es muss demnach bereits vor dem Erstkontakt mit einem Antigen eine unvorstellbar **große Zahl aller möglichen Rezeptortypen** geben.

3.1 Die Aufgaben der B-Zellen bei der Abwehr

Antikörper

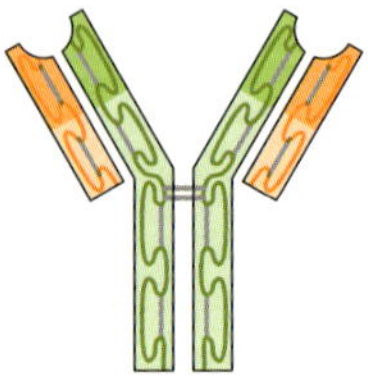

Einfaches Modell eines Antikörpers

B-Zellen sind auf die Herstellung von speziellen Abwehrstoffen spezialisiert, die als **Antikörper** bezeichnet werden. Dies sind **Y-förmige** Eiweißmoleküle, die sich an die Antigene binden und sie verklumpen. Die verklumpten Antigene werden dann von Fresszellen aufgenommen und verdaut.
Alle B-Zellen tragen solche Antikörpermoleküle als Rezeptoren an ihrer Zelloberfläche. Jeder Antikörper kann nur an ein einziges, ganz bestimmtes Antigen binden. Das Immunsystem muss demnach **Millionen verschiedener Antikörper** herstellen, die sich alle in ihrer Spezifität unterscheiden. Da jede B-Zelle nur Antikörper einer bestimmten Sorte herstellt, verfügt das Immunsystem über eine entsprechend **große Zahl verschiedener B-Zellen**, um mit der riesigen Vielfalt der Antigene fertig zu werden.
Wenn B-Zellen auf Antigene treffen, die zu ihren Rezeptoren wie ein **Schlüssel** zu seinem **Schloss** passen, binden sie die Antigene und werden dadurch **aktiviert,** sich mehrmals zu teilen. Dadurch entstehen viele identische Tochterzellen. Die meisten Tochterzellen entwickeln sich zu so genannten

Plasmazellen

Plasmazellen. Diese sind in der Lage, den Antikörper der ursprünglichen Mutterzellen **in großen Mengen** herzustellen und ins Blut abzugeben. Die freigesetzten Antikörper binden an die Antigene und verklumpen sie, wodurch eine Kettenreaktion ausgelöst wird, die mit der **Zerstörung** der Antigene endet: Sie werden von Fresszellen verdaut.
Die Plasmazellen gehen bei dieser Aktion nach kurzer Zeit zugrunde. Aber ein Teil der Tochterzellen der ursprünglichen B-Zelle beteiligt sich überhaupt nicht an der Antikörperherstellung. Sie zirkulieren weiter im Körper und können zu einem späteren Zeitpunkt, wenn das Antigen erneut im Kör-

per auftaucht, sehr viel **schneller** aktiviert werden. Eine solche **sekundäre Immunreaktion** verläuft deshalb ganz anders als die **primäre Immunreaktion** nach dem Erstkontakt mit dem Antigen. Die Antikörper sind zwar mit denjenigen nach dem Erstkontakt identisch, aber die freigesetzte Menge ist viel größer. Da das aussieht, als ob sich das Immunsystem an das Antigen »erinnert«, werden diese Zellen als **Gedächtniszellen** bezeichnet.

Gedächtniszellen

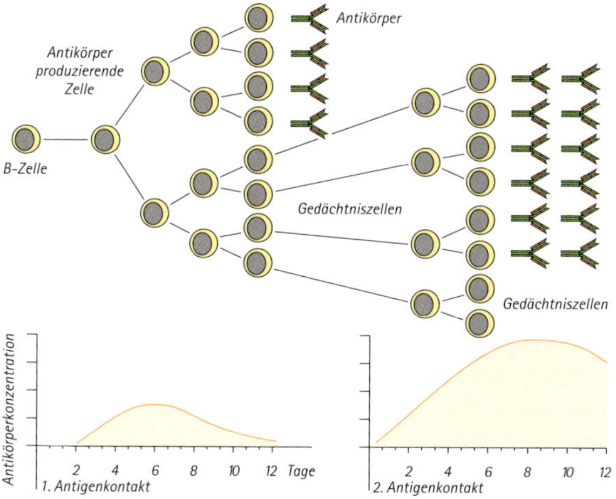

Primäre und sekundäre Immunreaktion

Dieses **immunologische Gedächtnis** bleibt meist ein Leben lang bestehen und schützt den Körper wirkungsvoll vor Krankheitserregern dieses Typs. Manche Krankheitserreger unterlaufen aber dieses Gedächtnis und tauchen in immer neuen Varianten auf, wie z. B. Schnupfenviren. In diesem Fall beginnt alles wieder mit der primären Immunreaktion und den entsprechenden Krankheitssymptomen.

3.2 Schutzimpfungen

Im Prinzip ist eine Schutzimpfung eine **künstliche Immunisierung**. Sie verläuft genauso wie die natürliche Immunreaktion. Kleine Mengen von abgeschwächten oder abgetöteten Krankheitserregern werden in den Körper eingebracht. Die primäre Immunreaktion setzt ein und die Plasmazellen stellen passende Antikörper her. Gleichzeitig bilden sich

Bereits Ende des 18. Jahrhunderts hatte ein englischer Arzt die Idee, Kinder mit Kuhpocken, die für Menschen harmlos sind, zu infizieren, um sie vor den gefährlichen echten Pocken zu schützen. Er hatte beobachtet, dass alle Menschen, die sich mit Kuhpocken angesteckt hatten, niemals echte Pocken bekamen. Heute wird diese Methode weltweit bei Schutzimpfungen angewandt.

Gedächtniszellen. Die Plasmazellen sterben ab und die Antikörper werden nach einiger Zeit abgebaut; die Gedächtniszellen bleiben jedoch erhalten. Sobald erneut Krankheitserreger auftreten, werden von den Gedächtniszellen in kurzer Zeit große Mengen der passenden Antikörper gebildet. Da der Körper die Antikörper **selbst** gebildet hat, spricht man von einer **aktiven Immunisierung**. Bei manchen Infektionskrankheiten hält eine einmalige Impfung das ganze Leben, bei anderen muss im Abstand von mehreren Jahren erneut geimpft werden.

Vereinzelt können auch Krankheitsfälle als Folge von Schutzimpfungen auftreten. So kommt es bei Schluckimpfungen vor, dass z. B. durch die abgeschwächten Kinderlähmungsviren ein Kind schwerwiegend erkrankt. Das Risiko, auf natürlichem Wege an Kinderlähmung zu erkranken, ist jedoch viel größer als das Risiko in Folge der Impfung.

Es gibt auch die Möglichkeit, nicht geimpften, bereits erkrankten Menschen zu helfen. Dazu werden Pferde mit dem Krankheitserreger infiziert. Die Tiere bilden dann in ihrem Blut die passenden Antikörper. Aus dem Blut dieser aktiv immunisierten Tiere gewinnt man ein Serum. Dieses wird mit den darin enthaltenen Antikörpern einem erkrankten Menschen gespritzt. Das körpereigene Abwehrsystem wurde in diesem Falle nicht aktiviert. Deshalb spricht man von **passiver Immunisierung**. Da die verabreichten Antikörper nach einiger Zeit verbraucht oder abgebaut sind, erlischt der vorübergehende Impfschutz und muss bei Bedarf erneuert werden. Eine passive Immunisierung wird aber auch als Schutz vor einer unmittelbar drohenden Infektion mit dem Erreger einer schweren Krankheit durchgeführt.

3.3 Die Aufgaben der T-Zellen bei der Abwehr

T-Helferzellen

Damit sich aktivierte B-Zellen, die mit Antigenen in Kontakt gekommen sind, tatsächlich massenhaft vermehren und sich in Plasmazellen und Gedächtniszellen verwandeln, benötigen sie noch ein Signal von einem weiteren Zelltyp des Abwehrsystems: den **T-Helferzellen**. Diese Zellen werden von den Makrophagen aktiviert, die eingedrungene Erreger als Erste in sich aufgenommen haben. Aktivierte T-Helferzellen aktivieren daraufhin solche B-Zellen, die in der Lage sind, passende Antikörper gegen diese Erreger herzustellen. Antikörper können nur Erreger binden und verklumpen, die sich frei im Blut aufhalten. Erreger, die in Körperzellen eingedrungen sind und sich dort vermehren (Viren und bestimmte Bakterien), bleiben von ihnen verschont. Diese Erreger könnten sich also ungehindert vermehren, wenn es nicht noch einen weiteren Zelltyp des Abwehrsystems gäbe: die **T-Killerzellen**. Sie greifen befallene Körperzellen an und zerstören sie. Dadurch wird die weitere Vermehrung dieser Erreger unterbunden.

T-Killerzellen benötigen zu ihrer Aktivierung ein entsprechendes Signal von den T-Helferzellen.

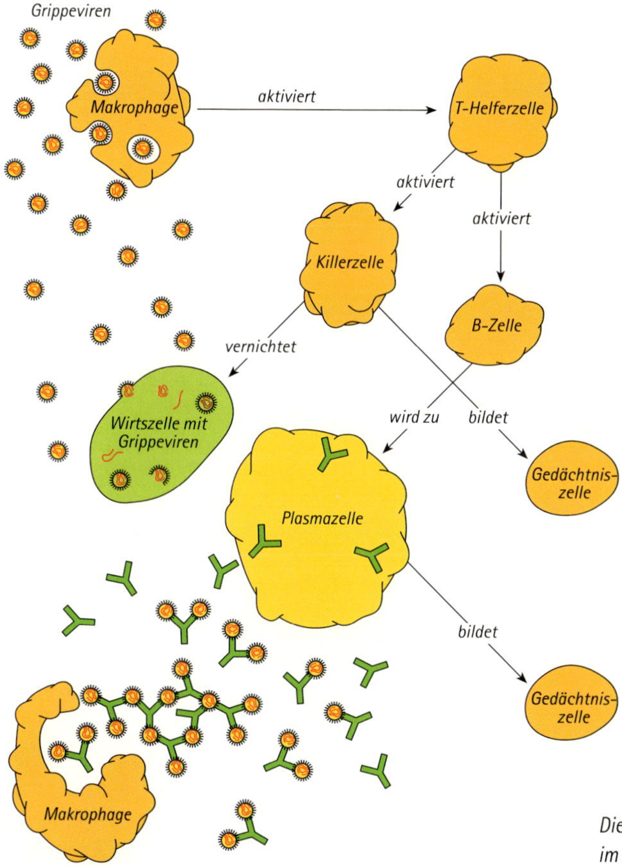

Die Abwehrreaktionen im Überblick

4 AIDS

Erworbenes Immunschwäche-Syndrom

AIDS ist eine Abkürzung der amerikanischen Krankheitsbezeichnung **acquired immune deficiency syndrome** und bedeutet: erworbenes Immunschwäche-Syndrom. Als Syndrom bezeichnen die Mediziner eine Gruppe von zusammengehörenden Krankheitszeichen, die für eine bestimmte Krankheit kennzeichnend sind. Bei AIDS treten seltene, aber schon lange bekannte Krankheiten in Kombination auf: eine selten vorkommende Form der Lungenentzündung, ungewöhnlicher Pilzbefall der Haut, besonders der Mundschleimhaut, seltene Krebsarten wie das Kaposi-Sarkom und ebenfalls seltene Virusinfektionen. Typisch für diese Krankheiten ist, dass sie nur bei **geschwächtem Abwehrsystem** zum Ausbruch kommen. Da die Erreger diese Schwächung als Gelegenheit zur Vermehrung ausnutzen, werden sie als **opportunistisch** bezeichnet.

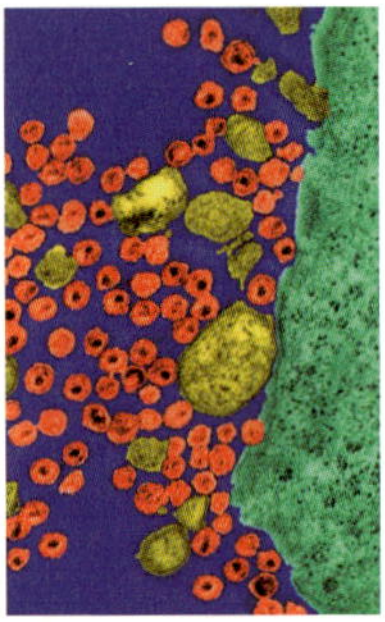

Das HI-Virus

Bei allen AIDS-Kranken ist vor allem die Anzahl der **T-Helferzellen vermindert**: Statt der normalerweise 800 Zellen pro Milliliter Blut sind weniger als 400 vorhanden. Für die Verminderung der T-Helferzellen ist der Erreger von AIDS verantwortlich: ein Virus, genannt HIV. Auch **HIV** ist eine Abkürzung der amerikanischen Bezeichnung **human immunodeficiency virus** und bedeutet: menschliches Immunschwäche-Virus.

Auswirkungen der HIV-Infektion

Das HI-Virus hat einen Durchmesser von nur $^{1}/_{10000}$ mm. Es befällt vor allem Makrophagen und T-Helferzellen, aber auch Nervenzellen. Die Verminderung der T-Helferzellen wirkt sich besonders nachteilig aus, da sie für die Aktivierung der spezifischen Abwehrreaktionen des Körpers nötig sind. Der Ausfall der T-Helferzellen bewirkt, dass Krankheitserreger den Körper befallen, die sich bei normal funktionierendem Abwehrsystem niemals im Körper ausbreiten und vermehren könnten.

Ansteckungsgefahren

Im Unterschied zu vielen anderen Infektionskrankheiten werden HI-Viren nur mit Körperflüssigkeiten wie Blut, Sperma oder Scheidenflüssigkeit übertragen. Die häufigste Ansteckungsgefahr besteht daher beim Geschlechtsverkehr mit einer HIV-infizierten Person. Die Viren gelangen über winzige Risse in den Schleimhäuten von Scheide, Penis, Mund oder Darm ins Blut des Geschlechtspartners. Einen Schutz dagegen bieten Kondome. Bei Drogenabhängigen, die gemeinsam Injektionsnadeln benutzen, besteht die Ansteckungsgefahr durch Blutreste, die in den Nadeln verbleiben. HIV-infizierte Mütter können die Viren während der Schwangerschaft oder beim Stillen auf ihr Kind übertragen.

AIDS-Test

Bei einer Infektion mit HIV bildet das Abwehrsystem HIV-spezifische Antikörper, die sich in einem Zeitraum von 6 bis 12 Wochen mit einem Antikörper-Test im Blut nachweisen lassen. Darauf beruht der **AIDS-Test**.

Krankheitsverlauf

In den ersten Monaten nach der Infektion treten Erschöpfung, Fieber und geschwollene Lymphknoten auf. Die meisten dieser Symptome verschwinden aber wieder. Danach sind die Infizierten über durchschnittlich 3 bis 5 Jahre, manchmal auch länger, ohne Beschwerden. Dauernde Lymphknotenschwellungen sind in diesem Stadium das einzige Warnzeichen. Es gibt auch Fälle, in denen die Symptome erst 10 Jahre nach der Infektion auftreten. Erst wenn die typischen opportunistischen Krankheiten ausbrechen, zeigt sich das Vollbild von AIDS. Nach bisherigem Kenntnisstand ist davon auszugehen, dass alle HIV-Infizierten auch an AIDS erkranken und sterben.

Auf einen Blick: Abwehr von Krankheitserregern

Infektionskrankheiten

- Infektionskrankheiten werden bei uns hauptsächlich durch Erreger wie **Bakterien** und **Viren**, in den Tropen auch noch durch Parasiten hervorgerufen.
- Bakterien verursachen Krankheiten, indem sie in das Körpergewebe **eindringen**. Sie **schädigen** durch die Freisetzung abbauender Enzyme und durch Toxine.
- Viren verursachen vor allem Krankheiten, weil sie sich in Körperzellen **vermehren** und dabei die Zellen **zerstören**.

Angeborene Immunität

- Jeder Körper verfügt von Geburt an über eine **natürliche Resistenz** (Widerstandsfähigkeit) gegenüber Krankheitserregern. Sie setzt sich aus vielen Faktoren zusammen, die **unspezifisch** gegen alle Krankheitserreger wirken.
- Erste **Barrieren** sind die Haut und die Schleimhäute der verschiedenen Körperhöhlen. Hier setzen Säuren, Enzyme, Schleim und die normale Mikroflora den Krankheitserregern zu.
- Ist es Krankheitserregern gelungen, ins Körpergewebe vorzudringen und sich dort zu vermehren, werden sie von **Granulocyten** und **Makrophagen** aufgenommen und verdaut. Das geht meist mit **Fieber** einher.

Erworbene Immunität

- Diese Immunreaktionen sind **hochselektiv** gegen Erreger gerichtet. Der Erreger wird als **Antigen** erkannt und die auf ihn spezialisierten Zellen werden aktiviert.
- **B-Zellen** sind auf die Herstellung von **Antikörpern** spezialisiert. Das sind Y-förmige Eiweißmoleküle, die sich an die Antigene binden und sie verklumpen. Die verklumpten Antigene werden von Fresszellen aufgenommen und verdaut.
- **Gedächtniszellen** tragen zu einem lebenslangen Schutz vor Erregern bei und können durch Schutzimpfungen zu einer **aktiven Immunisierung** führen.
- **T-Killerzellen** greifen Körperzellen an, die von Krankheitserregern befallen sind, zerstören sie und unterbinden so die weitere Vermehrung dieser Erreger.
- **T-Helferzellen** aktivieren sowohl B-Zellen als auch T-Killerzellen.

AIDS

- Das erworbene Immunschwäche-Syndrom wird durch eine Infektion mit Viren hervorgerufen, die zu einer **Verminderung** der T-Helferzellen führt. Durch die **Schwächung der Abwehr** treten seltene Krankheiten in Kombination auf, die zusammen kennzeichnend für AIDS sind.

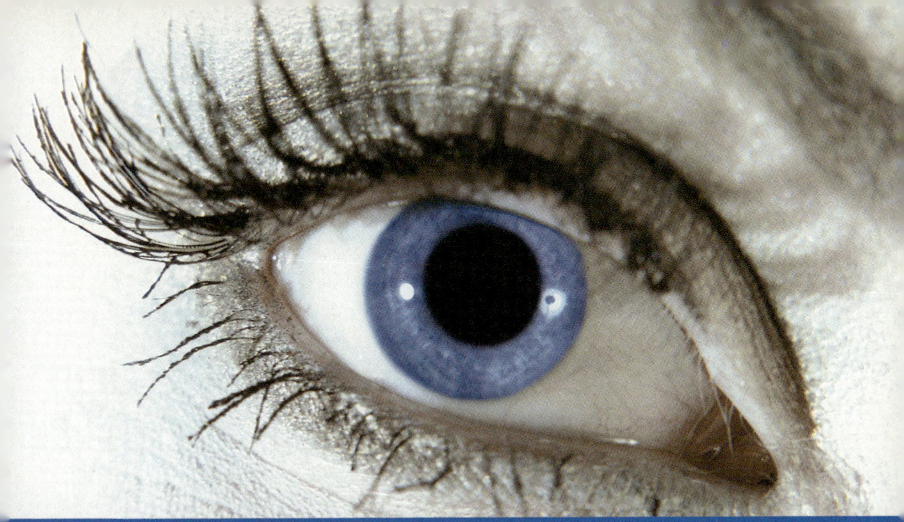

Wahrnehmung durch Sinne

Reize werden durch Rezeptoren erfasst, die bestimmten Sinnesorganen zugewiesen sind. Augen, Ohren, Zunge und Nase ermöglichen das Sehen, Hören, Schmecken, Riechen. Darüber hinaus gibt es aber noch einen Lage- und Drehsinn und die Haut ist ebenfalls ein Sinnesorgan, mit dem man Wärme und Kälte wahrnehmen, Schmerz empfinden und tasten kann. Das Gehirn empfängt die Nervensignale, die ihm von den Sinnesorganen zugeleitet werden und verarbeitet sie. Dadurch entsteht in unserer Wahrnehmung ein Abbild unserer Umwelt.

1 Umwandlung von Reizen durch Rezeptoren

Sinnesorgane sind so konstruiert, dass sie mit den in ihnen enthaltenen Sinneszellen Reize aufnehmen können.

Als die fünf klassischen Sinne bezeichnet man den Sehsinn, den Gehörsinn, den Geruchssinn, den Geschmackssinn und den Tastsinn. Beim Menschen kommen außerdem der Temperatursinn, der Schmerzsinn und der Gleichgewichtssinn hinzu. Manche Tiere verfügen noch über weitere Sinne. So wurde bei Vögeln nachgewiesen, dass sie sich im Magnetfeld der Erde orientieren können.

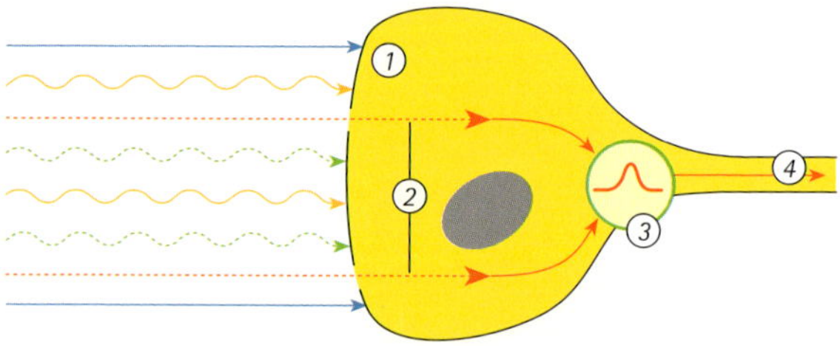

Reize und Rezeptoren

Die auch als **Rezeptoren** bezeichneten Sinneszellen wirken dabei wie Filter ①: Sie sprechen auf die meisten Reize gar nicht an, weil diese für die Sinneszellen unpassend sind. Nur ein Teil der Reize – man nennt sie die **adäquaten Reize** – wird von den Sinneszellen registriert ②, in die interne Sprache des Nervensystems (Nervensignale, eine Art von elektrischen Impulsen) übersetzt ③ und an Gehirn oder Rückenmark weitergeleitet ④.

Sinne und ihre jeweiligen Rezeptortypen

Rezeptortypen	Beispiele für auslösende Reize	Sinne
Chemorezeptoren	gasförmige chemische Stoffe gelöste chemische Stoffe	Geruchssinn Geschmackssinn
Mechanorezeptoren	Töne bestimmter Frequenz Schwerkraft Drücke Drücke	Gehörsinn Gleichgewichtssinn Schmerzsinn Tastsinn
Photorezeptoren	Licht einer bestimmten Wellenlänge	Sehsinn
Thermorezeptoren	Wärmeunterschied	Temperatursinn

2 Auge und Sehen

2.1 Bau des Auges

Das menschliche Auge lässt sich in seinem Aufbau mit einer Kamera vergleichen:

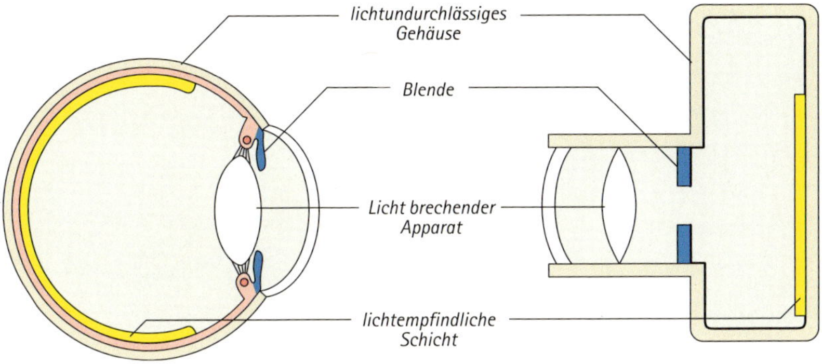

Auge und Kamera im Vergleich

Wie in einer Kamera können im Auge scharfe und lichtstarke Bilder der Umgebung entstehen. Lichtstrahlen, die von einem Gegenstand ausgehend auf das Auge treffen, werden vom Licht brechenden Apparat so gesammelt, dass auf der Netzhaut (s. nächste Seite) ein verkleinertes und auf dem Kopf stehendes Abbild des Gegenstandes erscheint.

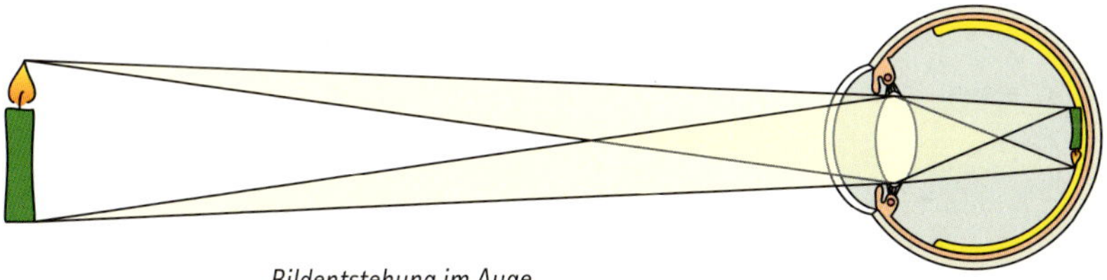

Bildentstehung im Auge

Das Auge ist aus zahlreichen einzelnen Bestandteilen aufgebaut:

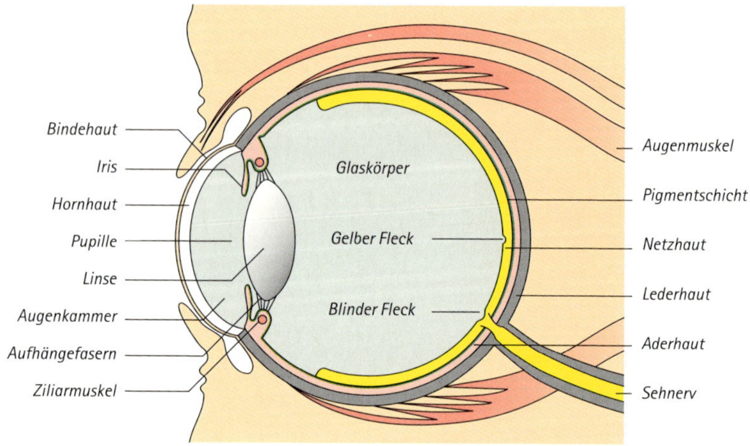

Bau des menschlichen Auges

Die Aufgabe der lichtempfindlichen Schicht des Films in einer Kamera übernimmt im Auge die Netzhaut. Sie besteht aus einer mehrlagigen Schicht spezialisierter Zellen:
Den Abschluss bilden lichtempfindliche Sinneszellen (Photorezeptoren ⓐ). Von diesen Sehzellen gibt es in der Netzhaut ca. 125 Millionen Stück. In Richtung zum einfallenden Licht schließen sich weitere Zellen an ⓑ. Sie werden aktiv, wenn die Sehzellen Lichtreize erfassen. Zellfortsätze ⓒ eines Teiles dieser Zellen führen alle zur selben Stelle in der Netzhaut. Dort vereinigen sie sich und bilden zusammen den Sehnerv. An der Stelle, an der dieser aus dem Augapfel austritt, ist kein Platz für Lichtsinneszellen, die Netzhaut weist hier den Blinden Fleck auf.

Aufbau der Netzhaut

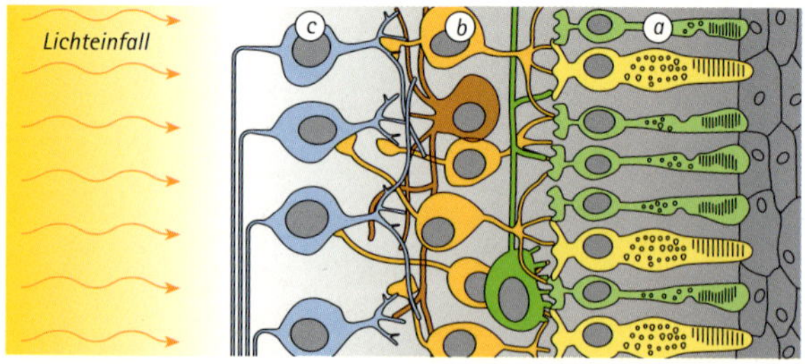

2.2 Leistungen des Auges

Akkommodation (Einstellung auf die Entfernung)

Ferne und nahe Gegenstände können nicht gleichzeitig scharf erfasst werden. Das Auge kann seine Scharfeinstellung jedoch wechseln. Dies geschieht durch eine Änderung der Form der Linse.

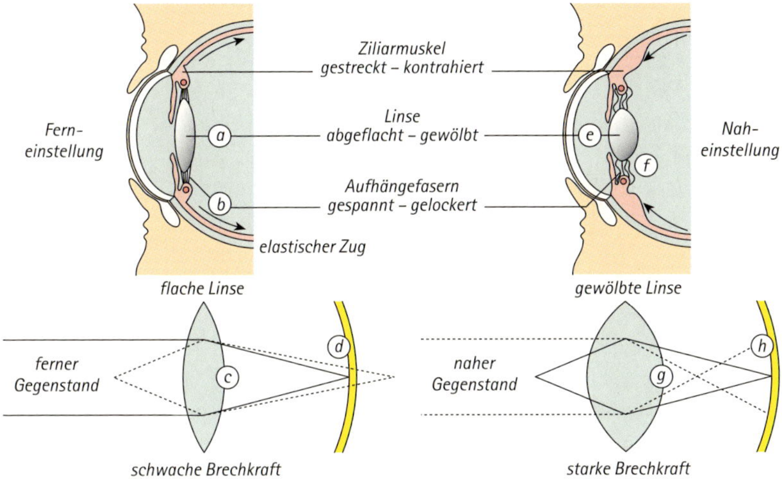

Akkomodation des Auges

In **Ferneinstellung** ist die Linse abgeflacht und weist daher nur eine geringe Brechkraft auf ⓐ. Diese Form der Linse kommt dadurch zustande, dass sie von Aufhängefasern flach gezogen wird ⓑ. Einfallende Lichtstrahlen werden nur schwach abgelenkt ⓒ. Auf der Netzhaut wird der ferne Gegenstand scharf abgebildet ⓓ.

In **Naheinstellung** ist die Linse stärker gekrümmt und weist deshalb eine größere Brechkraft auf ⓔ. Diese Form der Linse entsteht dadurch, dass sich der so genannte Ziliarmuskel zusammenzieht und infolgedessen die Aufhängefasern schlaff werden ⓕ. Die Linse krümmt sich dann durch ihre eigene Elastizität. Einfallende Lichtstrahlen werden stärker abgelenkt ⓖ. Auf der Netzhaut wird der nahe Gegenstand scharf abgebildet ⓗ.

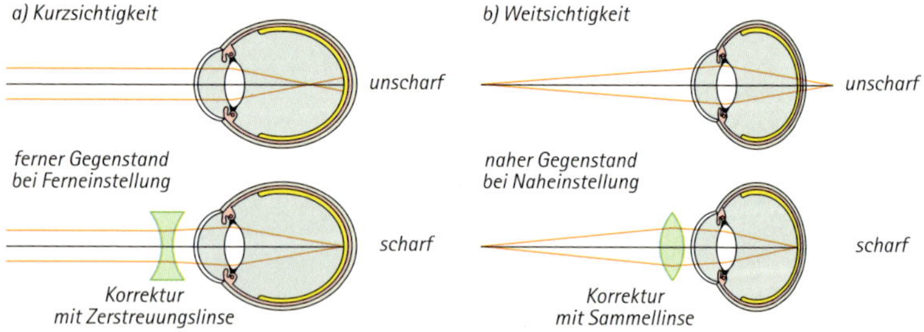

Sehfehler und ihre Korrektur

Kurzsichtigkeit: zu langer Augapfel

Kurzsichtigkeit. Hierbei erscheinen weit entfernte Gegenstände unscharf. Sie beruht häufig auf einem zu langen Augapfel. Die von einem fernen Gegenstand in das Auge einfallenden Strahlen werden schon vor der Netzhaut vereinigt. Auf der Netzhaut selbst entsteht ein unscharfes Bild. Abhilfe schaffen in diesem Fall Brillen mit Zerstreuungsgläsern (konkaver Schliff) oder entsprechende Kontaktlinsen. Der Strahlengang wird dadurch vor dem Auge »aufgeweitet« und die Ebene der scharfen Abbildung verschiebt sich nach hinten auf die Netzhaut.

Weitsichtigkeit: zu kurzer Augapfel

Die Stärke von Brillengläsern – eigentlich ihre Brechkraft – wird in Dioptrien angegeben. Je höher der Wert, desto stärker die Linse.

Weitsichtigkeit. Nahe Gegenstände erscheinen unscharf. Weitsichtigkeit beruht häufig auf einem zu kurzen Augapfel. Die von einem nahen Gegenstand in das Auge einfallenden Strahlen würden dann erst in einer Ebene hinter der Netzhaut vereinigt. Auf der Netzhaut selbst entsteht ein unscharfes Bild.

Abhilfe schaffen in diesem Fall Brillen mit Sammelgläsern (konvexer Schliff) oder entsprechende Kontaktlinsen. Der Strahlengang wird dadurch vor dem Auge »verengt« und die Ebene der scharfen Abbildung verschiebt sich nach vorne auf die Netzhaut.

Eine Lesebrille mit Sammelgläsern gleicht die mangelnde Krümmung der Augenlinse aus.

Alterweitsichtigkeit. Nahe Gegenstände, die in jungen Jahren mühelos scharf gesehen werden konnten, erscheinen nun unscharf. Sie beruht nicht etwa auf einer abweichenden Form des Augapfels, sondern auf mangelnder Elastizität der Augenlinse. Die Elastizität nimmt dabei mit steigendem Alter ständig ab und der Punkt, ab dem man in Augennähe scharf sieht, rückt immer weiter weg.

Adaptation (Anpassung an die Helligkeit)

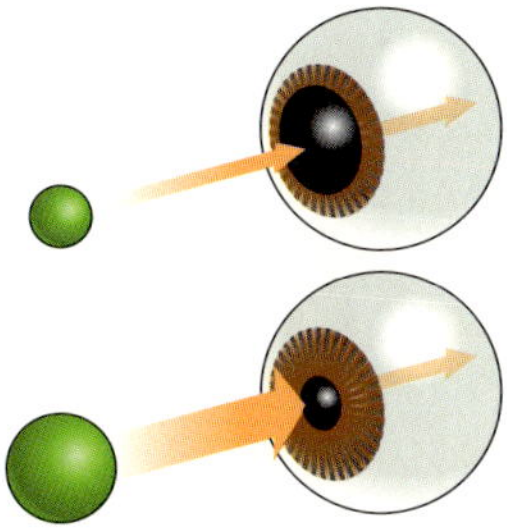

Adaptation

Die erste Möglichkeit des Auges, sich an unterschiedliche Lichtintensität anzupassen, besteht in der Regelung des Lichteinfalls durch die Pupille. Bei schwacher Lichteinstrahlung ist die Pupillenöffnung des Auges weit geöffnet, so dass viel Licht ins Augeninnere eintreten kann. Bei zunehmender Helligkeit verkleinert sich die Pupillenöffnung, der Lichteinfall wird gedrosselt. Die zweite Möglichkeit des Auges, sich an verschiedene Lichtintensitäten anzupassen, besteht in einer Verschiebung der unterschiedlichen Lichtsinneszellen in der Netzhaut.

Die Netzhaut besteht aus zwei verschiedenen Rezeptortypen, die sich in ihrer Lichtempfindlichkeit unterscheiden – den sehr lichtempfindlichen **Stäbchen** und den weniger lichtempfindlichen **Zapfen**. Bei starkem Lichteinfall sind die Stäbchen in Fortsätze der Pigmentschicht eingesenkt. Die Lichtverarbeitung wird von den frei hervorragenden Zapfen durchgeführt. Bei Abdunklung vertauschen die beiden Sehzellensorten ihre Plätze und die Stäbchen ragen hervor. Diese Umstellung dauert eine Weile.

Farbensehen

Das menschliche Auge enthält drei verschiedene Sorten von Zapfen, die unterschiedlich empfindlich für rotes, grünes bzw. blaues Licht sind. Die verschiedenen Lichtsorten werden demnach von den drei Zapfensorten unterschiedlich stark verarbeitet. Damit wird in ihrem Zusammenspiel das Erkennen sämtlicher Farbsorten möglich.

Farbenblindheit bzw. Farbenfehlsichtigkeit beruhen auf dem Ausfall oder der Veränderung einer oder mehrerer Zapfensorten.

3 Ohr und Hören

Adäquate Reize, die vom Gehör erfasst werden können, sind Schallwellen. Diese werden von Schallquellen erzeugt. Schwingt z. B. eine Stimmgabel oder bewegen sich die Stimmbänder im Kehlkopf, so werden angrenzende Luftmoleküle in Schwingungen versetzt. Diese Schwingungen breiten sich als Druckschwankungen nach allen Seiten aus und können auf ein Ohr treffen.
Das menschliche Ohr besteht aus den drei Hauptabschnitten: **Außenohr**, **Mittelohr** und **Innenohr**.

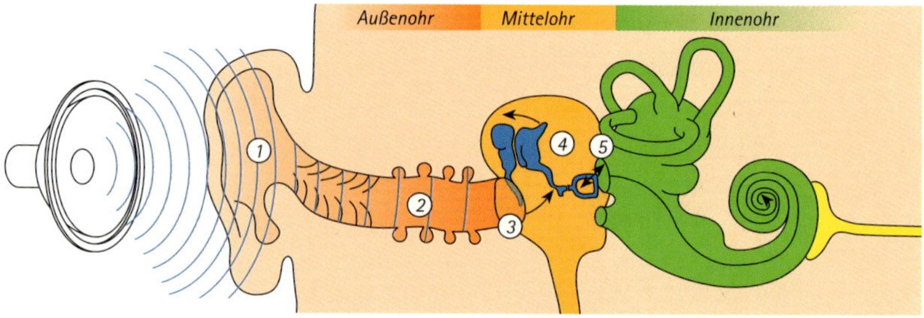

Längsschnitt durch das menschliche Ohr

Von außen einlaufende Schallwellen werden von der **Ohrmuschel** aufgefangen ①, gelangen durch den **Gehörgang** ② und versetzen an dessen Ende das **Trommelfell** ③ in Schwingungen. Die Bewegungen des Trommelfells werden durch die drei **Gehörknöchelchen** ④ im Mittelohr (Hammer, Amboss und Steigbügel) auf die Membran des ovalen Fensters ⑤ zum **Innenohr** übertragen. Dort werden die Reize durch Sinneszellen erfasst.
Durch die Hebelwirkung der Gehörknöchelchen und den Größenunterschied zwischen Trommelfell und ovalem Fenster wird der Schalldruck um das 20fache verstärkt.
Das Innenohr besteht aus einem von Knochen umgebenen Hohlraumsystem und weist auf den ersten Blick einen recht unübersichtlichen Bau auf.
Der schneckenförmig gewundene knöcherne Gang ist mit einer Lymphflüssigkeit gefüllt und wird durch Membranen in drei Gänge unterteilt (A, B und C, s. Abb. S. 105). Auf

einer der Membranen – der Grundmembran – sitzen die Hörsinneszellen auf.

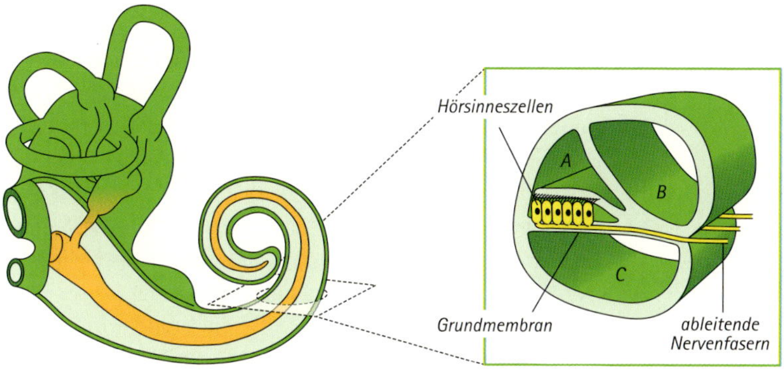

Anatomie des Innenohres

Die Vorgänge, die im Innenohr ablaufen, sind besser verständlich, wenn mit einem zeichnerischen Trick die Schnecke »gestreckt« wird.

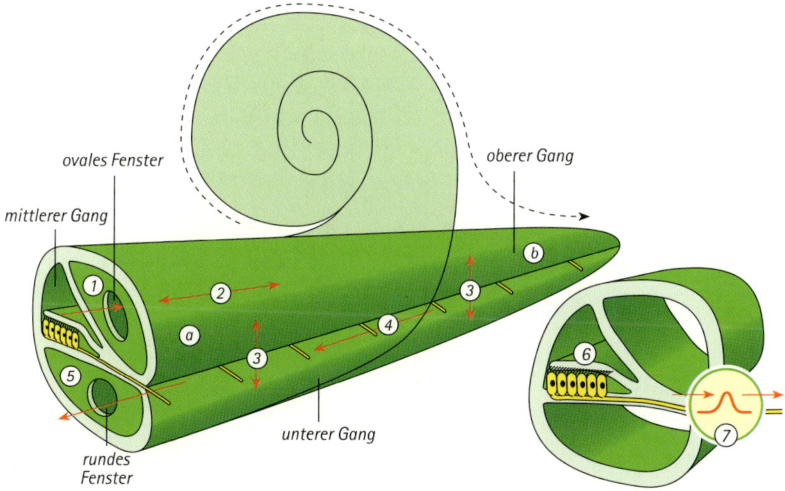

Vorgänge im Innenohr

Wird das ovale Fenster durch die Bewegung der Gehörknöchelchen in Schwingungen versetzt ①, so werden diese auf die Lymphflüssigkeit übertragen ② und damit fangen die Membranen zu schwingen an ③. Dadurch gerät auch die

Lymphe im unteren Gang in Bewegung ④ und trifft auf das elastische runde Fenster, welches die Schwingungen übernimmt ⑤.
Schallschwingungen, die das ovale Fenster ein- und auslenken, führen also zu Wanderwellen, die die Membran entlanglaufen und an irgendeiner Stelle ihre maximale Höhe erreichen. An dieser Stelle werden Grund- und Deckmembran minimal gegeneinander verschoben. Dabei verbiegen sich die Sinneshärchen der Rezeptoren ⑥ und leiten über ableitende Fasern, die sich zum Hörnerv vereinigen, Signale weiter ⑦. Diese werden dann in bestimmten Bereichen der Großhirnrinde in Tonwahrnehmung umgesetzt.
In welchem Abschnitt der Schnecke die Grundmembran ihre stärkste Auslenkung erfährt, hängt von der Tonfrequenz ab. Bei hohen Tönen tritt dieses Maximum nahe am Anfang auf ⓐ, bei tiefen Tönen hingegen nahe dem Ende ⓑ. Töne unterschiedlicher Frequenz werden demnach von verschiedenen Sinneszellen registriert.

Hörstörungen. Hierfür gibt es verschiedene Ursachen: Neben den Schädigungen des Trommelfells und der Gehörknöchelchen, z. B. als Folge einer Mittelohrentzündung, ist besonders die Schädigung von Hörzellen im Innenohr zu nennen. Dazu kann es auch durch einen lauten Knall oder durch Dauerlärmbelästigung (Diskothek) kommen.

4 Lage- und Drehsinn

Im Bereich des Innenohres befinden sich weitere Sinnesorgane: Der Vorhof enthält in zwei kleinen Säckchen je ein **Lagesinnesorgan** ⓐ, die Bogengänge enthalten das **Drehsinnesorgan** ⓑ.

Die Sinneshärchen in jedem **Lagesinnesorgan** ragen in eine bewegliche Gallertschicht hinein. In diese sind Kalkkristalle eingelagert, die sie schwerer machen. Neigt sich der Kopf, so bewegt sich die Gallertplatte und verbiegt die Sinneshärchen. Die Sinneszellen senden ein Erregungsmuster an das Gehirn. Da die beiden Lagesinnesorgane senkrecht zueinander stehen, enthält das Gehirn zwei unterschiedliche Meldungen. Aus ihnen kann es die Lage des Kopfes errechnen.

Die Sinneshärchen in den Ampullen jedes **Drehsinnesorgans** ragen in eine Gallertkappe hinein. Dreht sich der Kopf, so bewegt sich die Lymphflüssigkeit im Bogengang auf Grund ihrer Trägheit zunächst nicht mit und drückt die Gallertkappe zur Seite. Dadurch werden die Sinneshärchen verbogen und die Sinneszellen senden ein Erregungsmuster an das Gehirn. Da die Bogengänge jeder Kopfseite in den drei Richtungen des Raumes aufeinander senkrecht stehen, enthält das Gehirn je nach Art der Drehung unterschiedliche Meldungen. Aus ihnen kann es errechnen, wie der Körper sich gerade dreht.

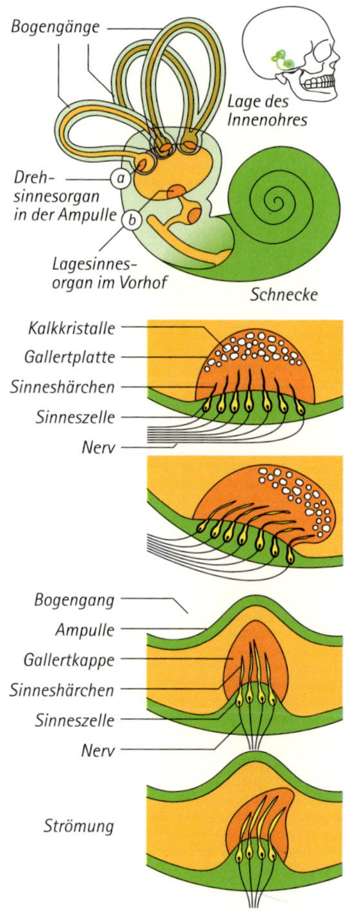

Lage- und Drehsinnesorgane

5 Zunge und Schmecken

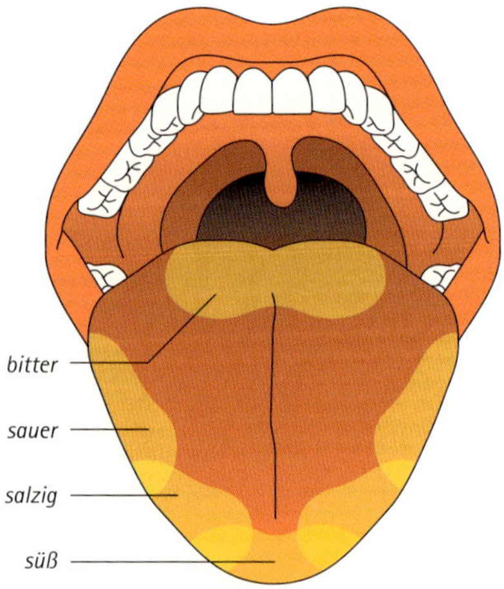

Geschmacks-
empfindung

Der Mensch hat hauptsächlich vier Geschmacksempfindungen: süß, salzig, sauer und bitter. Jeder dieser Geschmacksqualitäten ist ein bestimmter Bereich der Zunge zugeordnet. Kleine Erhebungen auf der Zunge enthalten verschiedene Typen von Geschmackspapillen, in deren Oberfläche Geschmacksknospen eingebaut sind. Diese bestehen aus einer Ansammlung von Chemorezeptoren, die durch Stoffe, welche in der Nahrung enthalten sind, gereizt werden.

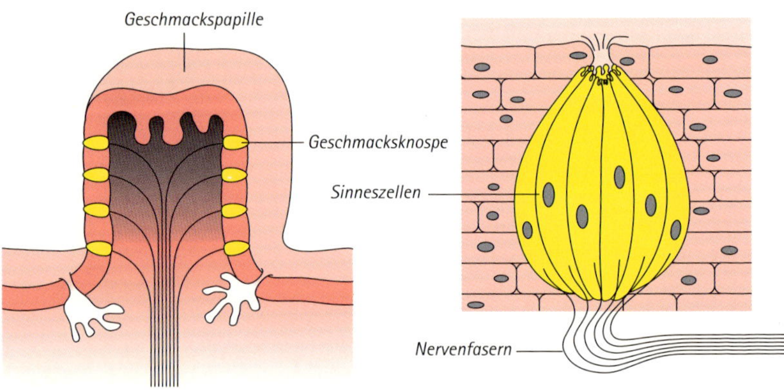

Geschmackspapille und
Geschmacksknospe

Der typische Gesamteindruck einer Speise ergibt sich aber nicht alleine durch die Geschmacksempfindungen, sondern entsteht durch die gleichzeitige Reizung von Riechzellen.

6 Nase und Riechen

In den Riechfeldern in der Nasenhöhle sind Riechzellen verteilt, die durch verschiedene Duftstoffe gereizt werden können.

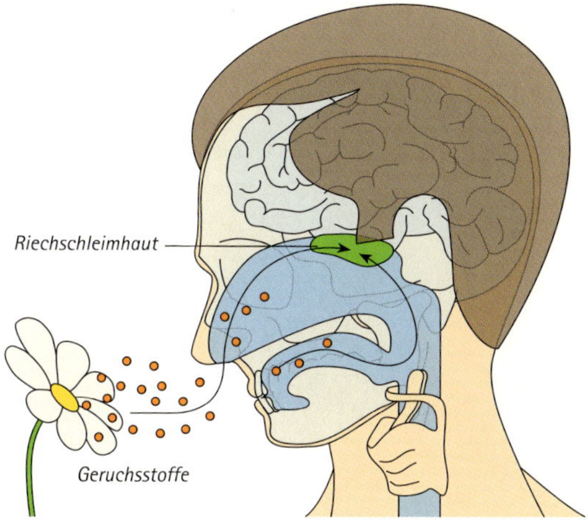

Riechorgan beim Menschen

Die Riechfelder des Menschen sind einige Quadratzentimeter groß und enthalten etwa 20 Millionen Riechzellen. Hunde haben erheblich größere Riechfelder mit mehr als 200 Millionen Riechzellen. Ihr Geruchssinn ist deshalb deutlich leistungsfähiger.

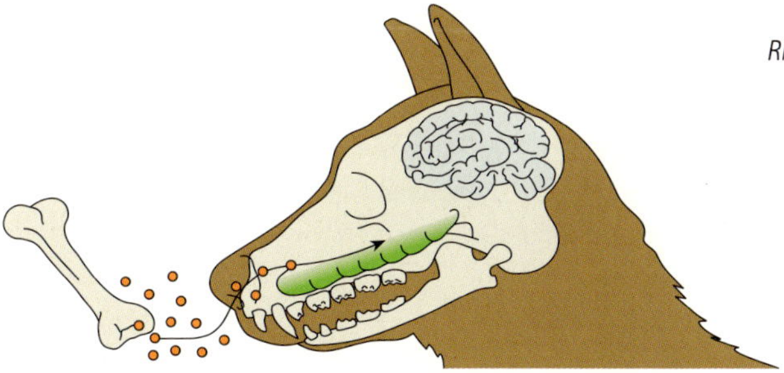

Riechorgan beim Hund

7 Haut und Hautsinne

Die etwa 6 mm dicke menschliche Haut ist bei einem Erwachsenen knapp 2 m^2 groß. Sie ist eine lebenswichtige Hülle und erfüllt unterschiedliche Aufgaben.

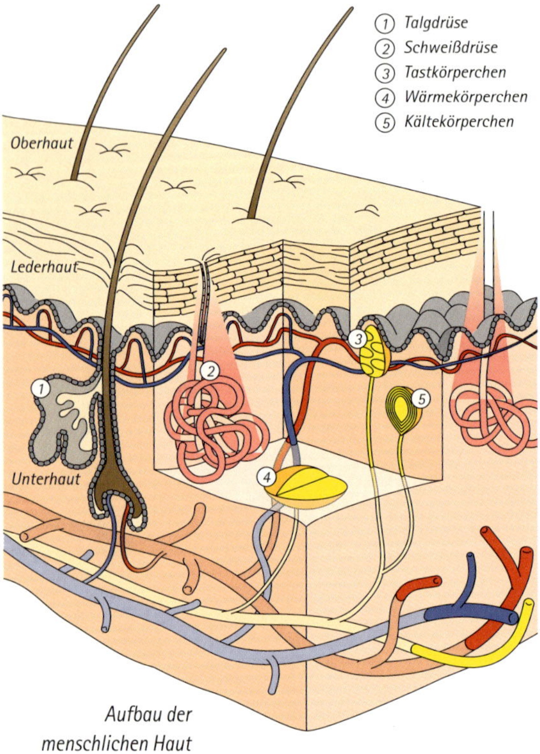

Aufbau der menschlichen Haut

Die Haut bietet **Schutz** gegen das Eindringen von Krankheitserregern (z. B. Bakterien), gegen mechanische Einwirkungen (Kratzer, kleine Stöße), gegen chemische Einwirkungen, gegen Sonneneinstrahlung (UV-Strahlen) und vor Austrocknung. Durch Bildung von Schweiß bewahrt sie den Körper vor Überhitzung und durch eine eingelagerte Fettschicht schützt sie ihn vor Auskühlung.

Zugleich ist die Haut ein vielseitiges **Sinnesorgan**, mit dem man Wärme und Kälte wahrnehmen, Schmerz empfinden und tasten kann.

Aufgebaut ist die Haut aus drei Schichten: **Oberhaut**, **Lederhaut** und **Unterhaut** mit jeweils zahlreichen einzelnen Bestandteilen.

8 Die Rolle des Gehirns

Das Gehirn empfängt Nervensignale, die ihm von den Sinnesorganen zugeleitet werden. Im Falle der Augen übernehmen diese Aufgabe die beiden Sehnerven. Sie überkreuzen sich an einer Stelle, die nahe der Schädelbasis liegt. Ihre Nervenfasern werden dabei neu geordnet. Die Fasern aus den linken Sehhälften beider Augen ziehen in die linke Gehirnhälfte, die Fasern aus den rechten Sehhälften in die rechte Gehirnhälfte.

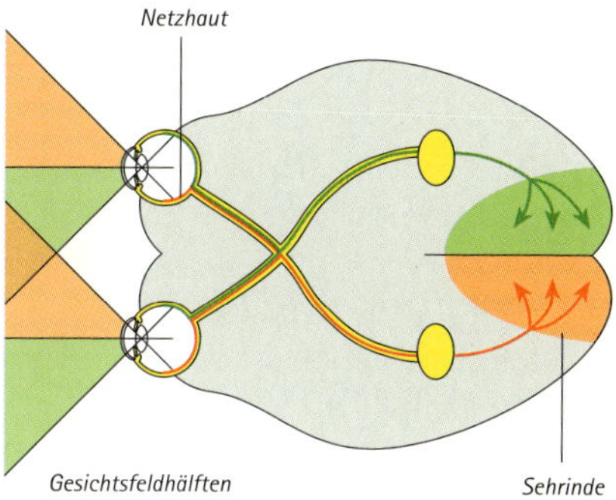

Sehbahn und Sehrinde

Die Nervenstränge führen zur Großhirnrinde am Hinterhaupt. Man bezeichnet diesen Bereich auch als **Sehrinde**. Dort werden die einlaufenden Nervensignale registriert und verarbeitet. Dabei entsteht in unserer Wahrnehmung ein inneres Bild der Umwelt, das die wesentlichen Merkmale hervorhebt.

Betrachtet man ein vollkommen einförmiges Punkteraster (Abb. a), so kann man geradezu spüren, wie das Gehirn einen Sinn in die ihm gemeldeten Sinnesdaten zu bekommen versucht. Betrachter des Vexierbildes (Abb. b) sehen entweder das Gesicht einer alten Frau oder das Seitenprofil einer jungen Frau. Der Eindruck springt zwischen beiden Möglichkeiten hin und her. Ein weiteres Beispiel zeigt, wie das Gehirn aus einer bloßen Anordnung von Strichen ein Wort entstehen lässt, das wir alle lesen können (Abb. c). Dies zeigt, dass es auf Erfahrungen – in diesem Fall die Kenntnis, wie Buchstaben aussehen – zurückgreift und in die Auswertung der Sinnesdaten einbezieht.

a)

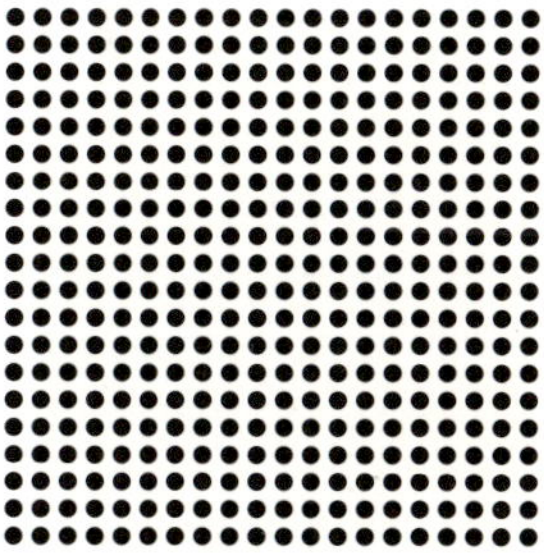

b)

c)

Optische Täuschung

Auf einen Blick: Wahrnehmung durch Sinne

Umwandlung von Reizen in Rezeptoren

- Sinnesorgane sind so konstruiert, dass sie mit den in ihnen erhaltenen Sinneszellen (Rezeptoren) Reize aufnehmen können.
- Unterschiedliche Rezeptortypen sind Chemorezeptoren, Mechanorezeptoren, Photorezeptoren und Thermorezeptoren.

Auge und Sehen

- Das menschliche Auge lässt sich in seinem Aufbau mit einer Kamera vergleichen. Die Sinneszellen befinden sich in der Netzhaut. Das Auge vermag sich auf die Entfernung einzustellen und an die Helligkeit anzupassen.

Ohr und Hören

- Hauptabschnitte des Ohres sind Außen-, Mittel- und Innenohr. Schwingungen des Trommelfells werden durch die Gehörknöchelchen zum Innenohr übertragen und dort von Sinneszellen erfasst.

Lage- und Drehsinn

- Die Sinnesorgane für Lage- und Drehsinn befinden sich im Vorhof und den Bogengängen des Innenohres.

Zunge und Schmecken

- Verschiedenen Bereichen der Zunge sind die Geschmacksempfindungen süß, salzig, sauer und bitter zugeordnet.

Nase und Riechen

- In den Riechfeldern der Nasenhöhle sind Riechzellen verteilt, die durch verschiedene Duftstoffe gereizt werden können.

Haut und Hautsinne

- Die Haut ist aufgebaut aus drei Schichten: Oberhaut, Lederhaut und Unterhaut. Als Sinnesorgan kann man mit ihr Wärme und Kälte wahrnehmen, Schmerz empfinden und tasten.

Die Rolle des Gehirns

- Das Gehirn registriert Nervensignale, die ihm von den Sinnesorganen zugeleitet werden und verarbeitet sie.

Steuerungsvorgänge

Das Zusammenspiel von Skelett und Muskulatur führt zu Bewegungsvorgängen, die vom Nervensystem gesteuert werden. Bei der Nachrichtenleitung und Nachrichtenverarbeitung spielen Nervenzellen eine ausschlaggebende Rolle. Gehirn und Rückenmark steuern als Zentralnervensystem zahlreiche Vorgänge im Körper. Einfache Beispiele für Steuerungsvorgänge sind Reflexe. Auch die Aufrechterhaltung der meisten Süchte wird von Prozessen im Gehirn gesteuert.

1 Skelett, Muskulatur und Bewegung

1.1 Das menschliche Skelett

Menschliches Skelett

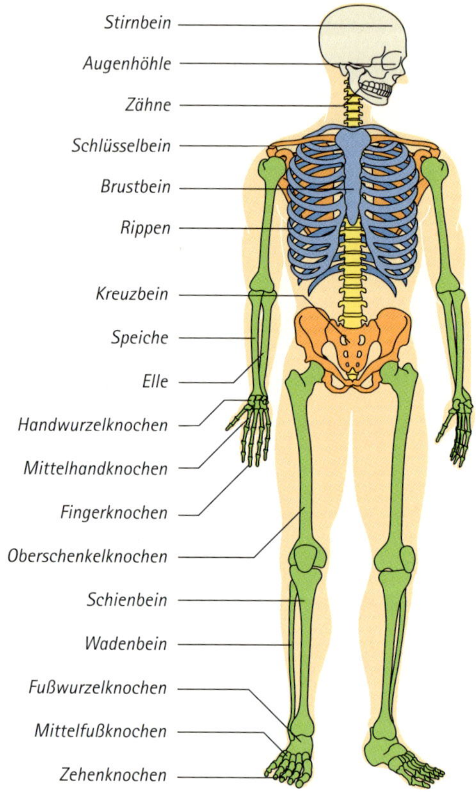

Beim Menschen besteht das Skelett aus mehr als 200 Knochen. Es untergliedert sich in verschiedene Funktionsabschnitte (s. Abb.):

- den aus flachen, plattenförmigen Knochen bestehenden **Schädel**,
- die aus einzelnen Wirbelknochen zusammengesetzte **Wirbelsäule**,
- den aus 12 Rippenpaaren und dem Brustbein bestehenden **Brustkorb**,

- den von den Schlüsselbeinen und den Schulterblättern gebildeten **Schultergürtel**,
- den aus den Beckenknochen zusammengefügten **Beckengürtel**,
- das obere und untere **Gliedmaßenskelett**, das hauptsächlich von lang gestreckten Knochen gebildet wird.

Die Skelettabschnitte verleihen dem Körper **Stabilität**. Zusätzlich üben einzelne Skelettteile auch **Schutzfunktionen** aus. So schützt z. B. der Schädel das Gehirn, der Brustkorb das Herz sowie die Lunge und die Wirbelsäule das Rückenmark.

Knochen

Knochen sind sehr starken Belastungen ausgesetzt. Sie müssen sowohl enormen Druckkräften standhalten als auch widerstandsfähig gegenüber Zug- und Drehkräften sein. In der Technik werden derlei Anforderungen durch Kombination verschiedener Materialien erreicht. So werden z. B. bei Gebäuden in den druckfesten Beton zugfeste Stahlgitter eingefügt. Der »Stahlbeton« vereinigt dann beide Eigenschaften. Dieses Konstruktionsprinzip liegt auch dem Knochenaufbau zugrunde.

Knochen bestehen aus verschiedenen Materialsorten:
- 50 % **anorganische** Substanzen (Salze wie z. B. Calciumphosphat und Calciumcarbonat, also »Kalk«)
- 25–30 % **organische** Substanzen (hauptsächlich kollagene Fasern, das sind eiweißartige faserige Stoffe)
- 20–25 % Wasser.

In seinem Inneren weist der Knochen einen Hohlraum auf (Abb. nächste Seite, ⓐ). Das darin befindliche **Knochenmark** ist von zahlreichen Blutgefäßen durchzogen. Es dient der Bildung von Zellen des Immunsystems und von roten Blutkörperchen.

Nach außen schließt sich harte **Knochensubstanz** an. Diese kann je nach Lage im Knochen in kompakter ⓑ oder in lockerer, schwammiger Form auftreten ⓒ. Die im Endteil des Knochens erkennbaren **Knochenbälkchen** ⓓ übertra-

Innerer Aufbau eines Röhrenknochens

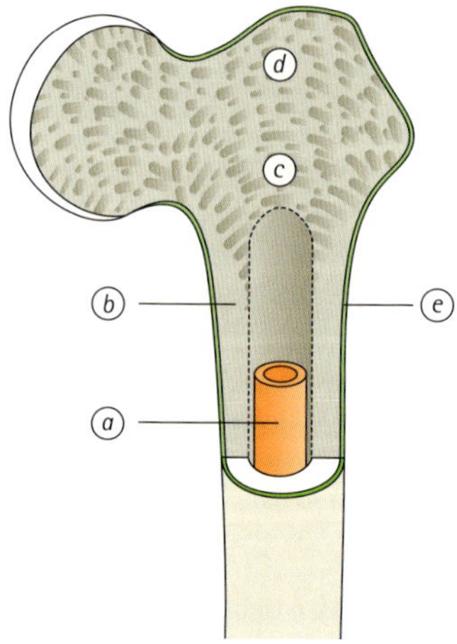

gen die in diesem Abschnitt (dem Gelenkabschnitt) auftretenden Kräfte auf den röhrenförmigen Schaft (Mittelabschnitt) des Knochens. Diese Material sparende »Trägerkonstruktion« trägt zu den oben genannten Eigenschaften des Knochens in entscheidender Weise bei.

Nach außen ist der Knochen mit Ausnahme der Ansatzstellen für Bänder und Sehnen sowie der Gelenkflächen von der **Knochenhaut** ⓔ überzogen. Sie ist von zahlreichen Nerven und von Blutgefäßen durchzogen, die sich auch in das Knocheninnere hinein verzweigen und damit der Ernährung des Knochens dienen. Außerdem spielt sie die entscheidende Rolle für das Knochenwachstum, da von ihrer Innenseite aus Knochenbildungszellen entstehen.

Gelenke

Gelenke ermöglichen die Beweglichkeit und gewährleisten den Zusammenhalt zwischen benachbarten Knochen.

Die in einem Gelenk aufeinander treffenden Knochenteile (s. Abb. nächste Seite) werden als **Gelenkkopf** ⓐ und **Gelenkpfanne** ⓑ bezeichnet. An ihren Gelenkflächen sind sie mit einem elastischen **Knorpel** ⓒ überzogen, der dazu dient Druckbelastungen abzufedern. Zwischen den beiden Knorpelschichten besteht eine Lücke, die als **Gelenkspalt** ⓓ bezeichnet wird und mit einer **Gelenkschmiere** ausgefüllt ist.

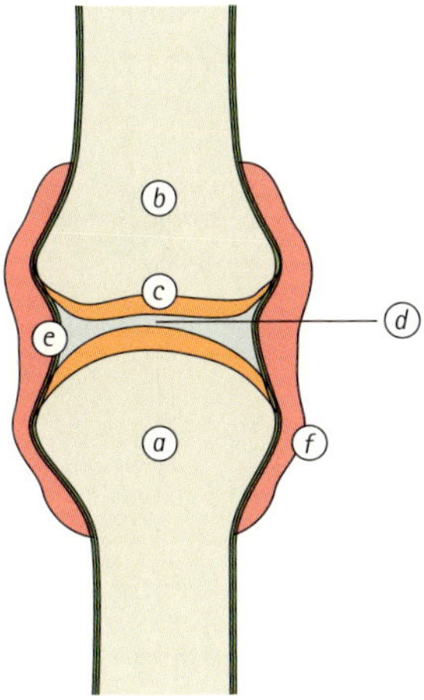

Aufbau eines Gelenks

Diese dient wie der Ölfilm in technischen Gelenken als Gleitmittel. Die **Gelenkkapsel** ⓔ – eine Fortsetzung der Knochenhaut – umhüllt das Gelenk und schließt den Spalt luftdicht nach außen ab. **Gelenkbänder** ⓕ sind der Kapsel aufgelagert und geben dem Gelenk Halt und Führung. Für zusätzlichen Zusammenhalt sorgen Muskeln oder deren Sehnen, die das Gelenk umgeben.

Gelenkverletzungen

Bei starken Beanspruchungen können die Gelenkteile ihren Zusammenhalt verlieren. Dabei kann es zu Kapsel- und Bänderrissen sowie zu Bänderzerrungen kommen. Eine Überdehnung der Gelenkkapsel bezeichnet man als Verstauchung. Sind die Gelenkknochen gegeneinander verschoben, so spricht man von einer Verrenkung.

Je nach Form von Gelenkkopf und -pfanne können die beiden in einem Gelenk zusammentreffenden Knochen bestimmte Bewegungen zueinander durchführen, andere hingegen nicht. Man unterscheidet mehrere **Gelenktypen**:

- **Kugelgelenke** (z. B. das Hüftgelenk oder das Schultergelenk) gestatten Bewegungen um alle drei Raumachsen, also in jeder Richtung.
- **Eigelenke** (z. B. das Handgelenk) und **Sattelgelenke** (z. B. das Grundgelenk des Daumens) ermöglichen Bewegungen um zwei Raumachsen.

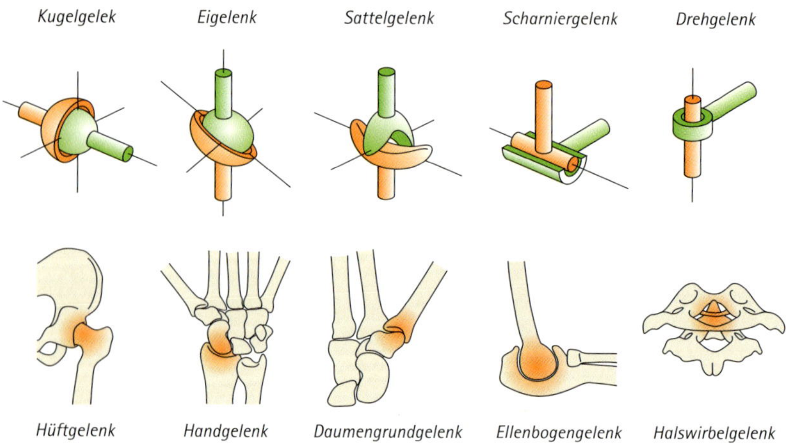

Gelenktypen

- **Mit Scharniergelenken** (z. B. dem Ellenbogengelenk oder den Fingergelenken) können Bewegungen lediglich um eine Achse durchgeführt werden.
- Gleiches gilt für die **Drehgelenke** (z. B. das Gelenk zwischen »Atlas« und »Axis«, den beiden ersten Halswirbeln).

1.2 Muskeln

Nach ihrem inneren Aufbau lassen sich verschiedene **Muskeltypen** unterscheiden:

- **Eingeweidemuskulatur**
- **Herzmuskulatur**
- **Skelettmuskulatur.**

Diese Organe können chemische Energie, wie sie z. B. in den Nährstoffen steckt, in mechanische Energie umwandeln. Dabei kommt es zu seiner Kontraktion, d.h. der Muskel zieht sich zusammen. Ein Blick in die »Innenarchitektur« eines Muskels macht den dahinter steckenden Mechanismus verständlich.

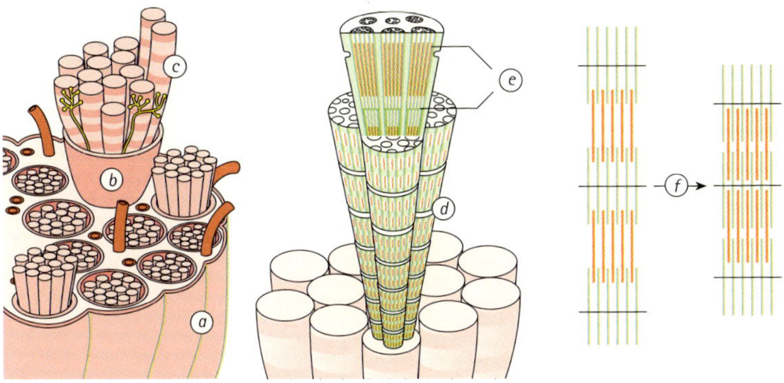

Aufbau eines Skelettmuskels

Äußerer Abschluss eines Skelettmuskels ist stets die **Muskelhaut** ⓐ. Im Inneren besteht er aus zahlreichen **Muskelfaserbündeln** ⓑ, die wiederum aus vielen einzelnen **Muskelfasern** ⓒ bestehen. Diese sind ihrerseits wiederum aus noch kleineren faserartigen Strukturen, den so genannten **Muskelfibrillen** aufgebaut ⓓ. In deren Inneren befinden sich kettenförmige Eiweißmoleküle (**Actin und Myosin**) ⓔ. Diese sind ganz regelmäßig angeordnet. Deshalb erscheinen die Muskelfasern im Lichtmikroskop als quer gebändert. Skelettmuskeln werden deshalb auch als **quer gestreifte Muskeln** bezeichnet.
Wenn ein Nervenimpuls bei einer Muskelfaser ankommt, werden die Actin-Fäden zwischen die Myosin-Fäden gezogen ⓕ. Dadurch ergibt sich eine Verkürzung der Muskelfaser. Das Zusammenwirken vieler Muskelfasern führt zur Kontraktion des Muskels.

1.3 Bewegung

Skelettmuskeln sind über **Sehnen** mit **Knochen** verbunden, auf die sich ihre Bewegung überträgt. Bewegungsabläufe beginnen damit, dass sich ein Muskel zusammenzieht. Nach erfolgter Kontraktion kann er jedoch nicht aus eigener Kraft in die ausgestreckte Position zurückkehren. Diese Aufgabe kann z. B. von einem **»Gegenspieler«-Muskel** übernommen werden, der für die gegenläufige Bewegung sorgt. Dieses Grundprinzip lässt sich am Beispiel der Oberarmmuskeln verdeutlichen:

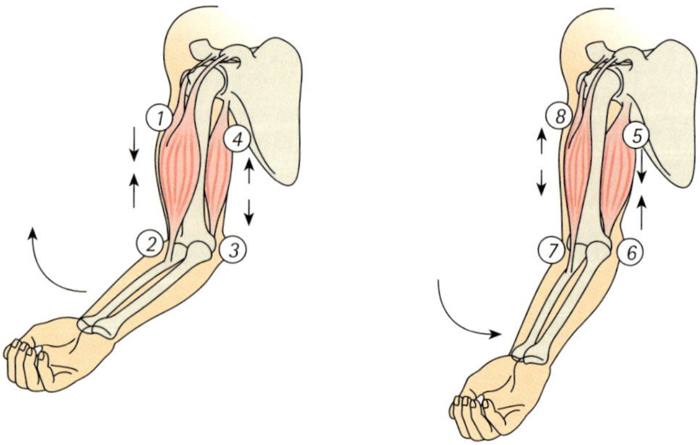

Zusammenspiel zwischen Muskeln und Knochen am Beispiel des Oberarms

Kontrahiert der **Armbeuger** (Bizeps) ①, so werden die Unterarmknochen über eine Sehne in Bewegung versetzt ②, der Arm wird angewinkelt. Dabei wird gleichzeitig über eine andere Sehne die Bewegung auf den **Armstrecker** (Trizeps) übertragen ③. Dieser wird dabei passiv gedehnt ④.
Kontrahiert hingegen der **Armstrecker** ⑤, so werden die Unterarmknochen ebenfalls über eine Sehne in Bewegung versetzt ⑥, der Arm wird gestreckt. Dabei wird wiederum gleichzeitig die Bewegung auf den **Armbeuger** übertragen ⑦. Dieser wird dabei passiv gedehnt ⑧.

Vor sportlicher Betätigung empfiehlt es sich, Muskeln, Sehnen und Gelenke durch eine Aufwärmgymnastik mit Dehnübungen auf ihr Zusammenspiel unter starker Belastung vorzubereiten. Das Verletzungsrisiko wird dadurch deutlich herabgesenkt.

2 Nervensystem

2.1 Nachrichtenleitung

Als Leitungsbahnen für die schnelle Informationsübermittlung dienen Nerven, die alle Bereiche des Körpers durchziehen. Sie sind in ihrem Inneren wie Kabelbündel aufgebaut: Die im Nerveninneren längs verlaufenden Fasern sind die Ausläufer von Nervenzellen.
Eine Nervenzelle (Neuron) ist immer nach dem gleichen Grundmuster aufgebaut:

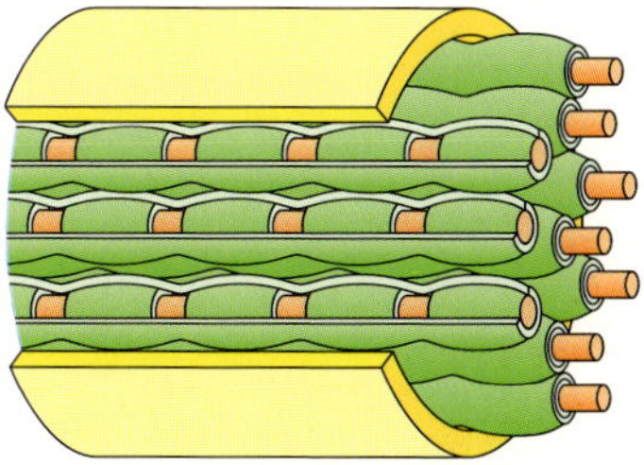

Schnitt durch einen Nerv

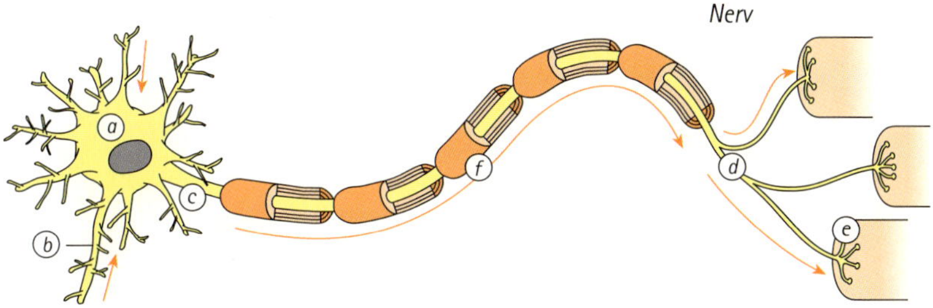

Grundbauplan einer Nervenzelle

Am **Zellkörper** ⓐ entspringen zahlreiche Fortsätze. Dabei unterscheidet man die meist zahlreichen und stark verästelten **Dendriten** ⓑ vom **Axon** ⓒ, einem einzelnen Fortsatz, der je nach Nervenzelltyp weniger als 1 mm bis über 1 m lang sein kann. An seinem Ende ist ein Axon in zahlreiche Endverzweigungen aufgefächert ⓓ. An deren Enden befindet sich jeweils eine als Synapse bezeichnete Kontaktstelle zu einer angrenzenden Zelle ⓔ.
Dem Axon von außen aufgelagert sind so genannte SCHWANN-Zellen. Diese bilden eine feste Hülle um den Nervenzell-Fortsatz ⓕ. Das Axon mitsamt dieser Hülle wird als Nervenfaser bezeichnet.

> Die Nachrichtenleitung erfolgt in der Nervenfaser auf elektrischem Weg, die Nachrichtenweitergabe in einer Synapse an eine nachfolgende Zelle hingegen auf chemische Art.

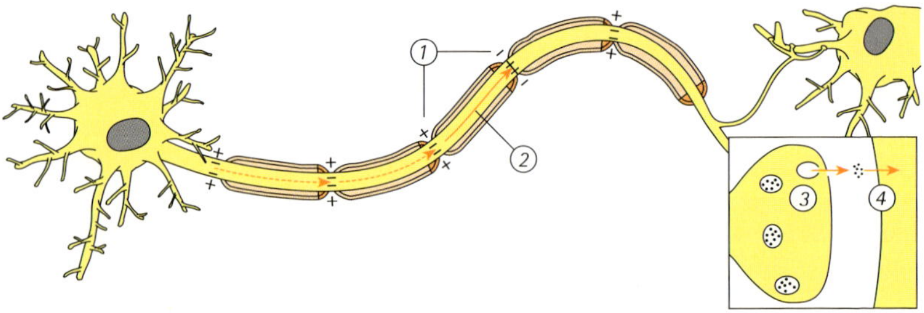

Nachrichtenleitung in einer Nervenfaser und Nachrichtenweitergabe in einer Synapse

① In der aktivierten Nervenfaser werden Ionen, also geladene Teilchen, verschoben.
② Dabei wird ein elektrisches Signal entlang des Axons weitergeleitet.
③ Kommt das Signal in einer Synapse an, so wird eine chemische Substanz ausgeschüttet.
④ Diese wandert als Botenstoff zur Zellmembran der nächsten Zelle und übermittelt auf diese Weise das Signal.

2.2 Nachrichtenverarbeitung

Die zahlreichen, überall im Körper verteilten Nerven haben als gemeinsames Ursprungsgebiet einerseits das **Gehirn** im Kopfbereich und andererseits das **Rückenmark**, das innerhalb der Wirbelsäule verläuft. Beide zusammen werden auch als **ZNS** (**Z**entral**n**erven**s**ystem) bezeichnet.

Gehirn

Das Gehirn ist von den Schädelknochen gut geschützt und untergliedert sich in verschiedene Abschnitte.

Großhirn. Mächtigster Abschnitt des menschlichen Gehirns. Sein äußerer Teil wird **Großhirnrinde** genannt. Das ist eine etwa 2 bis 4 mm dicke, stark zusammengefaltete Schicht. Aufgebaut ist die Rinde aus den Zellkörpern von ca. 14 Milliarden Nervenzellen, die auch als Gehirnzellen bezeichnet werden. Sie sind durch ein dichtes Geflecht kurzer und reich verzweigter Nervenfasern miteinander verknüpft. Aufgrund dieser inneren Architektur erscheint die Großhirnrinde grau. Nach innen schließen sich weiß erscheinende Schichten an.

Sie enthalten die langen Fasern der Nervenzellen, die verschiedene Rindengebiete miteinander verknüpfen und auch die Verbindung zu anderen Gehirnabschnitten herstellen. Ein besonders dickes Faserbündel – der **Balken** – verbindet die beiden Großhirnhälften miteinander.

Verschiedenen Rindengebieten sind unterschiedliche Aufgabenbereiche zuzuordnen.

Die **Empfindungsfelder** dienen der Verarbeitung der Nachrichtensignale, die aus den Sinnesorganen einlaufen. So entsteht z. B. in der etwa scheckkartengroßen Sehrinde am Hinterkopf die Sinnesempfindung des Sehens.

Motorische Felder dienen der Auslösung von bestimmten Bewegungen. Dabei steuern Zentren einer Gehirnhälfte jeweils Bewegungen der anderen Körperhälfte. Die Bewegung der rechten Hand wird also links im Gehirn gesteuert.

Assoziationsfelder vergleichen einlaufende Daten mit gespeicherten Daten und spielen z. B. eine Rolle bei der Sprechfähigkeit und beim Gedächtnis.

Kleinhirn. Es hat die Aufgabe, bei allen Bewegungen die verschiedenen Muskeln so aufeinander abzustimmen, dass das Körpergleichgewicht erhalten bleibt. Um dies bewältigen zu können, steht es in Verbindung mit den motorischen Feldern der Großhirnrinde und über das Stammhirn auch mit dem Rückenmark. Ferner empfängt es Informationen von der Sehrinde, den Lagesinnesorganen sowie von Gelenkstellungsrezeptoren.

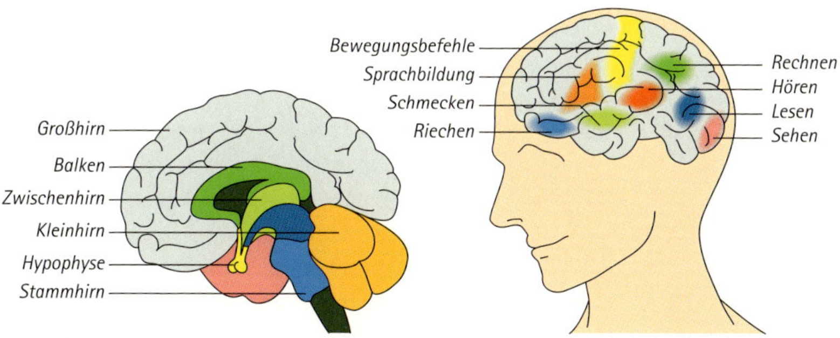

Längsschnitt durch das Gehirn und Rindenfelder des Großhirns

Zwischenhirn. Es enthält in seinen oberen Abschnitten Zentren, in denen unsere Gefühle wie z. B. Freude und Schmerz, Liebe und Hass entstehen. In seinen unteren Abschnitten (**Hypothalamus**) steuert es Stoffwechselvorgänge, den Schlaf-Wach-Rhythmus und reguliert die Körpertemperatur sowie den Wasserhaushalt. Direkt unterhalb des Zwischenhirns befindet sich die Hirnanhangsdrüse (**Hypophyse**). Sie ist oberste Steuerzentrale für das Hormonsystem.

Stammhirn. Es stellt die Verbindung des Gehirns zum Rückenmark her, ist zuständig für die richtige Spannung der Muskulatur und die Regelung des aufrechten Gangs.

Rückenmark

Das Rückenmark entspringt dem Gehirn und verläuft innerhalb der Wirbelsäule bis in den Bereich der Lendenwirbel. Es liegt gut geschützt im Wirbelkanal.

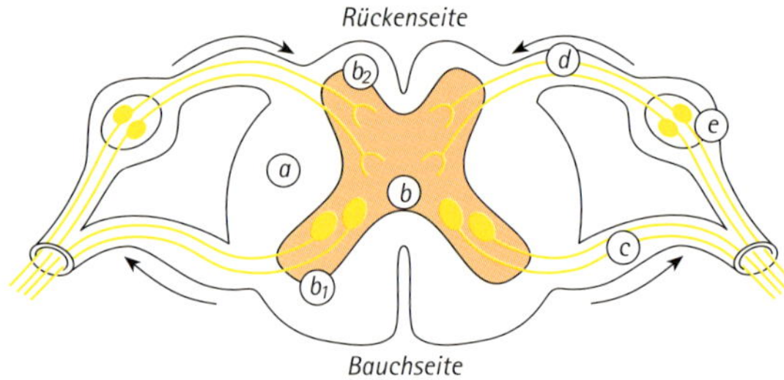

Schematischer Querschnitt durch das Rückenmark

Im Rückenmark lassen sich zwei verschiedenfarbene Bereiche unterscheiden. Die so genannte **weiße Substanz** (a) (sie besteht aus Nervenfasern) umschließt die – allgemein als schmetterlingsförmig beschriebene – **graue Substanz** (b), die eine Ansammlung von Nervenzellkörpern darstellt. Die »Flügel des Schmetterlings« werden als Hörner bezeichnet und in **Vorderhorn** (b_1) und **Hinterhorn** (b_2) unterschieden. Seitlich zweigen Nerven ab, wobei man zwischen den **vorderen Wurzeln** (c) und den **hinteren Wurzeln** (d) des Rückenmarks unterscheidet. In den Hinterwurzeln liegen Ansammlungen von Nervenzellkörpern, die **Spinalganglien** (e).

Das Rückenmark hat wegen der in ihm verlaufenden Nervenfasern die Aufgabe, Nervenimpulse vom Gehirn in die verschiedenen Körperregionen zu leiten oder umgekehrt. Darüber hinaus übt es aber auch eine eigenständige Steuerungsfunktion aus.

Die Steuerungsfunktion kann am Beispiel des **Kniesehnenreflexes** verdeutlicht werden. Dieser wird mit einem Schlag auf die Kniesehne unterhalb der Kniescheibe ausgelöst.

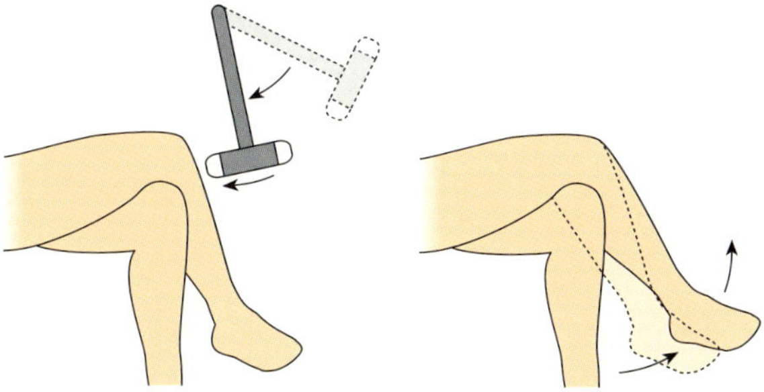

Auslösung des Kniesehnenreflexes

① Durch einen Schlag auf die Kniesehne wird der Oberschenkelmuskel (Beinstrecker) ruckartig bewegt.

② Im Muskel eingebaute Sinneszellen (Dehnungsrezeptoren) senden daraufhin Nervensignale in Richtung Rückenmark.

③ Im Rückenmark wird die einlaufende Erregung direkt auf Nervenzellen umgeschaltet, die zurück in den Muskel laufen.

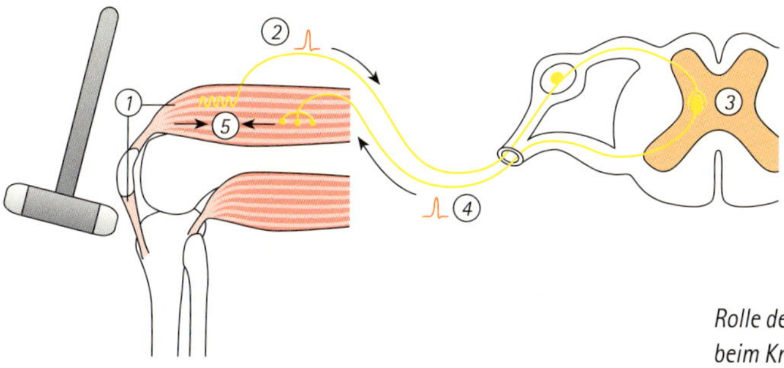

Rolle des Rückenmarks beim Kniesehnenreflex

④ Diese Nervenzellen senden daraufhin ihrerseits Nervensignale in Richtung Muskel.

⑤ Die Muskelfasern ziehen sich daraufhin zusammen, der ganze Muskel kontrahiert. Der Unterschenkel schwingt unwillkürlich nach vorne.

Reflex	Auslösung	Ergebnis
Achillessehnenreflex	Schlag auf Achillessehne	Beugung des Fußes
Wartenbergscher Reflex	Finger einhakeln und ziehen	Beuges des Daumens
Kremaster-Reflex	Bestreichen der Haut innen am Oberschenkel	Hochsteigen des Hodens
Greifreflex bei Säuglingen	Bestreichen der Handinnenfläche	Fingerbeugen bis zum Festhalten

Einige gängige Reflexe

3 Sucht

Süchte	
Stoffgebundene Abhängigkeiten	Stoffungebundene Verhaltensstörungen
Illegale Drogen:	Fernsehsucht
Marihuana und Haschisch	Spielsucht
Kokain	Kaufsucht
Opium und Heroin	Arbeitssucht
Legale Drogen:	Gestörtes Essverhalten:
Alkohol	Magersucht
Tabak/Nikotin	Ess-/Brechsucht
Medikamente	

Die Zwanghaftigkeit äußert sich in psychischer und körperlicher **Abhängigkeit** von einer Droge, einem Medikament, einem Genussmittel oder einem Verhalten.

Sucht bedeutet ein zwanghaftes Angewiesensein auf die Erfüllung eines Bedürfnisses.

Psychische Abhängigkeit entsteht durch Gewöhnung. Die Motivation wird gelernt und die angenehme Wirkung verstärkt das Suchtverhalten.

Körperliche Abhängigkeit ist die Folge physiologischer Anpassungsprozesse im Körper. Dadurch entsteht der Zwang zur Steigerung der Dosis und nach Absetzen der Droge treten unangenehme **Entzugserscheinungen** auf.

Jahrelanger Missbrauch auch legaler Drogen führt zu schweren gesundheitlichen Schäden. Beim Einatmen von Zigarettenrauch etwa gelangen mehr als 200 schädliche Stoffe über die Atemwege in die Lungenbläschen. Folgen sind auf Dauer Raucherhusten, schwere Durchblutungsstörungen und Kehlkopf- oder Lungenkrebs. Auch ständiger Alkoholmissbrauch zeitigt körperliche Auswirkungen. Insbesondere betroffen sind die Leber, die Bauchspeicheldrüse und das Gehirn.

Auf einen Blick: Steuerungsvorgänge

Skelett, Muskulatur und Bewegung

- Hauptabschnitte des Skeletts sind Schädel, Wirbelsäule, Brustkorb, Schultergürtel, Beckengürtel sowie das obere und untere Gliedmaßenskelett.
- Knochen bestehen aus verschiedenen Materialsorten. Dazu gehören anorganische Substanzen wie Salze und organische Stoffe wie eiweißartige Fasern.
- Das Knochenmark im Knocheninneren ist umgeben von harter Knochensubstanz. Im Endteil des Knochens befinden sich Knochenbälkchen als Material sparende »Trägerkonstruktion«. Nach außen ist ein Knochen von der Knochenhaut überzogen.
- Gelenke ermöglichen die Beweglichkeit und gewährleisten den Zusammenhalt benachbarter Knochen. Kugelgelenke, Eigelenke, Sattelgelenke, Scharniergelenke und Drehgelenke gestatten je nach Bau unterschiedliche Bewegungen.
- Verschiedene Muskeltypen sind Eingeweidemuskulatur, Herzmuskulatur und Skelettmuskulatur.
- Muskeln können sich verkürzen (kontrahieren). Skelettmuskeln sind über Sehnen mit Knochen verbunden, auf die sich ihre Bewegung überträgt.
- Die Kontraktion des Armbeugers (Bizeps) führt dazu, dass der Arm angewinkelt wird. Die gegenläufige Bewegung wird durch den Armstrecker (Trizeps) als »Gegenspieler«-Muskel bewirkt.

Nervensystem

- Eine Nervenzelle (Neuron) besteht immer aus Zellkörper, Dendriten und Axon.
- Die Nachrichtenleitung erfolgt in der Nervenfaser auf elektrischem Weg, die Nachrichtenweitergabe in einer Synapse auf chemische Art.
- Gehirn und Rückenmark bilden zusammen das Zentralnervensystem (ZNS).
- Abschnitte des Gehirns sind Großhirn, Kleinhirn, Zwischenhirn und Stammhirn.
- Im Rückenmark lassen sich zwei verschiedenfarbige Bereiche unterscheiden: die weiße und die graue Substanz.
- Der Kniesehnenreflex wird vom Rückenmark gesteuert.

Sucht

- Sucht bedeutet ein zwanghaftes Angewiesensein auf die Erfüllung eines Bedürfnisses.
- Psychische Abhängigkeit entsteht durch Gewöhnung.
- Körperliche Abhängigkeit entsteht als Folge physiologischer Anpassungsprozesse im Körper.

Regelungsvorgänge

Die Organe unseres Körpers können ihre Aufgaben nur dann richtig erfüllen, wenn für sie die geeigneten Bedingungen bestehen. Verschieben sich diese aufgrund äußerer Einflüsse, so laufen im Körper Regelungsvorgänge ab, die dafür sorgen, dass die optimale Grundeinstellung erhalten bleibt. Daran sind das vegetative Nervensystem und das Hormonsystem beteiligt. Sie regeln u.a. die Körpertemperatur, den Blutzuckerspiegel und die Anpassungsreaktionen bei Stress.

1 Grundlagen der Regelung

Die Organe können ihre Aufgaben nur dann richtig erfüllen, wenn für sie im Körper die **richtigen Bedingungen** bestehen. So müssen z. B. die Körpertemperatur, der Blutdruck und der Blutzuckerspiegel bestimmte Werte aufweisen. Verschieben sich diese aufgrund äußerer Einflüsse, so laufen im Körper **Regelungsvorgänge** ab, die dafür sorgen, dass die optimale Grundeinstellung erhalten bleibt.
Vergleichbares gibt es auch in **technischen Systemen**. Die Regelung einer konstanten Raumtemperatur erfolgt nach den **gleichen Prinzipien** wie die Regelung einer konstanten Körpertemperatur. Es ist daher möglich, biologische Regelungsvorgänge in Begriffen der technischen Regelungslehre zu beschreiben.

1.1 Grundbegriffe der Regeltechnik

Das wesentlichste Merkmal der Regelung ist der geschlossene **Regelkreis.** Er ist so konstruiert, dass jede Störung automatisch korrigiert wird. Ein solcher Regelkreis ist in der Abbildung gegenüber in zwei Varianten dargestellt. Oben ist das allgemeine Schema eines Regelkreises mit den einzelnen Funktionselementen zu sehen; darunter ist dieses Schema auf die Regelung der Raumtemperatur bezogen.
Für jeden Regelkreis muss zuerst entschieden werden, welcher **Zustand** des betrachteten Systems **konstant** gehalten werden soll. Das ist in unserem Beispiel die Raumtemperatur. Sie ist die **Regelgröße** ①. Der abgegrenzte Raum, in dem dies geschieht, also das Zimmer, ist das **geregelte System** ②. Um die Raumtemperatur konstant halten zu können, muss sie fortlaufend durch einen **Fühler** ③ gemessen werden. Das erfolgt in unserem Beispiel mit einem Thermometer. Die jeweils momentane Raumtemperatur, der so genannte **Ist-Wert** ④, wird dem Regler übermittelt.

Regelgröße

Fühler

Ist-Wert

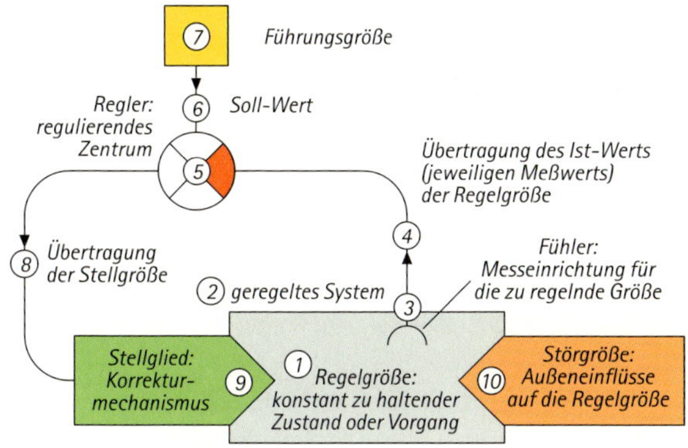

Allgemeines Schema eines Regelkreises

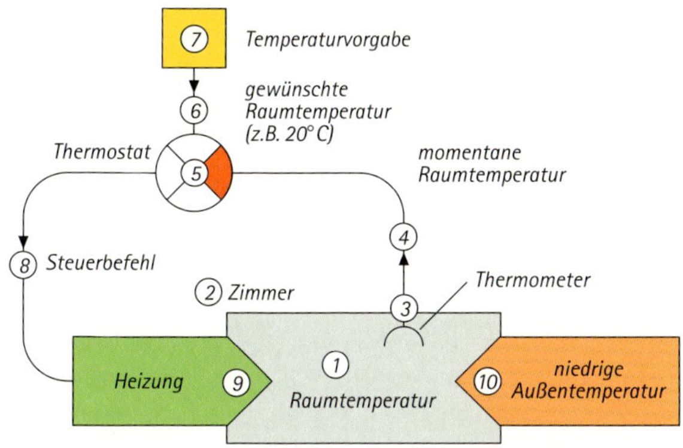

Schema zur Regelung der Raumtemperatur

Der **Regler** ⑤ ist das wichtigste Funktionselement in einem Regelkreis, weil hier der Ist-Wert der Regelgröße, d. h. die momentane Raumtemperatur, mit dem **Soll-Wert** ⑥ der Regelgröße – das ist die gewünschte Raumtemperatur – verglichen wird. Bei einer Raumheizung erledigt diese Arbeit ein Thermostat. An einem solchen Gerät lässt sich die gewünschte Raumtemperatur vorwählen. Diese Temperaturvorgabe ist die **Führungsgröße** ⑦. Weicht der Ist-Wert der Raumtemperatur von diesem Soll-Wert ab, berechnet der Regler einen entsprechenden Steuerbefehl an die Heizung. Dieser Steuerbefehl wird als **Stellgröße** ⑧ bezeichnet, weil er angibt, um wie viel die Brennstoffzufuhr zur Heizung »verstellt« werden muss, um die Abweichung möglichst vollständig zu korrigieren.

Regler

Soll-Wert

Führungsgröße

Stellgröße

Stellglied

Störgröße

Der Steuerbefehl führt also zu einer veränderten Leistung der Heizung, dem **Stellglied** ⑨ im Regelkreis. Die veränderte Leistung hält solange an, bis sich die Raumtemperatur wieder dem Soll-Wert angeglichen hat. Bei sehr niedrigen Außentemperaturen wird dieser Zustand, dass Ist- und Soll-Wert übereinstimmen, nicht allzu lange anhalten, da durch die Temperaturdifferenz ständig Wärme nach außen verloren geht. Ein derartiger Einfluss auf die Regelgröße, der eine Abweichung vom Soll-Wert verursacht, wird als **Störgröße** ⑩ bezeichnet.

Ein Regelkreis sorgt also für konstante Bedingungen, indem er durch eine Änderung des Stellgliedes der Störung entgegenwirkt. Der Erfolg dieser Korrekturmaßnahme wird dem Regler über den Fühler unmittelbar zurückgemeldet, so dass die Veränderung des Stellgliedes nur solange anhält, bis Ist- und Soll-Wert wieder übereinstimmen.

1.2 Regelkreise in unserem Körper

Physikalische Regelgrößen: Körpertemperatur, Blutdruck, Wassergehalt des Körpers u. a.
Chemische Regelgrößen: Blutzuckerkonzentration, pH-Wert des Blutes, Sauerstoff- und Kohlenstoffdioxid-Gehalt des Blutes u. a.

Regelgrößen, die im Körper konstant gehalten werden, können sowohl physikalischer als auch chemischer Natur sein. Jede Regelgröße wird von speziellen **Rezeptoren** überwacht. Dabei handelt es sich um Sinneszellen, die auf einen bestimmten Reiz spezialisiert sind. Diese Sinneszellen befinden sich im Körper jeweils an den Stellen, an denen sich die Veränderungen der betreffenden Regelgrößen besonders deutlich auswirken. So finden sich z.B. Thermorezeptoren sowohl in der Haut zur Messung von Veränderungen der Außentemperatur als auch im Körperinneren, um Veränderungen durch die körpereigene Wärmeproduktion zu registrieren.

Für jede Regelgröße existiert ein eigenständiges **Regelzentrum,** das die einlaufenden Informationen auf Abweichungen überprüft und entsprechende Korrekturmaßnahmen in Gang setzt. Diese Regelzentren befinden sich hauptsächlich im **Hypothalamus** und im **Hirnstamm**. Es gibt aber auch Regler in anderen Organen.

Die **Steuerbefehle,** die die Korrekturmaßnahmen veranlassen, werden entweder über **Nervensignale** oder durch **Hormone** an die entsprechenden Stellglieder übermittelt. Als **Stellglieder,** die aufgrund dieser Befehle ihre Aktivität verändern, kommen praktisch alle Körperfunktionen infrage, die dazu beitragen können, eine bestimmte Regelgröße wieder auf ihren Soll-Wert zurückzuführen.

1.3 Die Regelung der Körpertemperatur

Grundtemperatur des Menschen: etwa 37 °C

In unserem Körper herrscht normalerweise eine Temperatur von etwa 37 °C. Zur Aufrechterhaltung dieser Temperatur tragen neben körperlichen Merkmalen (z. B. Fetteinlagerungen in der Haut) und einigen Verhaltensweisen (Bekleidungswahl, Bewegung) vor allem einzelne Organfunktionen bei.

Kommt es zu einer **Abkühlung** unter 37 °C, verengen sich die Blutgefäße in der Haut, wodurch weniger Wärme zur Körperoberfläche transportiert wird, einige Muskeln beginnen zu zittern, wodurch mehr Wärme erzeugt wird, und der Stoffwechsel wird gesteigert, vor allem in der Leber.

Bei **Erwärmung** über 37 °C erweitern sich die Blutgefäße in der Haut, wodurch mehr Wärmeenergie zur Körperoberfläche transportiert wird. Durch zusätzliches Schwitzen wird dem Körper Wärme entzogen und so die Haut abgekühlt, der Stoffwechsel wird verlangsamt.

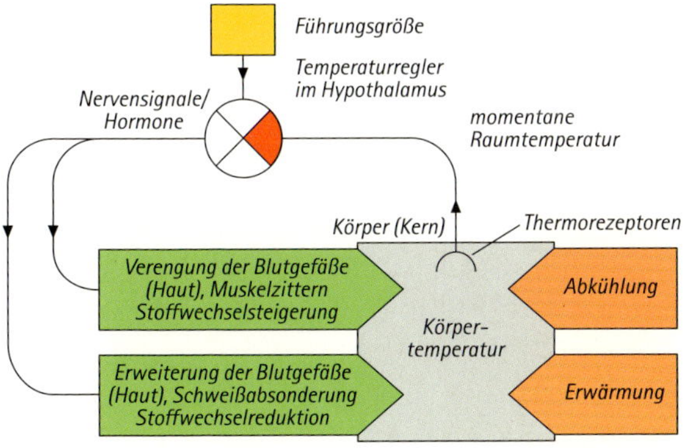

Schema zur Regelung der Körpertemperatur

2 Vegetatives Nervensystem

Das vegetative Nervensystem regelt die Funktionen der inneren Organe und stimmt ihre Leistungen aufeinander ab. Es ist unserem Willen entzogen, wird aber durch Gefühle und Stimmungen beeinflusst.

Wenn wir uns einen Hamburger mit Pommes gönnen, dann steuern wir die Bewegungen der Armmuskeln ganz bewusst so, dass die Mahlzeit auch zielgerichtet im Mund landet. Auch die anschließenden Kaubewegungen können wir willkürlich durchführen. Ist das Essen aber erst einmal verschluckt, so haben wir keinen bewussten Zugriff mehr auf das weitere Geschehen. Dennoch sind in den nächsten Stunden Eingeweidemuskeln und Verdauungsdrüsen in sinnvoll aufeinander abgestimmter Weise tätig und die Nahrung wird verarbeitet.

Die notwendige Steuerung erfolgt durch Teile des Nervensystems, die als **vegetatives Nervensystem** bezeichnet werden. Dieses besitzt Steuerungszentren im Gehirn und im Rückenmark. Von dort aus ziehen Nerven zu den inneren Organen und zu den Pupillenmuskeln des Auges.

Man unterscheidet zwei verschiedene Teile des vegetativen Nervensystems: Sympathikus und Parasympathikus. Die Besonderheit dabei ist, dass beide Systeme auf gegensätzliche Weise auf ein Organ einwirken. Man sagt auch, sie wirken als **Gegenspieler (Antagonisten)**. Wenn der Sympathikus auf ein bestimmtes Organ aktivierend wirkt, so wirkt der Parasympathikus darauf hemmend und umgekehrt.

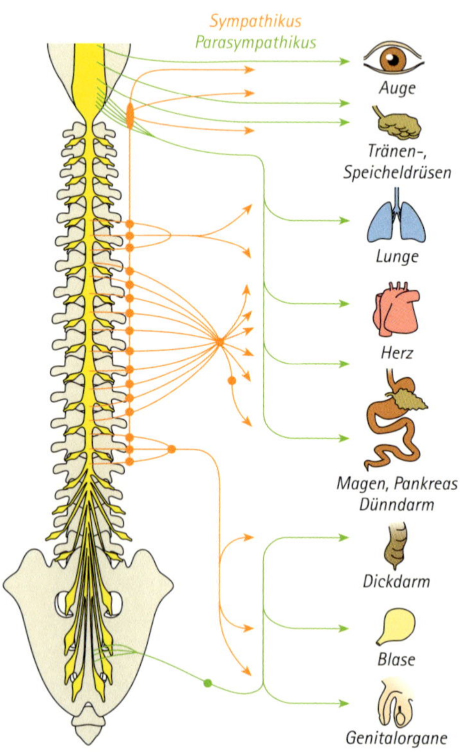

Vegetatives Nervensytem

Der **Sympathikus** fördert alle Organe, deren Tätigkeit bei großer körperlicher Aktivität notwendig ist. Gleichzeitig hemmt er dabei diejenigen Organe, deren Aktivität der erforderlichen Höchstleistung des Körpers im Wege stünden. Dies ist z. B. sinnvoll in Gefahrensituationen.

Fliehen wir etwa vor einem bissigen Hund auf einen Baum, so ist es sicherlich wichtig, dass die Leistung von Herz, Lunge und Skelettmuskeln gesteigert wird. Hingegen werden beispielsweise die Verdauungsfunktionen, die ja nichts zur Bewältigung der Gefahrensituation beitragen können, gedrosselt.

Weil die Bewältigung von solchen Situationen in der Regel mit einer körperlichen Leistung verbunden ist, wird der Sympathikus auch als **Leistungsnerv** bezeichnet.

In Ruhesituationen dagegen fördert der **Parasympathikus** alle Organfunktionen, die der Erhaltung und Erholung des Körpers dienen, vor allem die Verdauung. Alle anderen Körperfunktionen, wie die Atmung, der Herzschlag und die Blutzufuhr zu den Skelettmuskeln, werden gedrosselt. Deshalb wird der Parasympathikus auch der **Erholungsnerv** genannt.

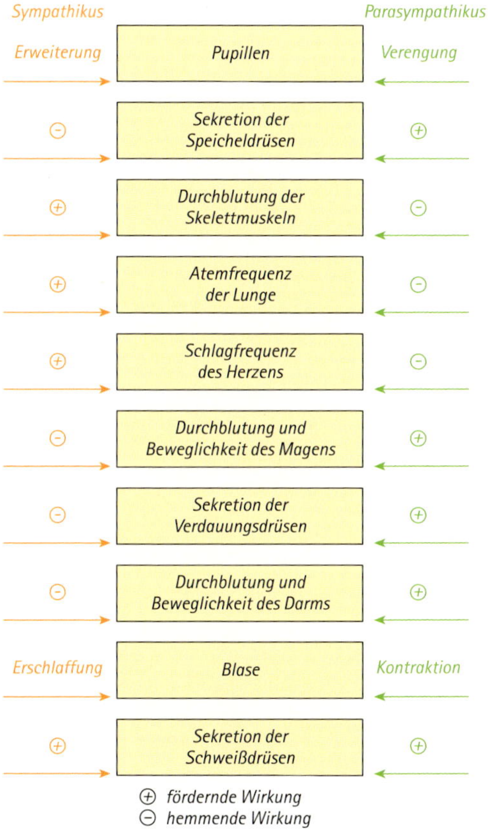

Wirkungen von Sympathikus und Parasympathikus

3 Hormonsystem

Sanguiniker: heiter, lebhaft, unternehmungslustig, unbeständig.
Phlegmatiker: träge, schwerfällig, gleichgültig.
Choleriker: jähzornig, neigt zu starken Gefühlsausbrüchen.
Melancholiker: in gedrückter Stimmung, Neigung zum Grübeln.

Im klassischen Altertum waren Ärzte und Philosophen der Ansicht, dass das geordnete Zusammenspiel der Organe auf dem Zusammenwirken von vier Körpersäften beruhen würde. Diese sollten sein: das Blut (sanguis), der Schleim (phlegma), die Galle (chole) und die schwarze Galle (melanchole). Man war damals der Überzeugung, dass das Vorherrschen einer der Flüssigkeiten jeweils die Ursache für das Auftreten eines der vier Temperamente sei.

Krankheiten wurden mit einer falschen Mischung der vier **Säfte** erklärt. Dementsprechend behandelte man in ihrem Wohlbefinden gestörte Patienten häufig mit Aderlässen (»Ablassen« von Blut) und mit Klistieren (Einbringen kleiner Flüssigkeitsmengen durch den After in den Dickdarm). Die beschriebene klassische Anschauung wurde zu Beginn der Neuzeit verworfen.

Inzwischen ist klar, dass viele Lebensvorgänge tatsächlich durch besondere Stoffe gesteuert werden, die im Blut befördert werden. Sie werden als **Hormone** bezeichnet.

Hormone werden in **endokrinen Drüsen** gebildet. Das sind Drüsen, die ihre Produkte direkt aus ihren Zellen in die Blutbahn abgeben. Andere Drüsen, wie z.B. die Schweißdrüsen oder Brustdrüsen, scheiden ihre Produkte hingegen durch Ausführungsgänge nach außen ab **(exokrine Drüsen)**. Eine Übersicht über die wichtigsten Hormondrüsen gibt die Abbildung auf der folgenden Seite.

Die **Hypophyse** (Hirnanhangsdrüse) liegt direkt unterhalb des Zwischenhirns. Sie wird als übergeordnete Hormondrüse bezeichnet, denn sie kontrolliert mit einem Teil ihrer Hormone die Tätigkeit anderer Hormondrüsen, wie z. B. der Schilddrüse, der Nebennieren und der Keimdrüsen. Dabei steht sie allerdings selbst noch unter der Kontrolle des **Hypothalamus**, eines über ihr liegenden Zwischenhirnabschnittes.

Im Bereich des Halses liegt an der Luftröhre die **Schilddrüse**. Das wichtigste von ihr stammende Hormon ist das **Thyroxin,** das den **Grundumsatz** des Körpers regelt, d. h. es steigert in allen Körperzellen die Verbrennungsrate der Nährstoffe. Eine zu hohe Thyroxinproduktion hat meist starken Gewichtsverlust, gesteigerte Erregbarkeit und Nervosität zur Folge. Eine zu niedrige Thyroxinproduktion führt häufig zu Übergewicht. Thyroxinmangel in der frühen Kindheit hat dramatische Folgen. Die betroffenen Menschen zeigen Zwergwuchs und sind geistig behindert.
Die **Nebennieren** produzieren verschiedene Hormone, die u.a. wichtig sind für die Energieversorgung und die Regelung des Salzgehalts des Körpers. Eines der Hormone, das **Adrenalin**, stellt die Organe des Körpers auf kurzfristige Belastungssituationen ein. Die Wirkung ist dabei ganz ähnlich wie die, die durch den Sympathikus erreicht wird. Ein weiteres Hormon, das **Cortisol**, wird dann freigesetzt, wenn solche Belastungen längere Zeit andauern.
Die **Bauchspeicheldrüse** spielt mit den beiden Hormonen **Insulin** und **Glucagon** die entscheidende Rolle bei der Einstellung des Blutzuckerspiegels.
Die **Keimdrüsen (Gonaden)** stellen die Geschlechtshormone her. Bei Männern produzieren die **Hoden** das Hormon **Testosteron**, das für die Ausbildung männlicher Geschlechtsmerkmale sorgt. Die **Eierstöcke (Ovarien)** produzieren bei Frauen **Östrogene**, die für die Ausbildung der weiblichen Geschlechtsmerkmale sorgen und die zusammen mit **Progesteron** den Menstruationszyklus regeln.

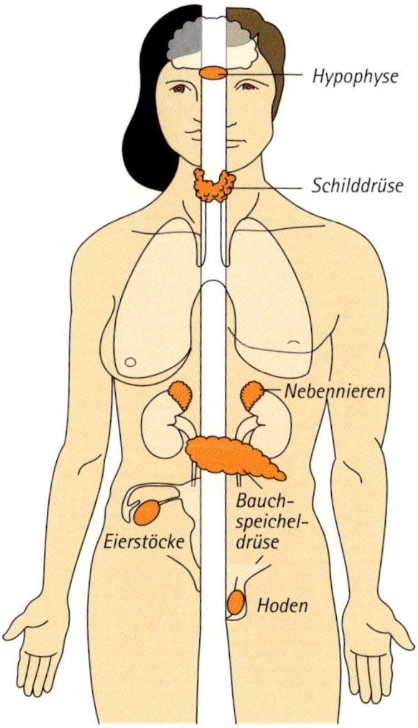

Übersicht über die wichtigsten Hormondrüsen

4 Die Blutzuckerregulation

4.1 Normale Regelung des Blutzuckerspiegels

Der Blutzuckerspiegel wird in unserem Körper in einem Normbereich von etwa 1 Gramm pro Liter **konstant** gehalten. Dadurch wird sichergestellt, dass alle Organe, vor allem aber das empfindliche Gehirn, kontinuierlich mit ihrem wichtigsten Brennstoff versorgt werden: mit Traubenzucker **(Glukose)**. Durch die Nahrungsaufnahme kann diese kontinuierliche Versorgung nicht gewährleistet werden; dafür essen wir zu selten.

Natürlich könnte nach jeder Mahlzeit der Blutzuckerspiegel entsprechend der aufgenommenen Kohlenhydratmenge einfach ansteigen und dann mit dem Glukose-Verbrauch wieder bis zu einem bestimmten Wert abfallen. Da aber ein zu hoher Blutzuckerspiegel langfristig gefährlich ist, wird die Glukose möglichst schnell **gespeichert**. Dafür gibt es zwei Depots: in der Leber und in der Skelettmuskulatur in Form von **Glykogen**. Das Hormon, das diese Speicherung bewirkt, ist Insulin.

Insulin

Insulin. Dieses Hormon wird von bestimmten Zellen der Bauchspeicheldrüse produziert und immer dann ins Blut freigesetzt, wenn der Blutzuckerspiegel den Normbereich von 1 g/l **übersteigt**. Insulin bewirkt, dass der Blutzucker gespeichert wird und der Blutzuckerspiegel sich wieder normalisiert. Dadurch verfügt der Körper nach jeder Mahlzeit über Reserven, die wichtig werden, wenn wir für längere Zeit keine Nahrung zu uns nehmen (z. B. nachts) oder wenn wir beim Sport sehr viel Energie verbrauchen. Dann wird die gespeicherte **Glukose** aus den Glykogenvorräten wieder **freigesetzt.**

Glucagon

Glucagon. Der Glykogenabbau wird vor allem durch das Hormon Glucagon stimuliert. Glucagon wird ebenfalls von bestimmten Zellen der Bauchspeicheldrüse hergestellt und dann freigesetzt, wenn der Blutzuckerspiegel den Normbereich **unterschreitet**.

4.2 Fehlregulation bei der Zuckerkrankheit

Nicht Zucker ist die Ursache der Zuckerkrankheit, sondern Insulinmangel.

Ursache des Diabetes mellitus ist ein absoluter oder relativer **Insulinmangel.** Dementsprechend werden auch zwei Haupttypen der Krankheit unterschieden. Sie haben die alten Bezeichnungen »Jugenddiabetes« und »Altersdiabetes« abgelöst. Der **Typ I** hat einen **absoluten,** der **Typ II** einen **relativen** Insulinmangel.

Diabetes Typ I

Typ-I-Diabetes. Wichtigstes Kennzeichen ist die **Zerstörung** der Insulin produzierenden Zellen in der Bauchspeicheldrüse durch einen entzündlichen Prozess. Dadurch fällt die körpereigene Insulin-Herstellung völlig aus. Durch den Ausfall der Insulin-Herstellung reichert sich Glukose im Blut an. Wird dabei eine Konzentration von 1,6 bis 1,8 g/l überschritten, scheiden die Nieren die Glukose mit dem Urin aus. Da die starke Zuckerlösung mit reichlich Wasser verdünnt wird, müssen Diabetiker häufiger zur Toilette und haben einen entsprechenden **Durst.**
Da die ausgeschiedene Glukose nicht mehr als Energielieferant zur Verfügung steht, werden die Fett- und Eiweißreserven des Organismus angegriffen. Typ-I-Diabetiker sind daher eher **untergewichtig** und **abgemagert**.

Diabetes Typ II

Typ-II-Diabetes. Die meisten Typ-II-Diabetiker sind dagegen **übergewichtig**. Auch mangelt es den Betroffenen, besonders im Vorstadium der Erkrankung, nicht an Insulin. Im Gegenteil, häufig wird sogar ein **erhöhter Insulinspiegel** im Blut gemessen. Die Insulinwirkung bleibt aber aus. Die wohlgenährten Zellen, die zur Aufnahme und Speicherung von Zucker veranlasst werden sollen, reagieren nicht oder kaum auf das Insulin. Sie sind **Insulin-resistent**.
Gefährlich ist ein **hoher Blutzuckerspiegel** vor allem langfristig. Die erhöhten Blutzucker- und Blutfettspiegel verursachen **Gefäßverengungen**, die zu Durchblutungsstörungen aller Art führen. Besonders betroffen sind jedoch kleine Gefäße in der Netzhaut des Auges und in den Nieren sowie größere Gefäße im Gehirn, am Herzen und in den Beinen.

5 Stress

5.1 Was ist Stress?

Der Begriff Stress ist ausgesprochen populär und gehört heute zum ganz alltäglichen Sprachgebrauch. Wir alle haben ein »Gefühl« dafür, was uns stresst und versuchen oft, bestimmte körperliche und seelische Zustände auf unser »Gestresstsein« zurückzuführen. Unser Wohlbefinden ist auf das engste mit diesem Zustand verbunden.

Stress hat viele Ursachen

In unserer modernen Leistungsgesellschaft gibt es so viele **Stressoren**, dass sie kaum noch alle benannt werden können. Und obwohl der Begriff so populär ist, sind die psychischen und körperlichen Abläufe noch immer nicht restlos erforscht.

Die primären psychischen und körperlichen Abläufe in Stress-Situationen entziehen sich weitgehend der direkten Beobachtung. Dagegen können die sekundären Körperreaktionen recht einfach gemessen werden. Sicher hat jeder an sich selbst schon einmal erfahren, wie ihm unter Stress »das Herz bis an den Hals schlug«.

Alle Faktoren, die Stress erzeugen, werden als **Stressoren** bezeichnet. Darunter versteht man alle physischen und psychischen Belastungen des Körpers durch Hitze, Kälte, körperliche Schwerstarbeit, Gefahren aller Art, Krankheiten, Verletzungen, Schmerzen, Operationen, Lärm, Schreck, Ehrgeiz, Zeitdruck, Unruhe, Verkehr, Alter, Ängste, Leistungsdruck, Ärger, Prestigedenken usw.

Gleichgültig, ob Stressoren aus der Umwelt kommend auf den Körper einwirken oder aus dem Körper selbst stammen (z. B. Schmerzen und Ängste), lösen sie im Körper zunächst **spezifische Reaktionen** aus. Auf Verletzungen beispielsweise reagiert der Körper mit Wundverschluss, auf einen Angriff mit Verteidigung; diese Reaktionen des Körpers sind auf die Art der Reize abgestimmt und deshalb spezifisch.

Zusätzlich kommt jedoch bei all diesen Reizen eine **unspezifische Reaktion** hinzu: die **Stress-Reaktion**.

5.2 Die Stress-Reaktion

Ein Steinzeitmensch liegt am Lagerfeuer, plötzlich hört er ein Geräusch und nimmt einen Schatten wahr. Blitzschnell lokalisiert er die mögliche Gefahr. Er springt auf, ergreift seinen Speer, stürmt davon und sucht einen sicheren Ort auf. Er hat ein Gefühl der Angst, sein Herzschlag ist beschleunigt, sein Blutdruck steigt an und Schweiß bricht aus.

Stammesgeschichtlich gesehen war die Stress-Reaktion besonders in Gefahrensituationen ein wichtiges Mittel, um dem Feind zu entkommen bzw. ihn anzugreifen. Sie ist also ein biologisch sinnvoller Mechanismus des Körpers, der sich während der menschlichen Evolution herausgebildet hat, um in Gefahrensituationen zu überleben.

Das Problem in der **heutigen Zeit** besteht darin, dass der Stressmechanismus, der sich in der ursprünglichen Umwelt der Menschen als Sammler und Jäger entwickelt hat, zur heutigen Umwelt und der jetzigen Form unseres Lebens nicht mehr passt: So ist etwa bei einem Streit weder Flucht noch Angriff eine angemessene Reaktion.

Die körperlichen Veränderungen, die in einer Stress-Situation ablaufen, beruhen alle auf einer raschen **Abfolge nervöser und hormoneller Signale**, die darauf abzielen, den Körper für Reaktionen vorzubereiten, die es ermöglichen, mit ungeahnter Kraft und Schnelligkeit die Gefahrensituation zu meistern.

Vorgänge im Gehirn

Die von **Stressoren** ausgehenden **Reize** lösen in den entsprechenden **Sinnesorganen** Erregungen aus, die als elektrische Impulsfolgen über **Nervenbahnen** zum **Großhirn** geleitet, dort ausgewertet und als Stressoren erkannt werden. Im Gehirn laufen nun mehrere Reaktionen ab: Die Erregung erreicht relativ schnell das **Limbische System**, denjenigen Teil des Großhirns, der für seelische Empfindungen zuständig ist, und ruft dort z. B. Angstgefühle hervor. Die starke Erregung des Gehirns erzeugt eine **Denkblockade**, die jedes weiteres Nachdenken verhindert. Der Mensch kann schnell und quasi automatisch reagieren.

Ab hier laufen zwei getrennte Reaktionen ab: die **spezifische** und die **unspezifische Reaktion** auf den Stressor.

Die spezifische Reaktion

Vom Großhirn werden über Nervenbahnen diejenigen **Muskeln** aktiviert, die für eine spezifische Reaktion auf den konkreten Stressor hin sinnvoll sind. Die ausgelöste Reaktion ist zwar von den bisherigen Erfahrungen abhängig, fällt aber in der Regel als Flucht oder als Angriff aus.

Die unspezifische Reaktion

Ganz anders und immer in gleicher Weise läuft die unspezifische Reaktion ab. Über das Zwischenhirn wird der **Hypothalamus,** das übergeordnete Steuerzentrum, gereizt, der einerseits den **Sympathikus** und andererseits die **Hypophyse** aktiviert.

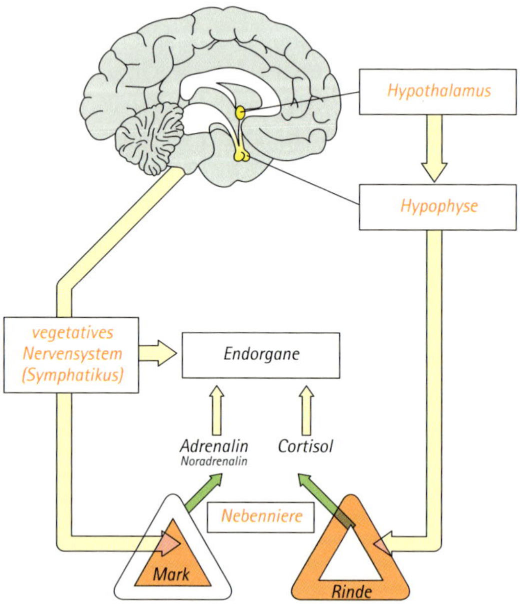

Die zwei Achsen der Stress-Reaktion

Vorgänge im vegetativen Nervensystem

Die Aktivierung des Sympathikus bewirkt bei den verschiedenen Organen unterschiedliche Reaktionen: Das Herz steigert seine Schlagfrequenz. Die Durchblutung der Muskulatur wird gesteigert und die der Verdauungsorgane und der Haut gedrosselt. Die Bronchien werden erweitert und das Atemvolumen wird erhöht. Der Stoffwechsel wird auf erhöhte Leistung umgestellt, Körperwärme und Blutzuckerwerte steigen an.

Vorgänge im Hormonsystem

Die **Nebennieren** werden veranlasst, verstärkt das Hormon Adrenalin ins Blut freizusetzen. **Adrenalin** wird durch das Blut im gesamten Körper verteilt und unterstützt im Wesentlichen die Wirkungen des Sympathikus. Im Gehirn bewirkt Adrenalin eine gesteigerte Aufmerksamkeit und starke Erregung, die häufig mit Angstgefühlen gekoppelt sind.

Der Hypothalamus aktiviert auch gleichzeitig über die **Hypophyse** die **Nebennierenrinde,** die verstärkt Cortisol freisetzt. **Cortisol** wirkt im Fettgewebe, der Leber und in den Skelettmuskeln ähnlich wie Adrenalin. Die Blut bildenden Organe werden veranlasst, vermehrt rote Blutkörperchen freizusetzen, wodurch der Sauerstoff- und Kohlenstoffdioxidtransport verbessert wird. In der Leber werden vermehrt Blutgerinnungsfaktoren gebildet; dadurch werden bei eventuellen Verletzungen Wunden schneller verschlossen. Zusätzlich wirkt Cortisol entzündungshemmend und drosselt die Antikörperbildung, so dass möglichst die gesamte Energie für Kampf oder Flucht bereitsteht.

5.3 Krank durch Stress

Welche Krankheiten durch chronischen Stress begünstigt werden, hängt entscheidend davon ab, **auf welche Weise** Stress-Situationen **bewältigt** werden. Je nach Reaktionsweise unterscheidet man zwei Typen:

Reaktionstyp A (A wie Adrenalin-Typ)

Reaktionstyp A. Versucht jemand Stress-Situationen aktiv durch Handeln unter Kontrolle zu bringen, wird vor allem der Sympathikus und die Freisetzung von **Adrenalin** aktiviert. Dieser Reaktionstyp trägt zur Entstehung von Arteriosklerose und Erkrankungen des Herz-Kreislauf-Systems (z. B. Herzinfarkt, Schlaganfall) bei.

Reaktionstyp C (C wie Cortisol-Typ)

Reaktionstyp C. Bei Personen, die die Kontrolle über die Situation verlieren und unsicher und hilflos reagieren, wird vor allem die Freisetzung von **Cortisol** aktiviert. Dieser Reaktionstyp steht im Verdacht, zu Erkrankungen beizutragen, die durch eine Schwächung des Immunsystems zustande kommen: Infektionskrankheiten aller Art und Krebs.

Auf einen Blick: Regelungsvorgänge

Grundlagen der Regelung

- Regelungsvorgänge in unserem Körper laufen nach den gleichen Prinzipien ab wie die Regelung technischer Systeme.
- Das wesentlichste Merkmal der Regelung ist der geschlossene **Regelkreis**. Er ist so konstruiert, dass jede Störung der Regelgröße automatisch korrigiert wird.
- Der **Erfolg** von Korrekturmaßnahmen wird dem Regler über den Fühler unmittelbar **zurückgemeldet**, so dass die Veränderung des Stellgliedes nur so lange anhält, bis Ist- und Soll-Wert wieder übereinstimmen.
- Die Steuerbefehle, die die Korrekturmaßnahmen veranlassen, werden entweder über **Nervensignale** oder durch **Hormone** an die Stellglieder übermittelt.
- Als **Stellglieder**, die aufgrund dieser Befehle ihre Aktivität verändern, kommen alle Körperfunktionen in Frage, die dazu beitragen können, eine bestimmte Regelgröße wieder auf ihren Soll-Wert zurückzuführen.

Vegetatives Nervensystem

- Das vegetative Nervensystem regelt die Funktionen der inneren Organe.
- Man unterscheidet **Sympathikus** und **Parasympathikus**, die in gegensätzlicher Weise auf die inneren Organe einwirken.

Hormonsystem

- Hormone sind **chemische Botenstoffe**, die von **endokrinen** Drüsen gebildet werden und mit dem Blustrom zu den Zielorganen gelangen, an denen sie ganz bestimmte Wirkungen entfalten.

Blutzuckerregulation

- Der Blutzuckerspiegel wird durch Wirkungen von Insulin und Glukagon auf etwa 1 Gramm pro Liter **konstant** gehalten. Dadurch wird sichergestellt, dass alle Organe kontinuierlich mit ihrem wichtigsten Brennstoff versorgt werden.
- Ursache der Zuckerkrankheit ist eine **absoluter** (Typ-I-Diabetes) oder **relativer** (Typ-II-Diabetes) **Insulinmangel**.

Stress

- Stress ist die **unspezifische Reaktion** unseres Körpers auf Anforderungen jeglicher Art. Sie kann durch eine Vielzahl von **Stressoren** ausgelöst werden und dient der **Anpassung** des Körpers.

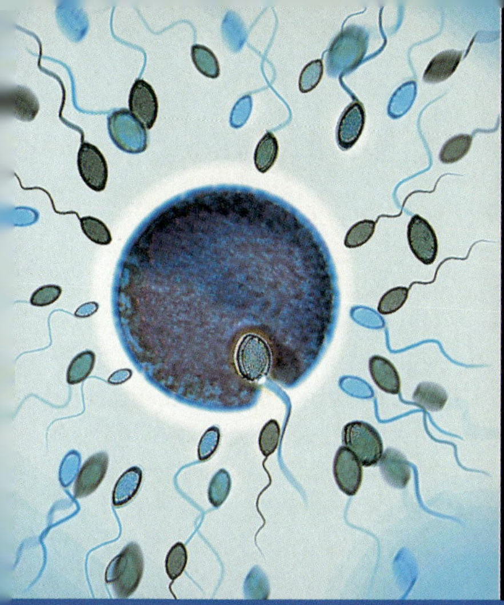
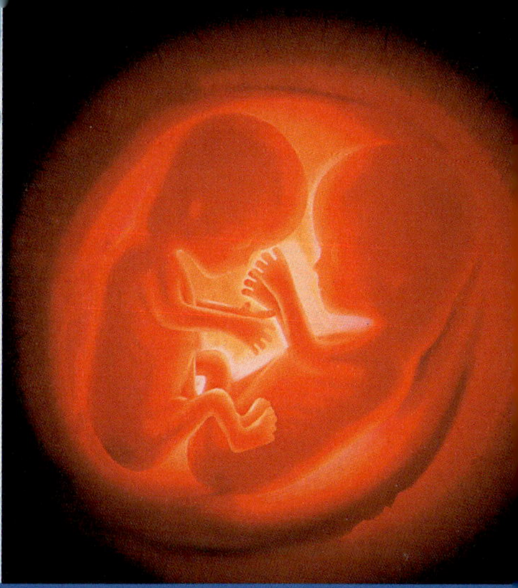

Fortpflanzung, Entwicklung, Sexualität

Mit der Befruchtung einer Eizelle beginnt die Entwicklung eines Embryos, die nach 270 Tagen Schwangerschaft mit der Geburt endet. Damit ist ein in allen Merkmalen einmaliges Lebewesen entstanden, ein Individuum. Bedingung für diese Einmaligkeit ist die Sexualität. In verschiedengeschlechtlichen Individuen mit unterschiedlichen Geschlechtsorganen entstehen über hormonell gesteuerte Prozesse Keimzellen: Ei- und Spermazellen.

1 Vielfalt durch Sexualität

a)

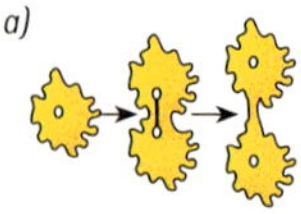

b)

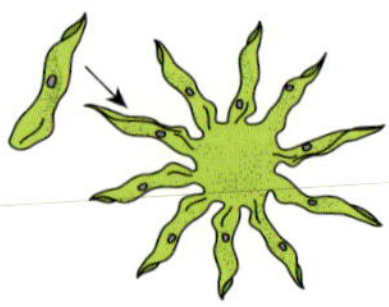

c)

Formen ungeschlechtlicher Fortpflanzung: a) Zweiteilung (Amöbe), b) Vielfachteilung (Trypanosoma), c) Ausläuferbildung bei Pflanzen

Bei der **ungeschlechtlichen Fortpflanzung** entstehen identische Nachkommen, die nur bei stabilen Umweltverhältnissen Überlebensvorteile haben. Ändern sich die Umweltbedingungen, sind solche Organismen vom Aussterben bedroht. Hier setzt der Vorteil der **sexuellen**, d. h. **geschlechtlichen Fortpflanzung** ein, bei der das Erbgut gemischt und neu kombiniert wird; dadurch entstehen unterschiedliche Merkmalsausprägungen, Individuen, die bei veränderten Umweltbedingungen einen Überlebensvorteil sichern können. Sexualität leistet damit einen wesentlichen Beitrag zur Vielfältigkeit der Lebensformen.

Sexualität ermöglicht Fortpflanzung von Generation zu Generation bei gleichzeitiger Neukombination des Erbgutes.

1.1 Männlich – Weiblich

Mann und Frau weisen meist deutliche Unterschiede im Körperbau auf. Beobachtet man dagegen spielende Kleinkinder, so ist die Entscheidung zwischen Jungen und Mädchen oft schwierig. In diesem Alter bestehen die Unterschiede nur in der Ausstattung mit den **primären Geschlechtsmerkmalen:** Beim Mädchen sind nur die **Schamlippen**, beim Jungen **Penis** und **Hodensack** zu erkennen.
Die äußerlichen Kennzeichen, die uns die Unterscheidung zwischen Mann und Frau einfach machen, bilden sich dagegen erst in der **Pubertät** heraus.

1.2 Pubertät – Zeit der Veränderung

Die Pubertät setzt bei Mädchen häufig mit 10 bis 11 Jahren ein, bei Jungen ein Jahr später. Die **Keimdrüsen** beginnen mit der Bildung von **Geschlechtshormonen:** Die **Eierstöcke** produzieren in steigendem Maße **Östrogene**, die **Hoden Testosterone**. Unter dem Einfluss dieser Hormone kommt es zu zahlreichen körperlichen und seelischen Veränderungen.

Bei beiden Geschlechtern zeigt sich ein deutlicher **Wachstumsschub**. Die **Achsel- und Schambehaarung** bildet sich aus, Schweiß- und Talgdrüsen werden aktiver, wodurch der Körpergeruch stärker wird und vermehrt Mitesser und Pickel entstehen.

Bei Mädchen entwickeln sich die **Brüste**, das **Becken** wird **breiter**, die Schultern bleiben schmal.

Bei Jungen wird die Körperbehaarung stärker, **Bartwuchs** setzt ein. Es bildet sich eine **kräftigere Muskulatur** aus, die **Schultern** werden **breiter**, das Becken bleibt schmal.

Die nach der Pubertät unterschiedlich ausgebildeten Merkmale bezeichnet man als **sekundäre Geschlechtsmerkmale**.

Unter dem Einfluss der Geschlechtshormone erfolgt auch die endgültige **Ausbildung der Geschlechtsorgane**. Die Keimdrüsen werden funktionsfähig, es entstehen in den Eierstöcken die ersten reifen Eizellen, in den Hoden die ersten Spermien.

Stimmbruch:

Durch das Wachstum des Kehlkopfes werden die Stimmbänder länger und die Stimmlage tiefer. Besonders bei Jungen stabilisiert sich die Stimmlage sehr langsam.

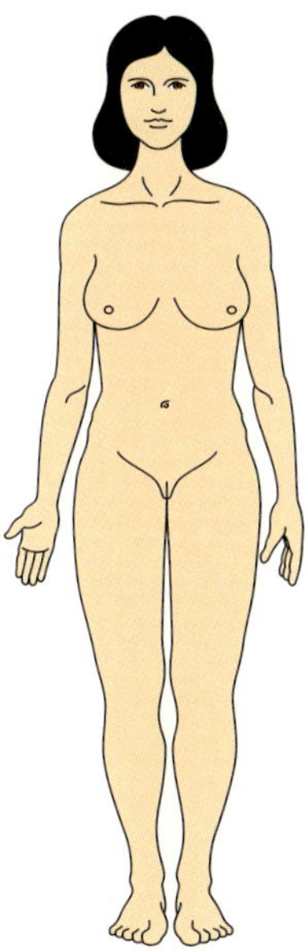

Frauen		*Männer*
162 cm	*Körperhöhe*	*174 cm*
60 kg	*Körpergewicht*	*72 kg*
92 %	*Armlänge*	*100 %*
91 %	*Beinlänge*	*100 %*
92 %	*Schulterbreite*	*100 %*
99 %	*Beckenbreite*	*100 %*
11 cm	*Beckenausgang*	*9 cm*
36 %	*Muskulatur*	*42 %*
4,5 l	*Blutmenge*	*5,5 l*
19 kg	*Hebekraft des Unterarms*	*32 kg*
3,6 l	*Fassungsvermögen der Lunge*	*5,4 l*
77 Jahre	*Lebenserwartung*	*70 Jahre*

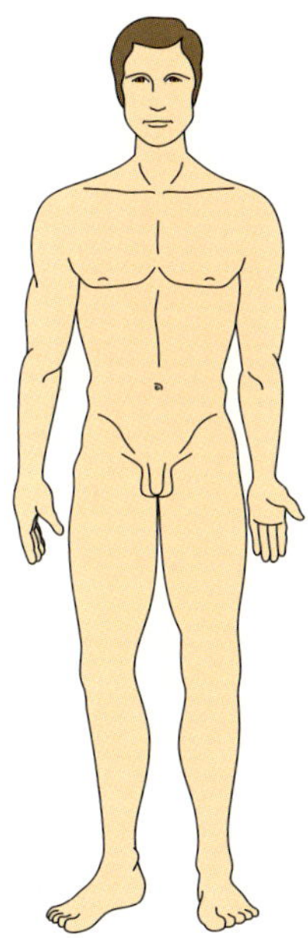

Charakteristische Merkmale von Mann und Frau

2 Bau der Geschlechtsorgane

2.1 Die weiblichen Geschlechtsorgane

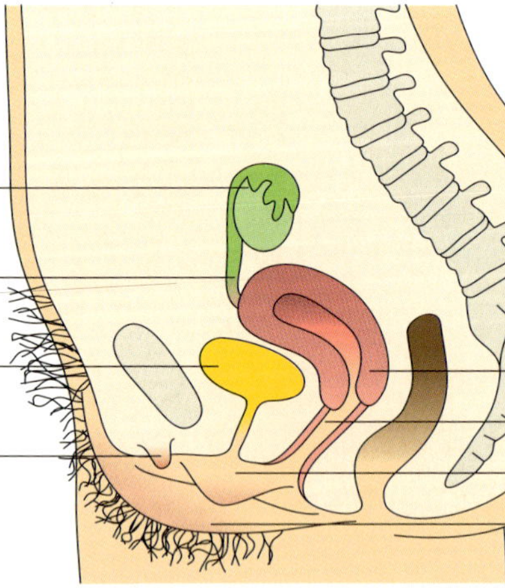

Weibliche Geschlechtsorgane

Die beiden etwa walnussgroßen **Eierstöcke** (Ovarien) sind an Bindegewebsbändern in der Bauchhöhle aufgehängt. In ihnen reifen die Eizellen heran und werden die Geschlechtshormone gebildet.

Die beiden ca. 15 cm langen **Eileiter** (Ovidukte) beginnen an der Gebärmutter und enden in trichterförmigen Erweiterungen, die sich an die Eierstöcke anlegen können. Ihr Inneres ist mit einer Flimmerschleimhaut ausgekleidet.

Die **Gebärmutter** (Uterus) ist ein birnenförmiger, stark dehnbarer Hohlmuskel, der mit einer Schleimhaut ausgekleidet ist. Der Gebärmutterhals öffnet sich über den Muttermund (Portio) zur Scheide. Dieser Übergang ist zeitweise von einem Schleimpfropf verschlossen. Die **Scheide** (Vagina), ein ca. 10 cm langer schlauchförmiger Hohlmuskel, nimmt bei der körperlichen Vereinigung von Mann und Frau den Penis auf. Sie ist stark dehnbar, bei der Geburt wird das Baby hindurchgepresst. Nach außen ist sie z. T. durch eine Hautfalte, das **Jungfernhäutchen** (Hymen) abgeschlossen. Beim ersten Geschlechtsverkehr reißt es, was zu geringfügigen Blutungen führt und Schmerzen verursachen kann.

Von außen sichtbar sind die großen und kleinen **Schamlippen**, die den Scheideneingang und die davor liegende Harnröhrenöffnung umschließen.
Vor der Harnröhrenöffnung liegt der **Kitzler** (Klitoris). Er enthält einen Schwellkörper, der bei sexueller Erregung anschwillt und durch zahlreiche Nervenendigungen sehr empfindsam ist.

2.2 Die männlichen Geschlechtsorgane

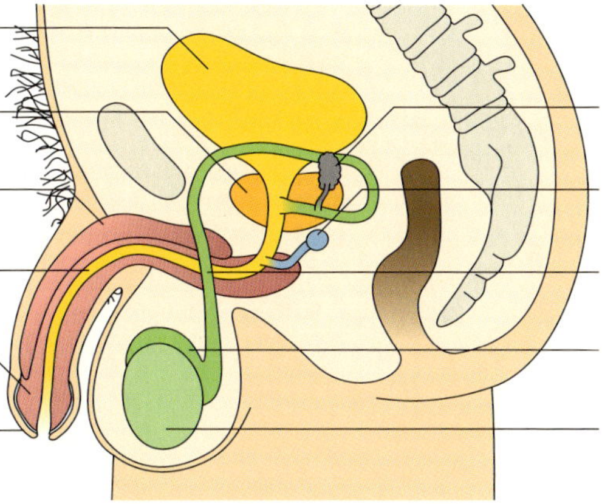

Männliche Geschlechtsorgane

Die beiden **Hoden** liegen im Hodensack. In den Hoden werden die Spermien und die Geschlechtshormone gebildet.
Am hinteren, oberen Ende der Hoden liegen die **Nebenhoden**, in denen die Spermien gespeichert werden. Die beiden **Samenleiter** entspringen aus den Nebenhoden und enden an der Unterseite der Harnblase. Hier vereinigen sie sich mit der Harnröhre zur **Harnsamenröhre**, die durch den Penisschaft zur Penisspitze führt und dort ausmündet.
Die **Vorsteherdrüse** (Prostata) liegt unterhalb der Blase und umschließt Harnröhre und Samenleiter. Der **Penis** (Glied) besteht aus Schwellkörpern. Eine verschiebbare Haut umgibt als Vorhaut an der Penisspitze die **Eichel**, die zahlreiche Nervenendigungen enthält und dadurch sehr empfindsam ist. Bei sexueller Erregung füllen sich die Schwellkörper rasch mit Blut und es kommt zur Versteifung des Gliedes, der **Erektion**.

Beschneidung:
Unter der Vorhaut sondern Talgdrüsen ein Sekret ab, in dem sich Krankheitserreger gut vermehren können. Bei einigen Völkern werden aus ursprünglich vermutlich hygienischen Gründen die Vorhäute der Jungen entfernt.

3 Die Funktion der Keimdrüsen

Die Keimdrüsen haben die Aufgabe **haploide Keimzellen** zu produzieren, die im Unterschied zu den Körperzellen nur den »halben«, einfachen Chromosomensatz besitzen:

- **Weibchen** produzieren wenige große, kaum bewegliche, nährstoffreiche Eizellen;
- **Männchen** produzieren viele kleine, bewegliche, nährstoffarme Samenzellen.

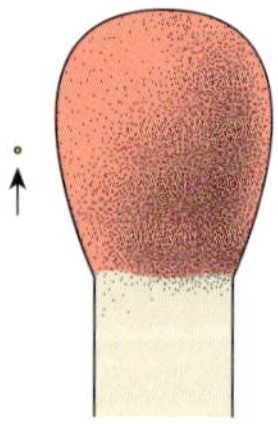

Menschliche Eizelle im Größenvergleich mit einem Streichholzkopf

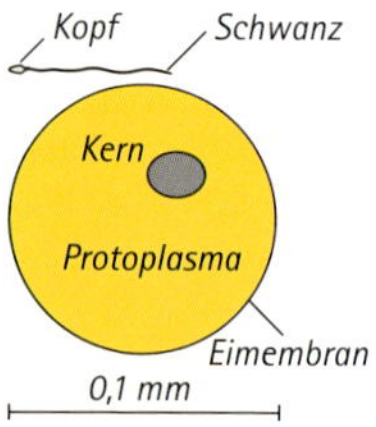

Größenvergleich zwischen Eizelle und Spermium (Mensch)

3.1 Eireifung (Oogenese)

Schon während der Embryonalzeit beginnt bei Mädchen die Eireifung (Oogenese): Aus den Ureizellen **(Oogonien)** entstehen durch **Zellteilungen** (Mitose) ca. 400 000 unreife Eizellen, die **Primärfollikel**, die sich noch vor der Geburt mit einem einschichtigen Zellverband aus Epithelzellen umgeben und in eine **Ruheperiode** eintreten.

Mit dem Beginn der Geschlechtsreife wird das Epithel bei einigen Follikeln mehrschichtig; die **Sekundärfollikel** haben sich gebildet.

Durch Einlagerung von Flüssigkeit (Liquor folliculi) entsteht ein großer Hohlraum, die Follikelhöhle. Der 6 bis 12 mm große Follikel wird nun als **Tertiärfollikel** (GRAAF'scher Follikel) bezeichnet – Eierstöcke von jungen Frauen enthalten ca. 60 bis 70 Tertiärfollikel. Etwa alle 28 Tage wächst ein Tertiärfollikel erneut intensiv heran und es kommt zum **Eisprung**.

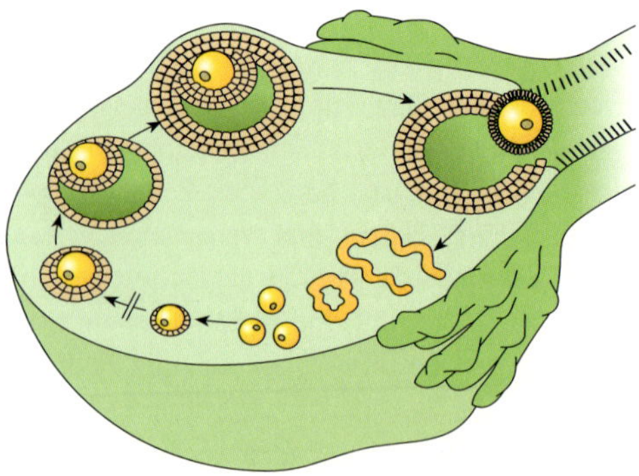

Schematische Darstellung der Eireifung

Die Eizelle ist von Kranzzellen umhüllt und wird durch die ausfließende Follikelflüssigkeit aus dem Eierstock ausgeschwemmt. Der bewegliche **Trichter** am Anfang **des Eileiters** sorgt dafür, dass die Eizelle aufgefangen und im Eileiter in Richtung Gebärmutter transportiert wird.
Die im Eierstock verbleibenden Follikelreste werden zum **Gelbkörper** umgebaut.

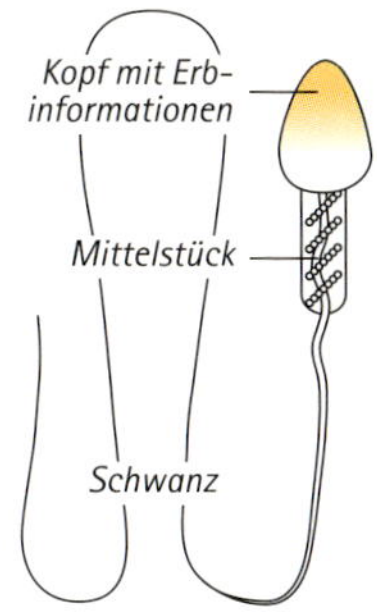

Bau eines Spermiums

3.2 Samenreifung (Spermatogenese)

Mit Beginn der Pubertät bis ins hohe Alter werden in den **Hoden** Spermien gebildet.
Der Hoden besteht aus vielen Fächern, in denen sich die Hodenkanälchen befinden. Hier entstehen aus ursprünglich undifferenzierten Urkeimzellen **Spermatiden**. Aus ihnen entwickeln sich durch Veränderung ihrer Form die **Spermien**. Jedes Spermium besteht aus Kopf, Mittelstück und Schwanzfaden. Im Kopfteil befindet sich die haploide Erbinformation, das Mittelstück liefert mit seinen Mitochondrien die Antriebsenergie, der Schwanzfaden sorgt für die aktive Beweglichkeit. Die Entwicklungszeit zum befruchtungsfähigen Spermium beträgt ca. 70 Tage. Bei jungen Männern werden pro Sekunde bis zu 1000 Spermien produziert. Im Nebenhoden werden die Spermien gelagert, erst hier erlangen sie ihre endgültige Reife.

Ejakulat: Pro Samenerguss werden ca. 2 bis 8 cm^3 Flüssigkeit ausgestoßen, die sich aus Absonderungen des Nebenhodens, Sekreten der Bläschendrüsen und der Prostata zusammensetzt. Pro cm^3 sind ca. 60 bis 200 Mio. Spermien enthalten.

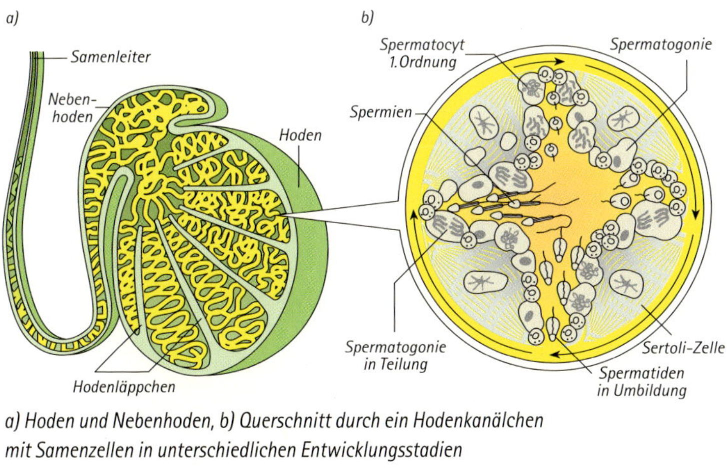

a) Hoden und Nebenhoden, b) Querschnitt durch ein Hodenkanälchen mit Samenzellen in unterschiedlichen Entwicklungsstadien

4 Hormone der Keimdrüsen

Die **Geschlechtshormone** – Östrogene, Gestagene und Androgene – werden in den Keimdrüsen und den Nebennieren gebildet und kommen bei beiden Geschlechtern nebeneinander vor. Sie sind an Wachstum und Ausbildung der primären und sekundären Geschlechtsmerkmale sowie der Reifung von Ei- und Samenzellen maßgeblich beteiligt.

4.1 Der Menstruationszyklus

Zykluslänge: etwa 26 bis 30 Tage. Sie kann aber auch etwas kürzer oder länger sein und ist von äußeren Einflüssen und psychischen Faktoren abhängig. Bei jungen Mädchen schwanken die Zykluslängen zunächst meist stark.

Ist eine Frau nicht schwanger, werden in einem regelmäßigen Zyklus **(Periode)** die obersten Schleimhautschichten der Gebärmutter zusammen mit etwas Blut (50 bis 150 ml in 3 bis 5 Tagen) durch die Scheide nach außen abgegeben. Diesen Vorgang nennt man **Menstruation** (Monats- oder Regelblutung). Die **Steuerung** dieses Zyklus ist relativ kompliziert; Eireifung und Aufbau der Gebärmutterschleimhaut sind dabei exakt aufeinander abgestimmt:

FSH: Follikelstimulierendes Hormon

① Die Freisetzung von **FSH** durch die **Hypophyse** (Hirnanhangsdrüse) führt in den Eierstöcken zur verstärkten Produktion von **Östrogen**. Dadurch verdickt sich die Gebärmutterschleimhaut, ein gut durchblutetes Gewebe entsteht **(Proliferationsphase)**. Gleichzeitig wirkt das Östrogen auf die Hypophyse zurück und fördert die weitere FSH-Ausschüttung, was einen weiteren Anstieg der Östrogenausschüttung bedingt **(Aufschaukelungskreis)**.

LH: Luteinisierendes Hormon

② Die hohen FSH- und Östrogenkonzentrationen führen zur verstärkten Freisetzung von **LH** durch die Hypophyse. Bei maximaler LH-Konzentration platzt der am weitesten herangereifte Follikel auf **(Eisprung)**.

Basaltemperatur: Morgentemperatur, vor dem Aufstehen im After gemessene Temperatur

③ Der im Eierstock zurückbleibende Follikelrest wird zum **Gelbkörper** und setzt während der nächsten ca. 12 Tage **(Lutealphase)** vermehrt Progesteron frei: Dadurch wird die Gebärmutterschleimhaut für die Einnistung und Ernährung einer befruchteten Eizelle umgebaut und erreicht eine Dicke von ca. 5mm **(Sekretionsphase)**. Der Stoffwechsel wird angeregt, die **Basaltemperatur** steigt um ca. 0,5 °C an. Die Freisetzung von FSH und LH wird gebremst.

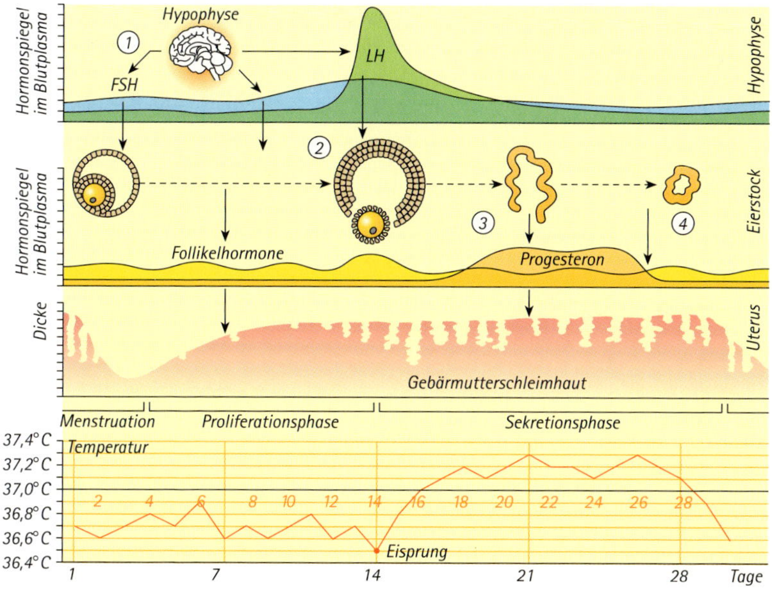

Vorgänge beim weiblichen Zyklus

④ Findet **keine Befruchtung** statt, bildet sich der Gelbkörper zurück, der sinkende Progesteronspiegel führt zur **Menstruation** und der Zyklus beginnt von neuem. Tritt eine **Schwangerschaft** ein, bleiben Gelbkörper und erhöhter Progesteronspiegel erhalten und verhindern einen neuerlichen Eisprung.

Ovulationshemmer

Wird **Progesteron** zwischen dem 5. und 25. Tag eines normalen Zyklus verabreicht, bleibt der Eisprung aus. Hier setzt die so genannte **»Anti-Baby-Pille«** an; sie stellt eines der zuverlässigsten Verhütungsmittel dar. Ihre Wirkung beruht auf einer Mischung von Östrogen und Progesteron, bei regelmäßiger Einnahme wird der Eisprung verhindert.

4.2 Vorgänge bei der Spermienbildung

Unter dem Einfluss von FSH und LH aus der Hypophyse werden in den Leydig'schen Zwischenzellen der Hoden täglich 2 bis 10 mg Androgene (männliche Hormone) gebildet, vor allem **Testosteron**, was u.a. die Spermienbildung fördert. Der Testosteronspiegel beim Mann bleibt relativ konstant, was zu einer kontinuierlichen Samenzellenproduktion führt.

5 Sexuelles Verhalten

Wenn die Keimdrüsen funktionsfähig geworden sind, entsteht der Drang nach sexueller Betätigung. Das Ziel, auf das sich das sexuelle Verhalten letztendlich richtet, ist die körperliche Vereinigung **(Koitus, Beischlaf)**. Dabei führt der Mann seinen erigierten (steifen) Penis in die Scheide der Frau ein. Beim Hin- und Herbewegen des Glieds werden die sensiblen Bezirke der Peniseichel sowie die reizempfindlichen Stellen der Scheide gereizt und die sexuelle Erregung gesteigert. Der Höhepunkt der sexuellen Lust wird als **Orgasmus** bezeichnet. Beim Mann ist er mit der Ejakulation (Samenerguss) gekoppelt. Dabei wird das Sperma durch rhythmische Kontraktionen verschiedener Muskeln in die Scheide geschleudert. Bei Frauen wird der Orgasmus von mehreren heftigen Kontraktionen der Scheiden- und Gebärmuttermuskulatur begleitet.

Pollution: Ein unwillkürlicher Samenerguss, der meist während des Schlafs erfolgt und häufig von sexuellen Träumen begleitet ist.

Das Verhalten, sich selbst zum sexuellen Höhepunkt zu bringen, wird als Selbstbefriedigung **(Onanie, Masturbation)** bezeichnet. Es dient bei Heranwachsenden dazu, mit den eigenen körperlichen Reaktionen vertraut zu werden.

Onanie: Die früher vertretene Auffassung, dass Onanie schädliche Folgen habe, hat sich als unbegründet erwiesen.

Beim **Petting** werden Zärtlichkeiten mit einem Partner ausgetauscht. Dabei berühren sich beide Partner gegenseitig an den Geschlechtsorganen und stimulieren sich bis zum Orgasmus. Dieses Verhalten ist darauf ausgerichtet, die Reaktionen des Partners zu erkunden und zu sexueller Entspannung zu gelangen.

Die geschlechtliche Erregung wächst bei Frauen im Durchschnitt langsamer an als bei Männern. Darauf kann man sich als Mann einstellen und die Partnerin zunächst durch ausgiebiges Schmusen (Vorspiel) in Stimmung bringen. Bei sexueller Erregung sondert die Scheide dann eine Flüssigkeit ab, die das Eindringen und Hin- und Hergleiten des Penis erleichtert. Eine für beide Seiten befriedigende gemeinsame Sexualität ist Grundlage für eine von gegenseitiger Achtung und Zuneigung getragene Beziehung. In einer solchen Umgebung finden wiederum Kinder die günstigsten Bedingungen für ihre Entwicklung.

6 Die Befruchtung

Beim **Koitus** gelangen etwa 3–5 ml Sperma in die Scheide der Frau. Im sauren Milieu der Scheide geht schon ein Großteil der Spermien zugrunde. Die im Ejakulat enthaltenen Spermien müssen die Eizelle aktiv schwimmend aufsuchen, wobei sie **von der Eizelle angezogen** werden. Für den Weg über die Gebärmutterhöhle und den Eileiter, der ca. 15 bis 20 cm lang ist, benötigen sie etwa 1 bis 3 Stunden. Nur wenige Spermien, die fittesten, erreichen überhaupt die Eizelle (etwa 1 von 1 Million). Die erste Samenzelle, die auf die befruchtungsfähige Eizelle trifft, durchstößt mit Hilfe des Akrosoms an seiner Kopfspitze die Eizellenhülle. Sofort danach verändert sich die Hülle so, dass keine weiteren Spermien eindringen können.

Der Kopfteil der Samenzelle mit dem haploiden Erbmaterial beginnt sofort aufzuquellen und mit dem Kern der Eizelle zu verschmelzen. Die befruchtete Eizelle wird nun als **Zygote** bezeichnet und verfügt über einen diploiden (2fachen) Chromosomensatz. Dabei entscheidet die genetische Ausstattung der Spermazelle über das Geschlecht des Embryos.

Geschlechtsbestimmung: Bei der Befruchtung gelangt nur ein einziges Spermium in die Eizelle, dieses trägt entweder ein X- oder Y-Geschlechtschromosom. Eizellen haben stets ein X-Chromosom. XX-Zygoten entwickeln sich zu Mädchen, XY-Zygoten zu Jungen.

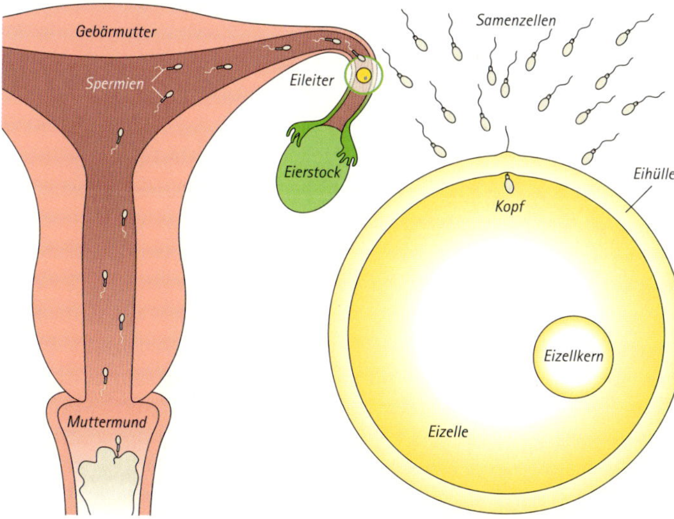

Vorgänge bei der Befruchtung der Eizelle

7 Entwicklung von Embryo und Fetus

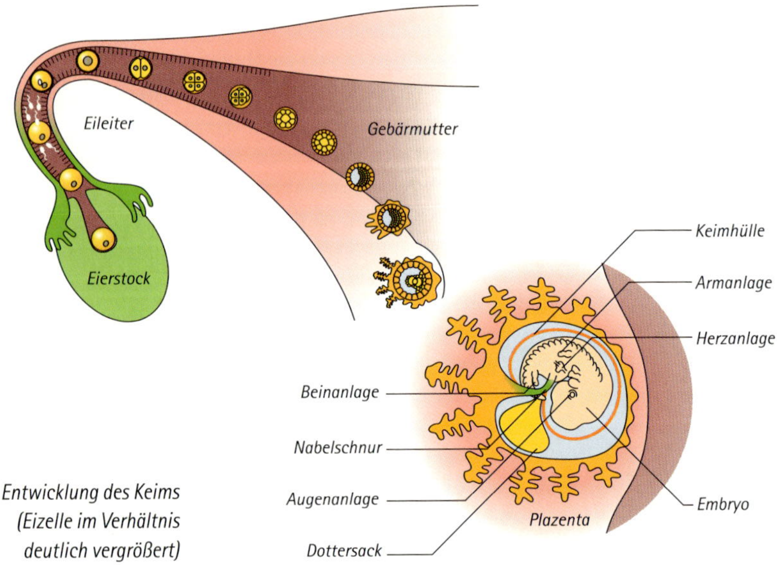

Entwicklung des Keims (Eizelle im Verhältnis deutlich vergrößert)

Die **Zygote** ist die erste Zelle eines neuen Menschen, schon während der Wanderung durch den Eileiter finden erste Zellteilungen statt: Ein dichter Zellhaufen, der **Maulbeerkeim** (Morula), bildet sich. Aus ihm entsteht durch weitere Teilungen eine flüssigkeitsgefüllte Hohlkugel, der **Blasenkeim** (Blastocyste), der sich ca. am 7. Tag nach der Befruchtung in die Gebärmutterschleimhaut einnistet **(Einnistung)**. Aus der **Keimscheibe**, die in den Innenraum des Blasenkeims hineinragt, entwickelt sich der **Embryo**.

Vom Zeitpunkt der Einnistung an bilden die Hüllzellen des Blasenkeims das **Schwangerschaftshormon HCG** (Human Chorion Gonadotropin). HCG bedingt, dass der Gelbkörper im Eierstock erhalten bleibt und Progesteron verstärkt ausgeschüttet wird: Die Gebärmutterschleimhaut wird nicht abgestoßen, die Menstruation bleibt aus, das Wachstum der Brustdrüsen wird angeregt. Gleichzeitig wird die Ausschüttung von FSH verhindert, neue Eizellen können im Eierstock nicht heranreifen.

Schwangerschaftstest: Da der Überschuss von HCG über den Harn ausgeschieden wird, kann mit Teststäbchen aus der Apotheke überprüft werden, ob im Urin HCG enthalten, also eine Schwangerschaft eingetreten ist. Dieser Nachweis ist bereits 6 bis 8 Tage nach Eintritt der Empfängnis möglich.

Aus den Hüllzellen des Blasenkeims entwickelt sich der Mutterkuchen, die **Plazenta**. Sie stellt eine optimale Versorgung des Embryos sicher. Der Embryo ist über die **Nabelschnur** angeschlossen: Das Blutgefäßsystem des Embryos steht mit Verzweigungen des mütterlichen Blutgefäßsystems in engem Kontakt und erhält Nährstoffe und Sauerstoff; Abfallstoffe und Kohlenstoffdioxid werden an den mütterlichen Kreislauf abgegeben.

In der 4. Schwangerschaftswoche beginnt ein deutliches **Differenzierungswachstum**: Die Anlagen für Kopf, Hände, Füße, Augen, Ohren und Herz entstehen, kurze Zeit später beginnt das Herz zu schlagen. Im 3. Monat wachsen Gehirn und Rückenmark besonders stark; Arme und Beine verlängern sich, die Ausbildung der Geschlechtsorgane erfolgt. Am Ende des 3. Monats sind die Gliedmaßen voll ausgebildet und alle Organe angelegt. Die Embryonalzeit ist damit abgeschlossen, die **Fetalzeit** beginnt.

In den Folgemonaten wächst und differenziert sich der Fetus (Fötus) besonders stark: Die Organe erreichen im 7. Monat ihre Funktionsfähigkeit, Fettpolster werden angelegt und wichtige Regulationszentren im Gehirn reifen heran.

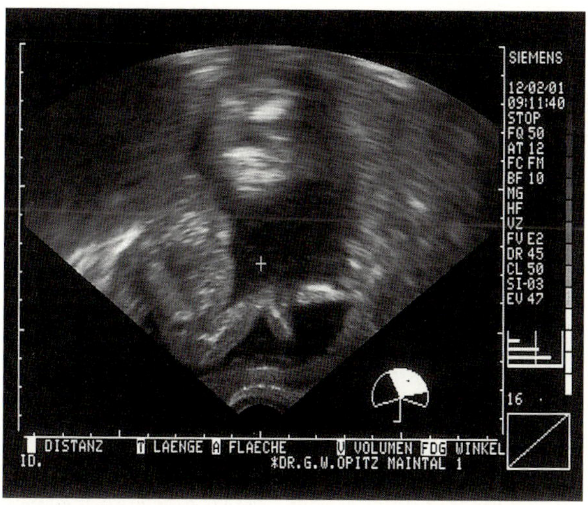

Menschlicher Fetus (Ultraschallaufnahme)

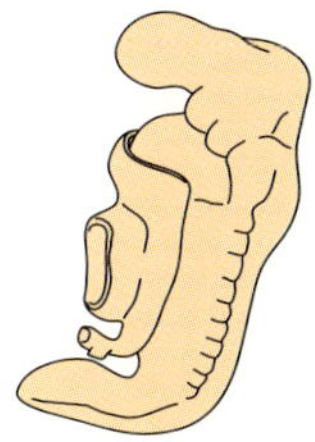

24 Tage alt

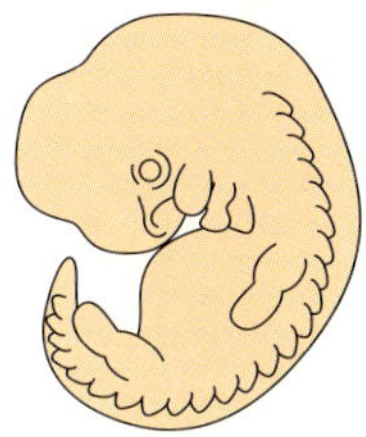

Anfang des 2. Monats

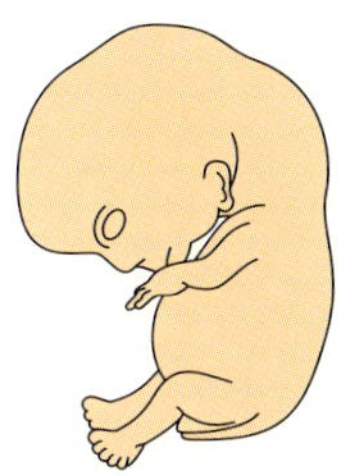

Ende des 2. Monats (Embryo, 3cm groß, 1 g schwer)

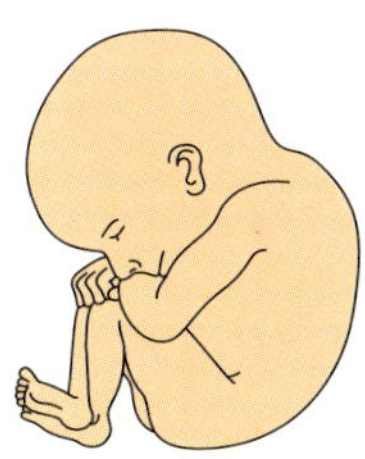

Ende des 4. Monats (Fetus ,18 cm groß, 108 g schwer)

Menschliche Keimlinge

8 Schwangerschaft und Geburt

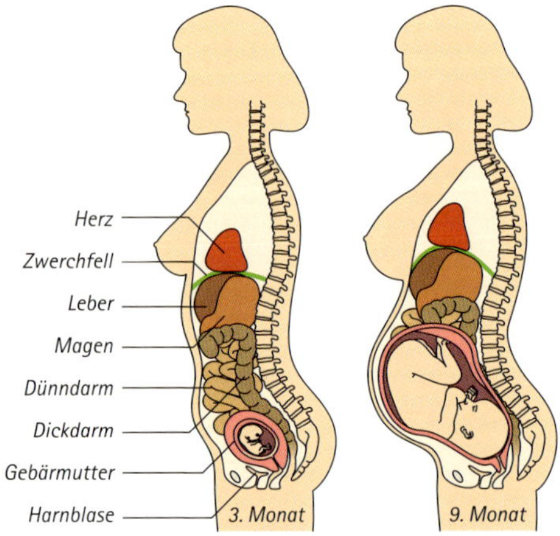

Platzbedarf des Embryos bzw. Fetus in der Mutter

Der ständig größer und schwerer werdende Embryo/Fetus beansprucht immer mehr Raum, **Gebärmutter** und **Plazenta** wachsen mit dem Kind mit. Etwa im 4. Monat beginnt sich der Bauch der Schwangeren erkennbar zu runden, die Mutter verspürt erstmals deutlich die Bewegungen des Kindes. Ab dem 8. Monat drückt die Gebärmutter auf Blase, Magen und Wirbelsäule, was häufig zu Harndrang, Sodbrennen und Kreuzschmerzen führt. Im 10. Monat, nach ca. 40 Wochen, senkt sich die Gebärmutter und die Schwangerschaft geht nach etwa 270 Tagen zu Ende. Die Mutter hat zu diesem Zeitpunkt im Schnitt 10 bis 12 kg zugenommen.

Der **Geburtsvorgang** wird von Hormonen ausgelöst: **Oxytocin**, das Wehenhormon, wird von der mütterlichen und kindlichen Hypophyse ausgeschüttet und veranlasst im Zusammenspiel mit Östrogenen und Progesteronen, die von der Plazenta gebildet werden, die **Wehen**.

Wehen öffnen den Geburtskanal.

Die **Eröffnungswehen** führen dazu, dass sich die Gebärmuttermuskulatur wellenförmig von oben nach unten zusammenzieht. Hierbei weitet, öffnet sich der Geburtskanal (Gebärmutter, Scheide und Beckenboden). 96 von 100 Babys liegen in der Kopflage, so dass vom Kopf des Kindes ein Teil der Fruchtblase durch den Gebärmuttermund nach außen gedrückt wird. Bei sehr hohem Druck reißt die Fruchtblase ein und ein Teil des Fruchtwassers fließt ab.

Nun setzen die sehr viel heftigeren und regelmäßigeren **Austreibungs**- bzw. **Presswehen** ein. Der Geburtskanal, der durch die Weite der Beckenöffnung festgelegt ist, ist maximal geöffnet. Unter »Pressen« der Mutter wird das Kind durch den Geburtskanal gedrückt. Hierzu spannt die Mutter

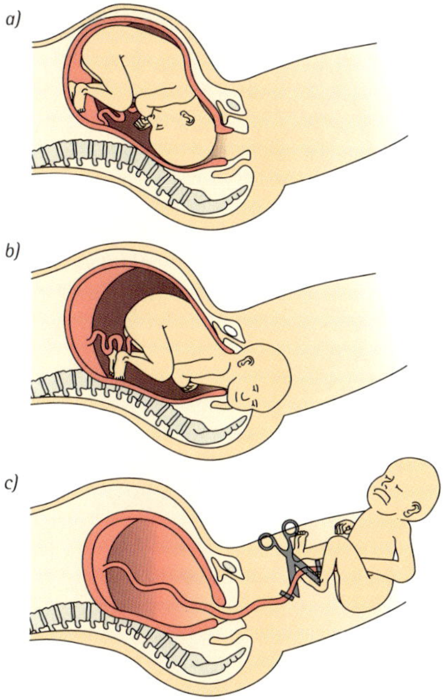

Die Geburt eines Kindes: a) kurz vor der Geburt, b) Austreibungsphase, c) Abnabelung

Auslösung der Wehen

die Bauchdeckenmuskulatur an und drückt durch tiefes Einatmen das Zwerchfell nach unten. Dieses Mitpressen steigert den Presswehendruck bis auf das Dreifache. Ist der Kopf des Kindes herausgepresst, erscheint der restliche Körper sehr schnell, das übrige Fruchtwasser fließt ab.

Kaiserschnitt: Ist die Beckenöffnung zu eng, werden unter Narkose der Bauch und die Gebärmutter im unteren Teil aufgeschnitten und das Kind wird direkt aus der Plazenta geholt.

Das Kind wird kurz mit den Beinen nach oben gehalten, damit es beim ersten Einatmen keine Schleimreste durch Mund oder Nase ansaugt. Mit dem ersten eigenen Atemzug entfalten sich die Lungen und das Kind beginnt zu atmen. Es erfolgt die **Abnabelung** des Kindes; die Nabelschnur wird steril durchtrennt.

Durch die **Nachgeburtswehen** löst sich die Plazenta von der Gebärmutterwand ab und wird mit der Haut der Fruchtblase und dem Rest der Nabelschnur als Nachgeburt ausgestoßen. Dabei werden Blutgefäße verletzt, die Mutter verliert ca. 300 ml Blut.

Geburtsdauer: Bei Erstgebärenden häufig 10 bis 12 Stunden. Bei weiteren Geburten im Allgemeinen kürzer.

Auf einen Blick: Fortpflanzung, Entwicklung, Sexualität

Pubertät

- Hormonelle Umstellungen bewirken in der Phase der Pubertät zahlreiche körperliche und seelische Veränderungen, die sekundären Geschlechtsmerkmale entwickeln sich, in den Keimdrüsen werden haploide Keimzellen gebildet:
Bei der Frau wenige große, kaum bewegliche, nährstoffreiche Eizellen; beim Mann viele kleine, bewegliche, nährstoffarme Samenzellen.

Ei- und Samenreifung; die Geschlechtshormone

- Schon vor der Geburt entwickeln sich bei Mädchen die Primärfollikel, die mit Eintritt der Pubertät zu Sekundärfollikeln heranreifen. Durch Einlagerung von Flüssigkeit entstehen die Tertiärfollikel. Bei Jungen setzt mit Beginn der Pubertät die Spermienbildung ein, es entstehen Spermatiden, die sich durch Formveränderungen zu Spermien mit Kopf, Mittelstück und Schwanzfaden entwickeln.
- Beim Mann wird in den Leydig'schen Zwischenzellen des Hodens Testosteron gebildet. Bei der Frau sind über einen Regelkreis unter Kontrolle der Hormone FSH, LH, Östrogen und Progesteron aus Hypophyse und Eierstöcken die Eireifung und der Aufbau der Gebärmutterschleimhaut sinnvoll aufeinander abgestimmt und zeigen einen zyklischen Verlauf (Menstruationszyklus).

Befruchtung

- Das erste am Ei ankommende Spermium dringt in die Eizelle ein. Die beiden haploiden Zellkerne von Ei- und Spermazelle verschmelzen. Die befruchtete Eizelle wird als Zygote bezeichnet, ihr Chromosomensatz ist diploid.

Embryonalentwicklung und Schwangerschaft

- Durch Zellteilungen entsteht aus der Zygote die Morula (Maulbeerkeim). Aus ihr entwickelt sich die Blastocyste (Blasenkeim) mit Keimscheibe, die sich in die Gebärmutterschleimhaut einnistet. Die Plazenta (Mutterkuchen) stellt die Verbindung zum mütterlichen Kreislauf her. Aus der Keimscheibe entsteht der Embryo, der ab dem 4. Schwangerschaftsmonat als Fetus bezeichnet wird. Über die Nabelschnur ist er mit der Plazenta verbunden. Nach ca. 40 Wochen, 270 Tagen, ist die Entwicklung abgeschlossen, die Schwangerschaft geht zu Ende. Durch heftige Kontraktionen (Wehen) der Gebärmuttermuskulatur, Weitungen des Geburtskanals und aktives Pressen wird das Kind »ausgetrieben«. Das Kind wird abgenabelt, die Plazenta als Nachgeburt ausgestoßen.

Vererbung

Alle Lebewesen der Erde geben ihre Merkmale und Eigenschaften an die nächsten Generationen weiter. Diese Weitergabe findet nach eindeutigen Regeln und mit erstaunlicher Präzision statt. Grundlage sind die Erbanlagen oder Gene, die in jeder Zelle vorhanden sind. Sie steuern die Ausbildung der Merkmale und Eigenschaften. Durch Mutationen können sie verändert werden. Dadurch entstehen manchmal vorteilhafte Eigenschaften, die in der Pflanzen- und Tierzucht genutzt werden. Aber auch Krankheiten und Fehlbildungen können so hervorgerufen werden. Mit der Gentechnik ergeben sich völlig neuartige Möglichkeiten des Eingriffs in die Vererbungsvorgänge.

1 Anlage und Umwelt

Die Vererbungslehre klärt, wie die Weitergabe von genetischer Information **erfolgt. Sie stellt allgemeingültige Regeln und Gesetze auf und sucht nach Erklärungen für** Erbgänge.

Die Vererbungslehre gründet auf der uralten und uns allen geläufigen Erfahrung, dass Geschwister einander und ihren Eltern im Allgemeinen ähnlicher sind als nicht verwandten Artgenossen. Eineiige Zwillinge sind sich oft derart ähnlich, dass sie selbst von guten Bekannten oder Freunden nicht auseinander gehalten werden können. Ebenso ist seit alters her bekannt, dass sich bei Tier- und Pflanzenzüchtungen gewisse **Merkmale** der ursprünglichen Formen betonen, andere unterdrücken lassen. Demnach muss jedes Lebewesen von seinen Vorfahren die Fähigkeit erhalten haben, bestimmte Merkmale und Eigenschaften auszubilden und auf seine Nachkommen zu übertragen.

> Die Gesamtheit aller Merkmale bildet das jeweilige Erscheinungsbild, den **Phänotyp** eines Individuums, das von der Gesamtheit seiner Erbanlagen, dem **Genotyp**, abhängig ist.

Variabilität

An einem Nadelbaumästchen wurden die Längen aller Nadeln ausgemessen. Trägt man das Merkmal Nadellänge in Abhängigkeit von seiner Häufigkeit in ein Koordinatensystem ein, so erhält man eine charakteristische Kurve: Während sehr kurze und sehr lange Nadeln nur selten auftreten, sind mittlere Längen gehäuft vorhanden. Trotz gleicher Erbanlagen und gleicher Umwelt – hiervon können wir ausgehen, da die Nadeln von einem Ast eines Individuums stammten – kommt es zu unterschiedlichen Ausbildungen des Merkmals Nadellänge.

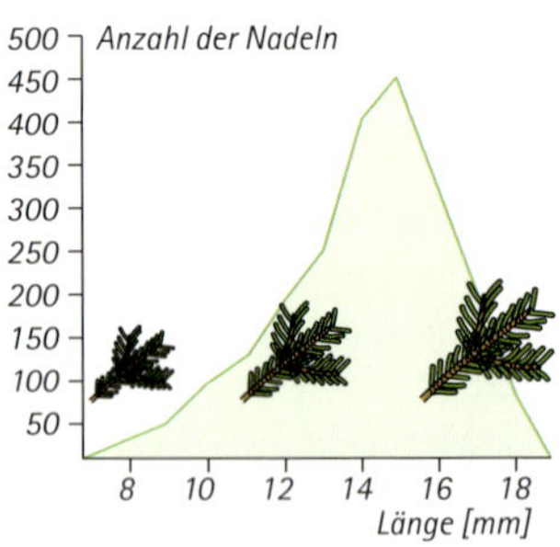

Variabilität von Nadeln

Dieses Phänomen begegnet uns in allen Bereichen der Vererbung und wird als **Variabilität** bezeichnet. Es bedeutet, dass ein Merkmal nicht absolut durch das Erbgut bestimmt wird, sondern mit einer gewissen Variationsbreite, einer **Reaktionsnorm** vererbt wird. Festgelegt sind die oberen und unteren Grenzen, die Ausprägung selbst erfolgt zufällig.

Löwenzahnpflanzen (*Taraxacum officinale*) aus dem Samen einer einzigen Löwenzahnstaude entwickeln sich im Hochgebirge ganz anders als im Tiefland.

Modifikation

Modifikationen des Löwenzahns (links Pflanze im Tiefland, rechts im Hochgebirge gewachsen)

Das Phänomen zeigt sich auch im Experiment: In zwei unterschiedlich »gute« Böden wurden erbgleiche Bohnen gepflanzt und großgezogen. Die geernteten Bohnen wurden in Größenklassen sortiert. Die Bohnen aus dem guten Boden variierten zwischen 17 und 23 mm, die aus dem schlechteren Boden zwischen 8 und 14 mm Länge.
Unterschiedliche **Umweltbedingungen** führen zu Veränderungen in der Merkmalsausbildung. Dies bezeichnet man als **Modifikation**.
Auch im Bohnenzuchtversuch variiert die Größe um einen bestimmten Wert. Diese Variationsbreite ist aber vom jeweiligen Umweltfaktor mitbestimmt. Durch die unterschiedlichen Umwelteinflüsse werden unterschiedliche Bereiche der Variationsbreite bevorzugt und tragen zur entsprechenden Modifikation bei. Die Unterschiede zwischen den Individuen entstehen in einem komplizierten Zusammenspiel von Erbanlagen und Umwelteinflüssen.

Das Erbgut bestimmt die Reaktionsnorm.

2 Die *Mendel*schen Regeln

Gregor Mendel (1822–1884)

Wir wollen uns nun mit den wohl bekanntesten Regeln in der Vererbungslehre beschäftigen, die nach dem Augustinerpater *Gregor Mendel* die drei **Mendelschen Regeln** genannt werden. Die Regeln werden anhand einfacher Beispiele erklärt, die ganz bewusst auf die Versuche von *Mendel* selbst zurückgehen.

2.1 Die erste Mendelsche Regel

Mendel benutzte bei seinen Untersuchungen Erbsensorten, die sich in verschiedenen Merkmalen unterschieden, z. B. in der Farbe, Größe, Stellung der Blüten oder in der Farbe, Form, Größe der Samen. Kreuzte er reinerbige Individuen von Erbsen, die seit Generationen nur gelbe Samen hatten, mit solchen, die seit Generationen nur grüne Samen hatten, so erhielt er völlig einheitliche Nachkommen. Alle Samen waren gelb.

Kreuzungsergebnis der ersten Mendelschen Regel

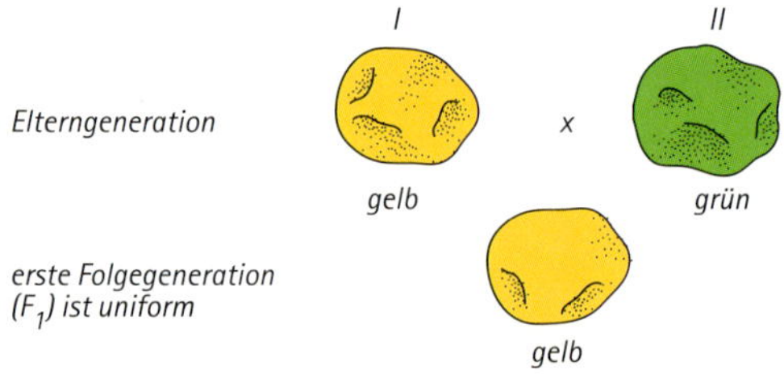

Dominant-rezessiver Erbgang

Alle Nachkommen in der 1. Folgegeneration, der **F_1-Generation**, ähnelten dem einen Elter. Wir sprechen deshalb von einem **dominant-rezessiven Erbgang**, weil das Merkmal des Elter I das Merkmal des Elter II überlagert und das Merkmal des Elter II verborgen bleibt. Das Merkmal gelb ist also **dominant** gegenüber dem Merkmal grün, das **rezessiv** ist. Diese Beobachtungen führten zur Formulierung der ersten *Mendel*schen Regel, der **Uniformitätsregel**.

Uniformitätsregel: Kreuzt man zwei reinerbige Individuen, die sich in einem Merkmal unterscheiden, so erhält man mischerbige F1-Nachkommen, die alle uniform (einheitlich) sind. Sie ähneln dem einen Elter.

Unvollständig dominante Vererbung

Bei Kreuzungsexperimenten mit der japanischen Wunderblume waren zwar die Blüten aller Nachkommen ebenfalls uniform rosa, sie stimmten jedoch **nicht** mit den Blütenfarben rot und weiß der beiden Eltern überein. Das untersuchte Merkmal stand bei den Nachkommen also genau zwischen den beiden Ausgangsmerkmalen. In diesem Fall spricht man von **unvollständig dominanter Vererbung**.

2.2 Die zweite Mendelsche Regel

Mendel interessierte, was in späteren Folgegenerationen geschieht und ob Merkmale, die in der F_1-Generation verschwunden waren, wieder auftauchen oder nicht. Er hat deshalb die mischerbigen Individuen der F_1-Generation durch Selbstbefruchtung weitervermehrt. Von 8023 ausgewerteten Erbsensamen waren in der zweiten Folgegeneration, der **F_2-Generation**, 6022 gelb und 2001 grün gefärbt, was ungefähr einem **Verhältnis von 3:1** entspricht. Das in der F_2-Generation verschwundene rezessive Merkmal trat also wieder auf!

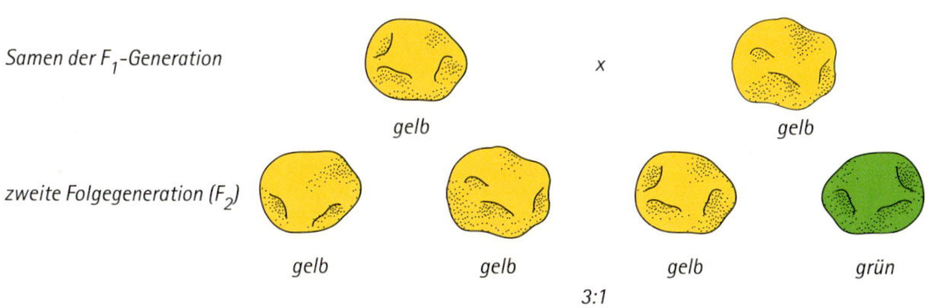

Kreuzungsergebnis der zweiten Mendelschen Regel

Wurden die Individuen der F_2-Generation untereinander weitervermehrt, so traten bei der Kreuzung der Individuen mit dem rezessiven Merkmal grün nur grüne Nachkommen auf, während sich die Nachkommen der Individuen mit dem ursprünglich dominanten Merkmal gelb erneut aufspalteten:

Ein Drittel zeigte in allen Folgegenerationen nur das dominante Merkmal, zwei Drittel spalteten sich jedoch erneut im Zahlenverhältnis 3:1 auf. Dies ist nur dadurch zu erklären, dass die **phänotypisch gleich** aussehenden Individuen, die das dominante Merkmal tragen, **im Genotyp unterschiedlich** sein müssen. Diese Deutung wird durch die Ergebnisse bei unvollständig dominanten Erbgängen erhärtet. Hier ergibt sich bei der Kreuzung von Individuen der F_1-Generation der japanischen Wunderblume folgende Aufspaltung:

Kreuzungsergebnis bei unvollständig dominantem Erbgang

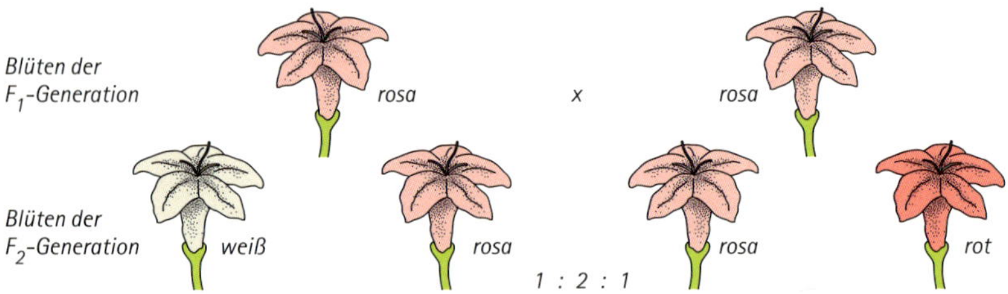

Spaltungsregel: Kreuzt man Nachkommen der ersten Folgegeneration untereinander, so stellt man eine Aufspaltung der Merkmale der Elterngeneration fest.

Diese Spaltung kommt in der F_2-Generation in bestimmten **Zahlenverhältnissen** der Merkmalsausprägung zum Ausdruck: bei dominantem Erbgang im Verhältnis 3:1, bei unvollständig dominantem Erbgang im Verhältnis 1:2:1.

2.3 Genetische Deutung Mendelscher Regeln

Alle Lebewesen bestehen aus Zellen und alle Zellen eines Individuums besitzen die **gleichen genetischen Anlagen**. Diese genetische Information erhält jeder Organismus bei der Befruchtung einer Eizelle durch eine Samenzelle. Hierbei entsteht die so genannte **Zygote**, aus der sich der gesamte spätere Organismus entwickelt. Jede Zelle enthält also jede Information in **doppelter Ausführung**, wenn wir davon ausgehen, dass sowohl die Ei- als auch die Samenzelle eine komplette genetische Information mitgebracht haben. Die Zygote wird als **diploid** bezeichnet.

Für jedes Merkmal (Phän) gibt es zwei Anlagen (Gene)!

Nun können die beiden Anlagen, die ein Merkmal bedingen, **gleich** oder **unterschiedlich** sein. Bereits *Mendel* benutzte zur Charakterisierung von unterschiedlichen Merkmalen Buchstabensymbole. Er bezeichnete das dominante Merkmal mit einem großen, das entsprechende rezessive Merkmal mit dem entsprechenden kleinen Buchstaben, z. B. G und g. Die beiden Anlagen, die bestimmen, in welchen Formen ein Merkmal auftreten kann, nennt man **Allele**. In der Erbformel für ein bestimmtes Merkmal stehen die beiden Buchstaben für die beiden Allele.

Ein Individuum mit gleichen Anlagen wird als reinerbig **oder** homozygot, **ein Individuum mit verschiedenen Anlagen als** mischerbig **oder** heterozygot **bezeichnet.**

Die **homozygoten** (reinerbigen) Eltern unseres ersten Beispiels haben also die Erbformeln GG (gelb) und gg (grün), während die F_1-Individuen die Erbformel Gg aufweisen (gelb) und damit **heterozygot** (mischerbig) sind. Während die homozygoten Individuen nur Ei- oder Samenzellen bilden können, die entweder die Anlagen G oder g enthalten, können die heterozygoten Individuen sowohl Ei- oder Samenzellen mit den Anlagen G als auch solche mit den Anlagen g ausbilden und zwar mit gleicher Wahrscheinlichkeit. Für unser erstes Kreuzungsbeispiel (s. 2.1) ergibt sich dann:

Genotypen der Kreuzung von gelben und grünen Erbsensamen

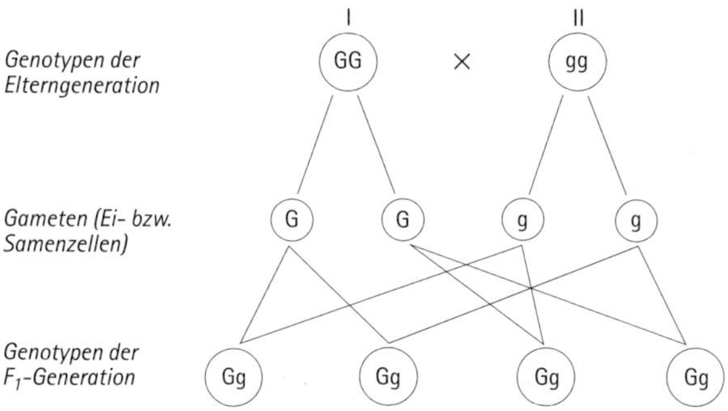

Kreuzungsschema

Für ein problemloses Finden der oben genannten Kombinationsmöglichkeiten hat sich in der Praxis – besonders zur Ermittlung der Zahlenverhältnisse in der F_2-Generation – die Darstellung in Form eines Kreuzungsschemas bewährt. Daraus lässt sich entnehmen, in welchen Zahlenverhältnisse sich die Merkmale im Genotyp kombiniert haben.

Für die beiden *Mendel*schen Regeln sieht dies folgendermaßen aus:

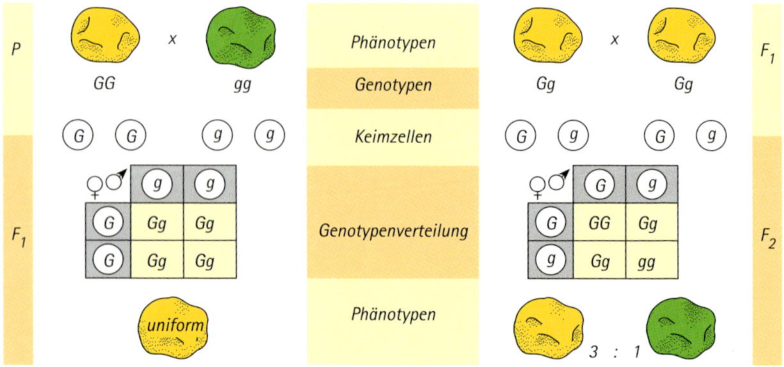

Kreuzungsschemata der ersten und zweiten Mendel*schen Regel*

Rückkreuzung

Bei dominant-rezessivem Erbgang gibt es Individuen, die sich trotz unterschiedlicher Genausstattung im Phänotyp weitgehend gleichen. Woher weiß man, ob ein Merkmal homozygot (reinerbig) oder heterozygot (mischerbig) vorliegt? Genetiker führen bei dieser Frage eine so genannte **Rückkreuzung** durch. Das ist eine Kreuzung mit dem homozygot rezessiven Elter. Das Ergebnis fällt verschieden aus, je nachdem, ob das Individuum mit dem dominanten Merkmal reinerbig oder mischerbig ist:

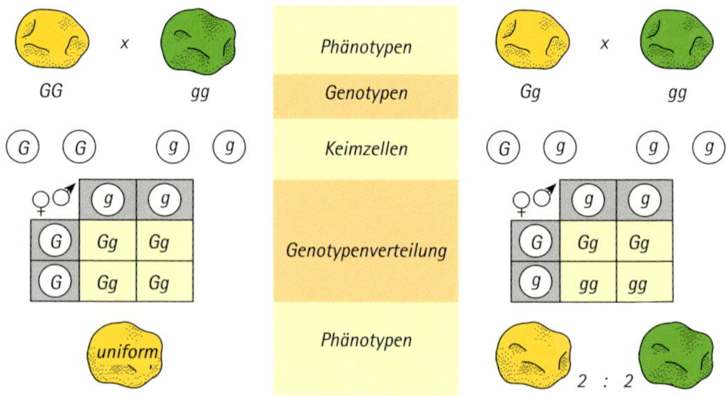

Kreuzungsschemata zur Rückkreuzung mit reinerbigem und mischerbigem Individuum

2.4 Die Mendelschen Regeln beim Menschen

Das AB0-Blutgruppensystem

Im Jahre 1901 wurden von *Landsteiner* (1868–1944) die verschiedenen Blutgruppen beim Menschen entdeckt. Wir unterscheiden die **vier Blutgruppen A, B, AB und 0**. Die Blutgruppenmerkmale sind umweltstabil und gehorchen den *Mendel*schen Regeln. Bei ihrer Vererbung handelt es sich um einen dominant-rezessiven Erbgang: **A und B sind gegenüber 0 dominant**.

Gleichzeitig tritt das Phänomen der **Kodominanz** auf: Die beiden Allele A und B verhalten sich bei der Vererbung gleichsam dominant, ohne sich jedoch gegenseitig zu beeinflussen und bilden so die vierte Blutgruppe AB.

Multiple Allelie

Eine weitere Besonderheit gegenüber den beschriebenen Erbgängen liegt darin, dass nicht wie bisher zwei Allele, sondern drei Allele ein Gen bestimmen. Dieses Phänomen bezeichnet man als **multiple Allelie**.

Die Blutgruppenmerkmale A und B sind durch so genannte **Antigene** charakterisiert, die an der Zellmembran der roten Blutkörperchen sitzen. Die roten Blutkörperchen der Blutgruppe A besitzen das Antigen A, diejenigen der Blutgruppe B das Antigen B, die der Blutgruppe AB die Antigene A und B, die der Blutgruppe 0 besitzen hingegen keine Antigene.

Die Blutgruppen des Menschen

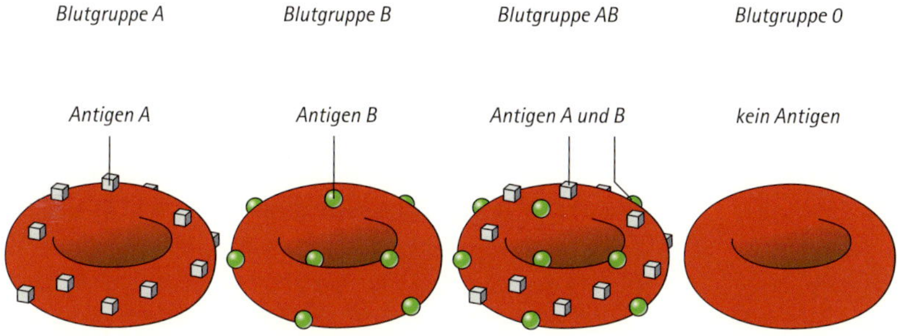

Phänotyp	Genotyp
A	AA oder A0
B	BB oder B0
AB	AB
0	00

Phänotypen und Genotypen der Blutgruppen

Menschen mit den Blutgruppen 0 und AB sind also immer homozygot definiert, während die Blutgruppen A und B entweder homozygot durch die Genotypen AA und BB oder heterozygot durch die Genotypen A0 und B0 entstehen können. Das führt bei der Vererbung der Blutgruppen zu verschiedenen Ergebnissen.

Welche Blutgruppen sind beispielsweise bei Kindern zu erwarten, wenn die Mutter die Blutgruppe AB und der Vater die Blutgruppe B besitzt? Da unklar ist, ob die Anlagen beim Vater BB oder B0 sind, müssen wir zwei Möglichkeiten in Betracht ziehen:

a)

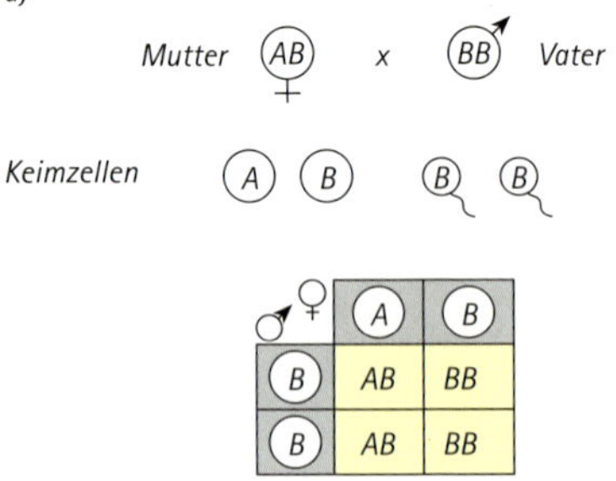

b)

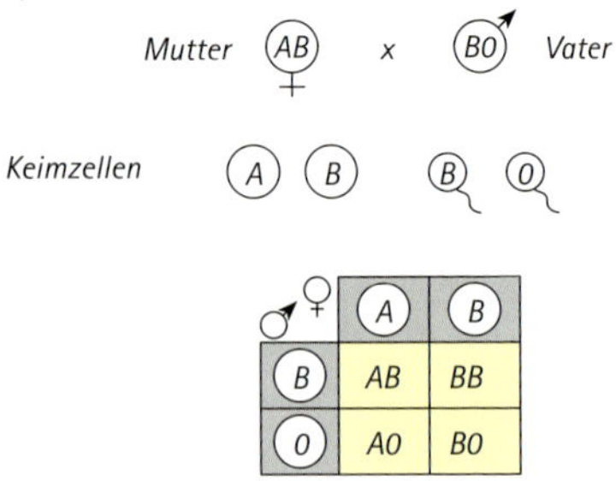

Kreuzungsschemata zur Vererbung von Blutgruppen

Mit Ausnahme der Blutgruppe 0 können die Kinder dieser Eltern also alle Blutgruppen besitzen: A, B und AB.

Die Vererbung des Rhesus-Faktors

Der Rhesus-Faktor ist neben dem AB0-System eine weitere Blutgruppeneigenschaft. Seinen Namen hat er von den Rhesusaffen, bei denen er zuerst entdeckt wurde.

In Mitteleuropa sind etwa 85 % der Einwohner **rhesus-positiv** und etwa 15 % **rhesus-negativ**. Dabei verhält sich die rhesus-positive Eigenschaft dominant (Rh) gegenüber der rhesus-negativen (rh) Eigenschaft und stellt von der Vererbung her betrachtet kein besonderes Problem dar. Allerdings kann es problematisch werden, wenn die Mutter rhesus-negativ ist und rhesus-positive Kinder bekommt.

Eine rhesus-negative Mutter und ein rhesus-positiver Vater haben zwei Kinder, ein rhesus-positives und ein rhesus-negatives. Welche genetischen Anlagen liegen bei den Eltern vor? Die Mutter muss die Anlagen rhrh besitzen, da sich rhesus-negativ rezessiv verhält. Der Vater könnte die Anlagen RhRh oder Rhrh haben. Das rhesus-negative Kind muss von Mutter und Vater eine rh-Anlage erhalten haben, also kommt für den Vater nur die Anlage Rhrh in Frage.
Da der Vater heterozygot Rhrh ist, beträgt die Wahrscheinlichkeit für rhesus-positive Kinder statistisch gesehen 50 %. Bei einem reinerbigen Vater wären alle Kinder rhesus-positiv. Für das erste rhesus-positive Kind einer rhesusnegativen Mutter bestehen noch keine Probleme. Da es beim Geburtsvorgang allerdings oft zu einem Kontakt zwischen kindlichem und mütterlichem Blut kommt, bildet die Mutter Antikörper gegen das kindliche Blut. Für alle folgenden rhesus-positiven Kinder besteht nun die Gefahr, dass ihr Blut durch die mütterlichen Antikörper geschädigt wird. Bei betroffenen Kindern kommt es dann häufig zu Stoffwechselschäden, z. B. zur Gelbsucht. Heute ist das Problem medizinisch weitgehend gelöst und stellt somit kaum noch eine Gefahr für Mutter und Kind dar.

2.5 Die dritte Mendelsche Regel

Bisher haben wir uns mit Erbgängen beschäftigt, bei denen sich die Eltern nur in Bezug auf **ein Merkmalspaar** unterschieden haben. Schon *Mendel* hat sich bei seinen Kreuzungsexperimenten mit der Gartenerbse allerdings nicht hierauf beschränkt, sondern seine Untersuchungen auf **zwei und mehr Merkmalspaare** ausgedehnt.

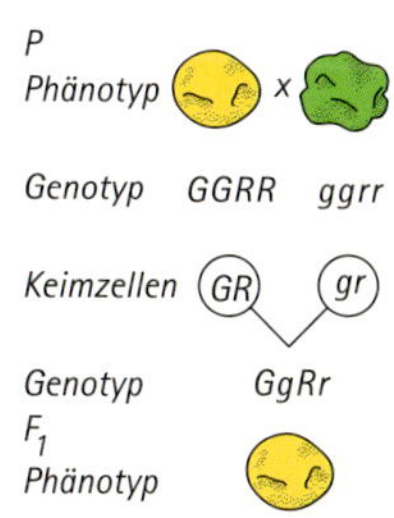

Kreuzung bei dihybridem Erbgang

Mendel wählte als Merkmalspaar **Farbe und Form** seiner Erbsensamen. Seine reinerbigen Elternpflanzen besaßen entweder gelbe und runde oder grüne und runzlige Samen. Die F_1-Generation war erwartungsgemäß uniform. *Mendel* fand nur gelbe und runde Samen. Die Allele für gelb und runzlig waren also dominant gegenüber den Allelen für grün und runzlig. Daraus ergeben sich als Genotypen der Elterngeneration GGRR und ggrr.

Die mischerbigen Samen der F_1-Generation waren alle genotypisch GgRr. Bei Kreuzung dieser Mischlinge fand *Mendel* alle möglichen Merkmalskombinationen. Von insgesamt 556 Samen waren 315 geld und rund, 101 gelb und runzlig, 108 grün und rund sowie 32 grün und runzlig. In der F_2-Generation ergibt sich also eine Aufspaltung der Merkmalskombinationen im **Verhältnis von 9 : 3 : 3 : 1**.

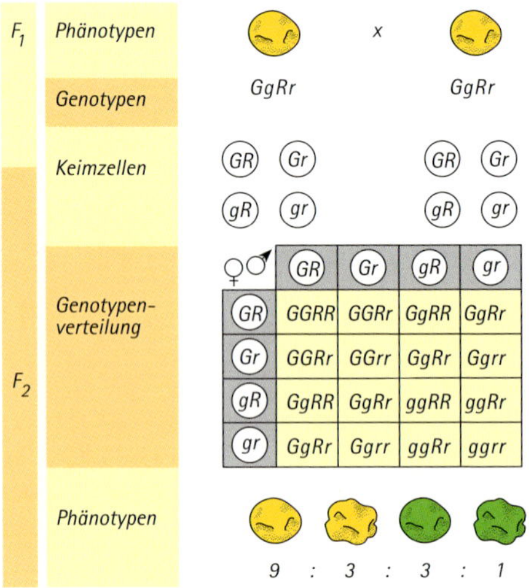

Kreuzungsschema zur dritten Mendelschen Regel

Die gefundene Gesetzmäßigkeit wird in der dritten **Regel von der freien Kombinierbarkeit der Gene** ausgedrückt, der **Unabhängigkeitsregel**:

Unabhängigkeitsregel: Bei der Kreuzung von Individuen, die sich in zwei oder mehr Merkmalen unterscheiden, verhalten sich die Erbanlagen unabhängig voneinander und können frei kombiniert werden. In der F_2-Generation treten dem Zufall gemäß alle möglichen Kombinationen der Merkmale in bestimmten Zahlenverhältnissen auf.

Bei einem dihybriden Erbgang mit 2 Merkmalspaaren erhalten wir gegenüber einem monohybriden Erbgang mit 1 Merkmalspaar, bei dem 3 Genotypen in der F_2-Generation auftreten, bereits 9 Genotypen.

3 Chromosomen und Vererbung

3.1 Die Träger der Erbanlagen

Chromosomen: Träger der Erbanlagen

Als *Mendel* 1865 seine Gesetzmäßigkeiten aufstellte, kannte man auch schon die **Chromosomen**, die etwa um das Jahr 1850 entdeckt worden waren. Einen Zusammenhang zwischen *Mendels* Erbfaktoren und den Chromosomen sah man damals allerdings noch nicht. Erst im Jahre 1903 stellten *Boveri* (1862–1924) und *Sutton* (1861–1916) unabhängig voneinander die Theorie auf, die besagte, dass die Chromosomen die **Träger der Erbinformationen** sind.

Im lichtmikroskopischen Bild lässt sich nur die Grobstruktur der Chromosomen erkennen. Die Aufnahme eines Metaphasechromosoms mit dem Rasterelektronenmikroskop lässt schon mehr Details erkennen: Deutlich sind zwei Längshälften zu sehen, die **Chromatiden**, die durch die Verdopplung der Erbinformation vor der Zellteilung entstanden sind. Am **Centromer** hängen die beiden Chromatiden bis zu ihrer Trennung in der Anaphase zusammen. Das Centromer ist die Ansatzstelle der Spindelfasern, die die Chromatiden voneinander trennen.

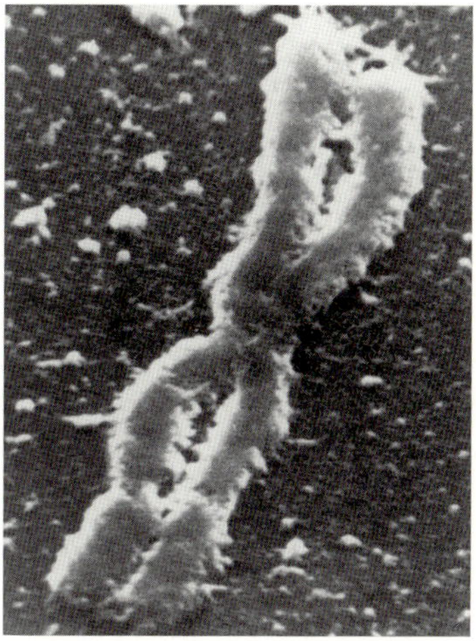

Rasterelektronenmikroskopische Aufnahme eines Metaphasechromosoms

Jeder Mensch besitzt im diploiden Chromosomensatz seiner Körperzellen 46 Chromosomen, die sich zu 23 homologen Chromosomenpaaren ordnen lassen. Um sie bildlich darzustellen, werden Leukocyten aus einer Blutprobe zu Zellteilungen angeregt. Anschließend werden Zellkerne ausgesucht, die sich gerade in einem Metaphasestadium befinden. Die Chromosomen werden erst präpariert und angefärbt und dann fotografiert. Anschließend schneidet man aus der Fotografie die einzelnen Chromosomen aus und ordnet sie nach Länge und Lage des Centromers zu Paaren an. Eine solche Darstellung des vollständigen Chromosomensatzes wird als **Karyogramm** bezeichnet.

Karyogramm: Darstellung des vollständigen Chromosomensatzes

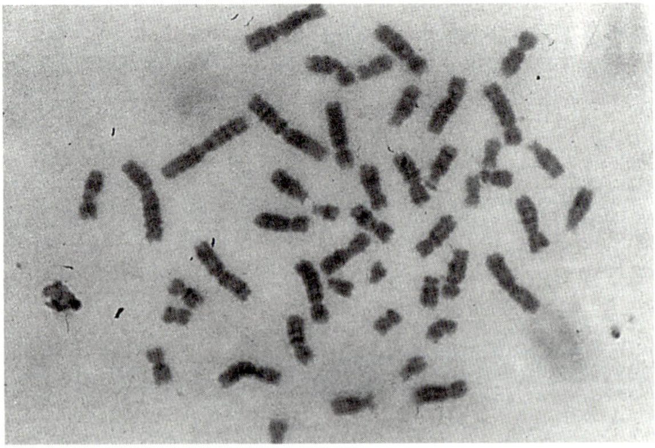

Mikroskopische Aufnahme der Metaphasechromosomen eines Menschen; die Chromosomen wurden vor der Aufnahme gefärbt

3.2 Vererbung des Geschlechts beim Menschen

Geschlechtschromosomen

Bringt man Leukocyten aus Blutproben von Männern und Frauen zur Teilung und präpariert sie, fördert das einen kleinen Unterschied zutage. Gemeinsam ist den beiden Karyogrammen vom Mann und von der Frau, dass sie jeweils 22 homologe Chromosomenpaare (also 44 Chromosomen) enthalten, die **vom Geschlecht unabhängig** auftreten. Diese werden als **Körperchromosomen** oder als **Autosomen** bezeichnet. Zwei weitere Chromosomen, die bei der Frau ebenfalls als homologes Paar, beim Mann allerdings als zwei unterschiedliche Chromosomen ausgebildet sind, werden als **Geschlechtschromosomen** oder als **Gonosomen** bezeichnet. Sie werden im Karyogramm als **XX** bzw. als **XY** ausgewiesen. Der Chromosomensatz von Frauen lässt sich danach als 44 + XX, der von Männern als 44 + XY schreiben.

Keimzellenbildung. Hierbei verhalten sich die Geschlechtschromosomen genau wie die Körperchromosomen; es kommt zu einer Reduktion auf jeweils **ein Geschlechtschromosom pro Geschlechtszelle**. Die Frau bildet also nur Eizellen mit 22 Körperchromosomen und einem X-Chromosom aus. Der Mann dagegen bildet nur Samenzellen mit 22 Körperchromosomen und einem X- **oder** einem Y-Chromosom aus, und zwar jeweils zur Hälfte.

Bei der Befruchtung bestimmt also die männliche Samenzelle das Geschlecht: Kommt eine Eizelle mit einem X-Spermium zusammen, so entsteht ein genotypisch weiblicher Organismus (44+XX), trifft sie mit einem Y-Spermium zusammen, entsteht ein genotypisch männlicher (44+XY). Da die Anzahl der X- und Y-Spermien in etwa gleich groß ist, erhält man ein theoretisches Geschlechterverhältnis von 1:1 (weiblich : männlich).

So wird's ein Junge ...

... und so ein Mädchen

Die Festlegung des späteren Geschlechts durch die Geschlechtschromosomen wird **genotypische Geschlechtsbestimmung** genannt. Sie stützt sich auf die Tatsache, dass bei dem einen Geschlecht die geschlechtsbestimmenden Chromosomen **homozygot**, bei dem anderen hingegen **heterozygot** vorliegen. Meist sind die weiblichen Tiere in Bezug auf die Geschlechtschromosomen homozygot XX, die männlichen heterozygot XY.

Während beim Menschen und anderen Säugern die Chromosomenausstattung der Samenzelle darüber entscheidet, ob eine männliche oder weibliche Zygote entsteht, ist es bei Vögeln, einigen Reptilien und Schmetterlingen genau entgegengesetzt. Hier entscheidet die Eizelle, die entweder mit einem X- oder Y-Chromosom ausgestattet sein kann, letztendlich über das Geschlecht. Spermien dieser Tiere enthalten ausschließlich X-Chromosomen.

weiblich – männlich

Beim Menschen bewirkt das **Y-Chromosom**, dass aus den Keimdrüsenanlagen Hodenzellgewebe entsteht. Gleichzeitig »dominiert« das Y-Chromosom auch gegenüber mehreren X-Chromosomen. Die Chromosomenanlage bewirkt die **primäre** Geschlechtsausbildung; die **sekundäre** Geschlechtsausbildung erfolgt in erster Linie durch die **Wirkung der Geschlechtshormone**. Da Testosteron und Östrogen sowohl beim männlichen als auch beim weiblichen Geschlecht auftreten, hängt die endgültige Ausprägung der »Weiblichkeit« bzw. »Männlichkeit« eines Individuums in großem Maße von den Mengenverhältnissen und dem Wechselspiel dieser Hormone ab.

3.3 Chromosomenstörungen beim Menschen

Einige schwerwiegende Erkrankungen und Entwicklungsstörungen beim Menschen gehen auf Störungen der Anzahl der Chromsosomen zurück. Sie lassen sich mit Hilfe eines Karyogramms erkennen.

Bei Störungen der Anzahl einzelner Chromosomen kommen entweder zum normalen diploiden Chromosomensatz (2n) einzelne Chromosomen hinzu (2n+1) oder einzelne Chromosomen fehlen (2n–1). Ist ein bestimmtes Chromosom nur einfach vorhanden, spricht man von **Monosomie**, während bei **Trisomie** ein bestimmtes Chromosom gleich dreifach vorliegt. Von einer solchen Fehlverteilung können sowohl alle 22 Körperchromosomen als auch die Geschlechtschromosomen betroffen sein.

Monosomie, Trisomie

Die meisten Chromosomenstörungen sind so gravierend, dass die Embryonen **keine Überlebenschance** haben und die Schwangerschaft lange vor der Geburt endet. Bei einigen Typen ist jedoch die genetische Balance nur so weit beeinträchtigt, dass die Feten überleben und auch ein gewisses Alter erreichen. Für jeden Störungstyp ist aber ein **Syndrom** von körperlichen und geistigen Beeinträchtigungen charakteristisch.

Gonosomale Chromosomenstörungen

Störungen der **Anzahl der Geschlechtschromosomen** bewirken vor allem eine veränderte Geschlechtsentwicklung, die zu Abweichungen bei den Geschlechtsmerkmalen führt. Schwere Erkrankungen und geistige Entwicklungsverzögerungen kommen nur äußerst selten vor.

TURNER-Syndrom

Beim **TURNER-Syndrom** sind die Betroffenen zwar phänotypisch **weiblich**, werden aber nicht geschlechtsreif und bilden auch keine sekundären Geschlechtsmerkmale aus. Neben der Unfruchtbarkeit gehört auch Minderwuchs zu diesem Syndrom. Ursache ist ein fehlendes zweites X-Chromosom, weshalb das Syndrom auch als **XO-Monosomie** bezeichnet wird. Die Häufigkeit bei den lebend geborenen Mädchen beträgt 1:10 000.

XXX-Frauen

Weitaus häufiger werden Kinder mit gonosomalen Trisomien geboren. So findet man bei etwa jeder 1000sten Frau eine X-chromosomale Trisomie (XXX), die aber überhaupt keine Symptome verursacht und daher nur im Karyogramm erkennbar ist.

KLINEFELTER-Syndrom

Ein überzähliges X-Chromosom (XXY) führt zum **KLINEFELTER-Syndrom**. Die Betroffenen sind phänotypisch immer **männlich**, fallen aber erst in der Pubertät auf, weil die Hoden sehr klein bleiben und stattdessen Ansätze weiblicher Geschlechtsmerkmale auftreten. Außerdem sind die Männer unfruchtbar.

XYY-Männer

Ebenso häufig findet man bei Männern ein zusätzliches Y-Chromosom. XYY-Männer zeigen keine typischen Merkmale, außer einer überdurchschnittlichen Körpergröße.

Autosomale Chromosomenstörungen

DOWN-Syndrom

Die häufigste Störung der Anzahl der Körperchromosomen führt bei etwa jedem 700sten Kind in Europa zum **DOWN-Syndrom**. Die Betroffenen sind meist kleinwüchsig, werden mit Herzfehlern geboren, sind aufgrund einer gestörten Geschlechtsentwicklung steril und in der Regel geistig behindert. Allerdings ist das Ausmaß der Behinderung individuell sehr verschieden und hängt unter anderem davon ab, welche Förderung das einzelne Kind erfährt. Am auffälligsten sind die Veränderungen des Gesichts, weshalb das Syndrom früher als »Mongolismus« bezeichnet wurde. Ursache ist meist ein zusätzliches Chromosom 21, daher auch der Name **Trisomie 21**. Andere autosomale Trisomien sind bekannt für die Chromosomen 8, 13 und 18.

Kind mit DOWN-Syndrom

4 Vererbung beim Menschen

4.1 Stammbaumanalyse

Ziel der Analyse menschlicher Stammbäume ist es, **von phänotypischen Merkmalen auf genotypische Anlagen** zu schließen, um zu einer Vermutung über den Erbgang zu gelangen. Eindeutige Aussagen über Erbgänge nach den *Mendel*schen Regeln sind nur bei Merkmalen möglich, die durch ein einziges Gen vererbt werden.

Autosomal-dominanter Erbgang

Die **Vererbung dominanter Merkmale** zeigt sich daran, dass mischerbige Merkmalsträger phänotypisch nicht von reinerbigen zu unterscheiden sind. Der Besitz der entsprechenden Erbanlage in einfacher Dosis reicht also aus, um das Merkmal vollständig zur Ausprägung zu bringen. Autosomal erfolgt die Vererbung, wenn sich die Erbanlage auf einem der 22 Körperchromosomen befindet, wie z. B. die Erbanlage für die Blutgruppen.

Autosomal-rezessiver Erbgang

Auch bei **rezessiv vererbten Merkmalen** befindet sich die Erbanlage auf einem der 22 Autosomen, aber das interessierende Merkmal tritt nur bei Reinerbigen in Erscheinung. So kommt die Blutgruppe 0 nur dann zur Ausprägung, wenn zwei 0-Allele vorliegen. In diesem Fall müssen beide Eltern mindestens mischerbig A0 oder B0 gewesen sein.

Gonosomal-rezessiver Erbgang

Für **rezessive Merkmale, die X-chromosomal vererbt werden**, ist typisch, dass bei Männern bereits die einfache Dosis der Erbanlage ausreicht, um in Erscheinung zu treten. Ursache ist das Fehlen eines homologen Allels, das sich bei Frauen auf dem zweiten X-Chromosom befindet. Bei einer Frau kann ein gonosomal-rezessiv vererbtes Merkmal nur auftreten, wenn sie das entsprechende Allel reinerbig besitzt. Dazu kann es kommen, wenn ein das Merkmal tragender Vater und eine mischerbige Mutter das X-Chromosom mit dem rezessiven Allel weitergegeben haben. Mischerbige Frauen werden auch als **Konduktorinnen**, also Überträgerinnen bezeichnet, weil sie das rezessive Allel weitergeben können, ohne dass es bei ihnen in Erscheinung tritt.

4.2 Erbkrankheiten

Autosomal-dominant vererbte Krankheiten

Bei Erbkrankheiten mit autosomal-dominantem Erbgang ist in den meisten Fällen **ein Elternteil mischerbig** für das krankheitsverursachende Allel, während der andere Elternteil normalerweise reinerbig für das wesentlich häufigere rezessive Allel ist. Statistisch wird das krankheitsverursachende Allel an **die Hälfte der Kinder** weitergegeben, die dann ebenfalls erkranken. Dabei spielt es keine Rolle, von welchem Elternteil das Allel stammt. Viele Krankheiten, die autosomal-dominant vererbt werden, sind so beeinträchtigend, dass die Betroffenen häufig nicht das Fortpflanzungsalter erreichen. Daher werden weniger als 1 von 10 000 Neugeborenen mit solchen Krankheiten geboren. Oft handelt es sich oft um körperliche **Fehlbildungen**, aber auch degenerative Erkrankungen gehören dazu, wie der Veitstanz (**Chorea Huntington**). Obwohl sich diese Krankheit, bei der Nervenzellen zugrunde gehen, erst im Erwachsenenalter einstellt, wird sie autosomal-dominant vererbt.

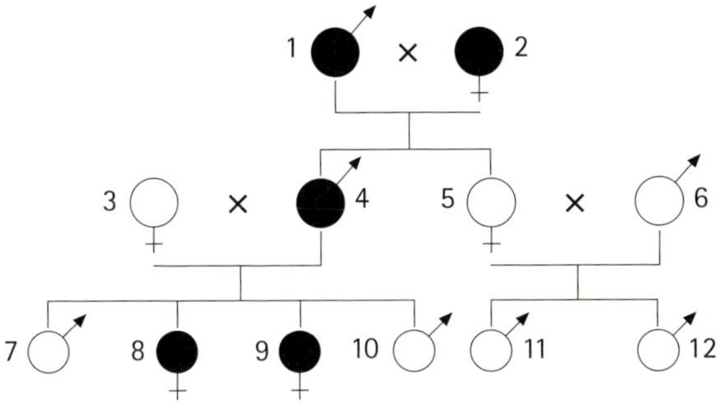

Stammbaum einer Familie mit Chorea Huntington

Autosomal-rezessiv vererbte Krankheiten

Bei Erbkrankheiten, die autosomal-rezessiv vererbt werden, sind in der Regel **beide Eltern mischerbig** für das krankheitsverursachende Allel und daher gesund. Statistisch bekommt die Hälfte der Kinder nur eines der krankheitsverursachenden Allele übertragen, die dann ebenfalls mischerbig gesund sind, während **ein Viertel der Kinder**, die beide Allele erhalten haben, die entsprechende Krankheit ausbilden. In der Mehrzahl handelt es sich um **Stoffwechseldefekte**, die auf dem Ausfall eines Enzyms beruhen, wie z. B. bei der Phenylketonurie.

Normalerweise wird im menschlichen Körper die Aminosäure **Phenylalanin** mithilfe eines Enzyms in die Aminosäure Tyrosin umgebaut. Bei **Phenylketonurie** ist dieser Stoffwechselschritt blockiert, da entweder das Enzym völlig fehlt oder ein defektes Enzym vorliegt, das die Reaktion nur vermindert katalysieren kann. Bei Mischerbigen reicht die um die Hälfte verminderte Enzymmenge zur Aufrechterhaltung der normalen Lebensfunktionen aus. Im Körper der Betroffenen kommt es dagegen zu einem erhöhten Spiegel an Phenylalanin sowie zu einem Mangel an Tyrosin. Phenylalanin wird dann auf Stoffwechselnebenwegen u.a. zu Stoffen umgebaut, die in noch ungeklärter Weise über eine Schädigung von Nervenzellen im Gehirn zu einer geistigen Behinderung führen.

Stammbau einer Familie mit Phenylketonurie

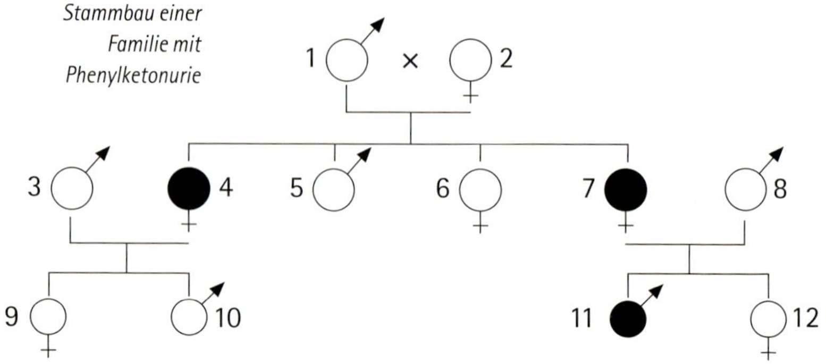

Die Behandlung der Phenylketonurie

Eine Behandlung der Krankheit muss unmittelbar nach der Geburt einsetzen. Während der Schwangerschaft ist das ungeborene Kind noch durch die Enzyme der gesunden Mutter vor den Folgen der Phenylketonurie geschützt. Nach der ersten Milchnahrung jedoch kommt es zu einem Anstieg des Phenylalaninspiegels, der aber schon aus einem Tropfen Blut des Säuglings ermittelt werden kann. Diese Untersuchung wird in Deutschland mittlerweile routinemäßig durchgeführt – 1 von 10 000 Neugeborenen kommt mit dem Defekt zur Welt. Wird ein Baby mit Phenylketonurie entdeckt, ernährt man es mit einer Diät, die wenig oder kein Phenylalanin, dafür aber mehr Tyrosin enthält. Damit kann erreicht werden, dass es sich körperlich und geistig normal entwickelt. Die Diät muss bis zur Pubertät beibehalten werden, weil erst zu diesem Zeitpunkt das Gehirn vollständig ausgereift ist.

Risiko von Verwandtenehen

Die meisten Allele, die autosomal-rezessiv vererbte Krankheiten hervorrufen, kommen mit Häufigkeiten zwischen 1 : 100 und 1 : 1000 vor. Das **Risiko** zu erkranken beträgt also zwischen 1 : 10 000 und 1 : 1 000 000. Die Wahrscheinlichkeit erhöht sich allerdings beträchtlich, wenn Personen einen Teil ihrer Gene gemeinsam haben, wie es **unter Verwandten** der Fall ist. Je näher der Verwandtschaftsgrad eines Paares ist, desto größer ist die Wahrscheinlichkeit, dass es zur Verbindung von zwei Mischerbigen kommt.

Gonosomal-rezessiv vererbte Krankheiten

Bei Erbkrankheiten, die über das X-Chromosom rezessiv vererbt werden, sind in der Regel beide Eltern gesund, aber **die Mutter als Konduktorin mischerbig.** Statistisch gibt sie das krankheitsverursachende Allel an **die Hälfte der Kinder** weiter. Die Hälfte der Söhne wird das Allel tragen und die Krankheit ausbilden. Alle Töchter sind phänotypisch gesund, obwohl ebenfalls die Hälfte das Allel besitzt.

Die bekannteste Krankheit, die gonosomal-rezessiv vererbt wird, ist die **Bluterkrankheit.** Sie war bereits im 18. Jahrhundert aufgefallen, weil in mehreren europäischen Fürstenhäusern ausschließlich Männer davon betroffen waren. Durch einen Mangel an einem Gerinnungsfaktor kommt es zu einer Störung der **Blutgerinnung.** Normalerweise wird ein verletztes Blutgefäß innerhalb von 2 bis 3 Minuten verschlossen. Bei Bluterkranken beträgt die Gerinnungszeit mehr als 15 Minuten. Die Betroffenen würden bei größeren Verletzungen innerlich oder äußerlich verbluten. Deshalb wird ihnen der fehlende Gerinnungsfaktor gespritzt. Dieser Faktor wird in einem aufwendigen Verfahren aus dem Blut von Spendern gewonnen.

4.3 Genetische Beratung

Babys kommen normalerweise gesund zur Welt und entwickeln sich auch normal. Bei 2 bis 3 % der Neugeborenen treten allerdings Krankheiten oder Fehlbildungen auf, die vererbt sein können. Wenn Paare das Risiko einer Erbkrankheit oder Fehlbildung ihres Kindes ermitteln wollen, können sie eine **genetische Beratungsstelle** aufsuchen. In der Bundesrepublik Deutschland gibt es mehr als 100 dieser Einrichtungen. Bei einer genetischen Beratung findet ein Gespräch zwischen einem humangenetisch ausgebildeten Arzt oder einer Ärztin und einem Paar statt, das sich ein Kind wünscht. Gegenstand des Gesprächs sind alle Probleme, die sich aus dem Auftreten oder dem Risiko des Auftretens einer Erbkrankheit oder Fehlentwicklung in einer Familie ergeben.

Voraussetzungen für eine Beratung

Das Risiko einer Erbkrankheit oder Fehlentwicklung ist nicht bei allen Elternpaaren gleich groß. Deshalb wird genetische Beratung nur unter bestimmten **Voraussetzungen** (Indikationen) durchgeführt:

- Gesunde Eltern haben bereits ein Kind oder mehrere Kinder mit einer Erbkrankheit oder Fehlbildung.
- Ein Elternteil oder beide Eltern leiden an einer Erbkrankheit.
- In der Familie eines Elternteils oder beider Eltern kommen Erbkrankheiten vor.
- Für einen Elternteil oder beide Eltern ist nachgewiesen, dass sie Überträger einer Erbkrankheit sind.
- Das Elternpaar ist miteinander verwandt.
- Eine Frau hatte schon mehrere Fehlgeburten ohne feststellbare Ursache.
- Die potenzielle Mutter ist älter als 35 Jahre.

Daneben gibt es noch Fehlbildungsrisiken, die von schädigenden Einflüssen während der Schwangerschaft und der Geburt ausgehen, wie einer Infektion der Mutter mit Rötelnviren, der Einnahme bestimmter Medikamente sowie Alkohol- und Drogenkonsum. Im Beratungsgespräch wird deshalb zuerst geklärt, ob es sich um eine angeborene Krankheit oder Fehlentwicklung handelt, die tatsächlich genetisch bedingt ist.

Humangenetische Methoden

Zur Abschätzung des Risikos werden verschiedene humangenetische Methoden verwendet. Die nach wie vor wichtigste Methode ist die **Erstellung eines Familienstammbaums**. Hinzu kommen verschiedene **klinische Untersuchungen**, um eine möglichst exakte Diagnose der Krankheit oder Fehlbildung zu stellen. Bei einem Risiko für Fehlbildung wird meist eine **Chromosomenanalyse** durchgeführt. Nach gestellter Diagnose kann bei bekanntem Erbgang das **Wiederholungsrisiko**, also die Wahrscheinlichkeit für ein weiteres Kind mit der Erbkrankheit oder Fehlbildung, berechnet werden. Bei autosomal-rezessiv vererbten Krankheiten interessieren sich oft auch die gesunden Verwandten eines kranken Kindes für das Erkrankungsrisiko ihrer Nachkommenschaft. Dazu wird für alle die Wahrscheinlichkeit ermittelt, Träger des rezessiven Allels zu sein.

Vorgeburtliche Diagnostik

Vorgeburtliche Untersuchungen. Sie spielen heutzutage in der genetischen Beratung eine immer wichtigere Rolle. Sie sind inzwischen Teil der regulären Vorsorgeuntersuchungen bei Schwangeren geworden. Mit ihrer Hilfe können beim Fetus **vor der Geburt** Erbkrankheiten und Fehlbildungen nachgewiesen werden. Einige Untersuchungen sind immer mit einem körperlichen Eingriff verbunden, bei dem fetale Zellen und Fruchtwasser entnommen werden. Dabei muss das **Risiko**, durch den Eingriff eine Fehlgeburt auszulösen, gegen das Wiederholungsrisiko einer Erbkrankheit oder Fehlbildung abgewogen werden.

Ultraschall

Ultraschalluntersuchung. Sie wird im Rahmen der Vorsorgeuntersuchungen dreimal durchgeführt: in der 9. bis 12., in der 18. bis 22. und in der 29. bis 32. Schwangerschaftswoche. Sie dient der Feststellung der Lage des Fetus in der Gebärmutter, der Beurteilung von Wachstum und Entwicklung, der Diagnose von äußeren und inneren Fehlbildungen und, wenn gewünscht, der Feststellung des Geschlechts. Da lediglich der Ultraschallkopf über den Bauch der Schwangeren geführt wird, bestehen für Mutter und Kind keine unmittelbaren Risiken. Für die alleinige Diagnose von Fehlbildungen ist die Methode allerdings zu ungenau.

Fruchtwasseruntersuchung (Amniozentese)

Fruchtwasseruntersuchung (Amniozentese). Hierbei werden in der 15. bis 17. Schwangerschaftswoche mit einer 0,7 mm dünnen Nadel, die unter Ultraschallkontrolle durch die Bauchhöhle eingeführt wird, aus der Gebärmutter etwa 200 ml Fruchtwasser entnommen. Zu diesem Zeitpunkt enthält das Fruchtwasser eine ausreichende Menge von abgelösten Zellen des Fetus, die sich nach der Entnahme in einer Nährlösung kultivieren lassen. Nach 9 bis 14 Tagen liegen genügend Zellen für eine Chromosomenpräparation und die Herstellung eines Karyogramms vor. Damit können Störungen der Chromosomenzahl sicher analysiert werden. Rezessiv vererbte Stoffwechselkrankheiten können durch diese Untersuchung des Fruchtwassers festgestellt werden. Der großen Zuverlässigkeit der Untersuchungsergebnisse steht als Nachteil gegenüber, dass die Methode mit einem Fehlgeburtsrisiko von 0,5 bis 1 % behaftet ist. Außerdem ist der Zeitpunkt, zu dem die Ergebnisse vorliegen, für einen eventuellen Schwangerschaftsabbruch schon sehr spät.

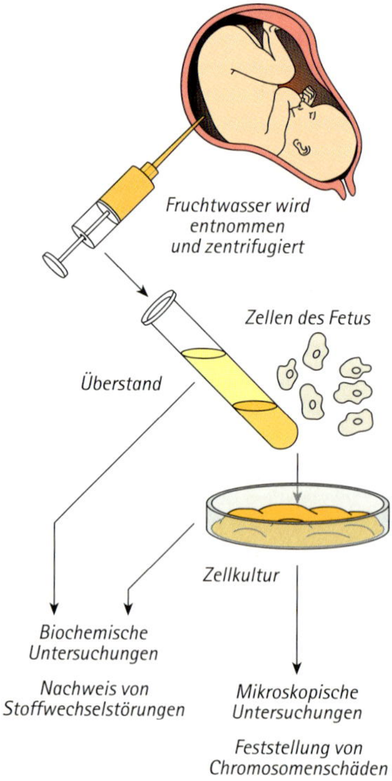

Ablauf einer Fruchtwasseruntersuchung

Mutterkuchenuntersuchung (Chorionzottenbiopsie)

Chorionzottenbiopsie. Die Untersuchung von Zellen aus dem sich bildenden **Mutterkuchen** ist bereits ab der 10. bis 12. Schwangerschaftswoche möglich. Eine kleine Menge Chorionzottengewebe wird mithilfe eines 1 bis 2 mm dünnen Katheters entnommen, der in der Regel durch die Scheide eingeführt wird. Es können die gleichen Untersuchungen wie bei der Fruchtwasseruntersuchung durchgeführt werden. Für einen eventuellen Schwangerschaftsabbruch liegt der Zeitpunkt bis zu 8 Wochen früher. Das Fehlgeburtsrisiko wurde früher mit 4 bis 8 % angegeben, liegt aber bei erfahrenen Ärzten nicht höher als bei der Fruchtwasseruntersuchung.

5 Vom Gen zum Merkmal

Die Erbanlagen aller Lebewesen bestehen aus einem langen, fadenförmigen Molekül, der **Desoxyribonukleinsäure**, abgekürzt DNA. Die Bausteine der DNA sind die **Nukleotide**. Jedes Nukleotid besteht aus einem Zuckermolekül, einer Phosphat-Gruppe und einer der vier Basen **Adenin**, **Cytosin**, **Guanin** oder **Thymin**. Die Erbinformation ist in der **Reihenfolge** dieser Basen verschlüsselt, ähnlich wie in den Buchstaben einer Schrift.

Jede DNA besteht immer aus zwei Strängen, die zu einem **Doppelstrang** umeinander gewunden sind. Man kann die Struktur mit einer verdrillten Strickleiter vergleichen. Den »Seilen« der Strickleiter entsprechen zwei Zucker-Phosphat-Ketten. Die einzelnen »Sprosse« der Leiter werden in der DNA von jeweils einem **Basenpaar** gebildet. Aufgrund ihrer Molekülstruktur können immer nur Adenin mit Thymin und Cytosin mit Guanin Paare bilden. Durch diese spezifische Basenpaarung entsprechen sich die beiden Stränge einer DNA wie Positiv und Negativ bei einem Foto. Da die DNA als Träger der Erbanlagen in jeder Zelle vorhanden sein muss, wird sie vor jeder Zellteilung **verdoppelt**. Das funktioniert wie ein Kopiervorgang. Mithilfe eines Enzyms wird der Doppelstrang an den Bindungsstellen zwischen den Basenpaaren wie ein Reißverschluss geöffnet. An jedem Einzelstrang, der nun als Vorlage dient, wird der zweite Strang mit neuen DNA-Bausteinen ergänzt. So entstehen zwei völlig **identische DNA-Doppelstränge**, die zu Chromatiden verpackt werden.

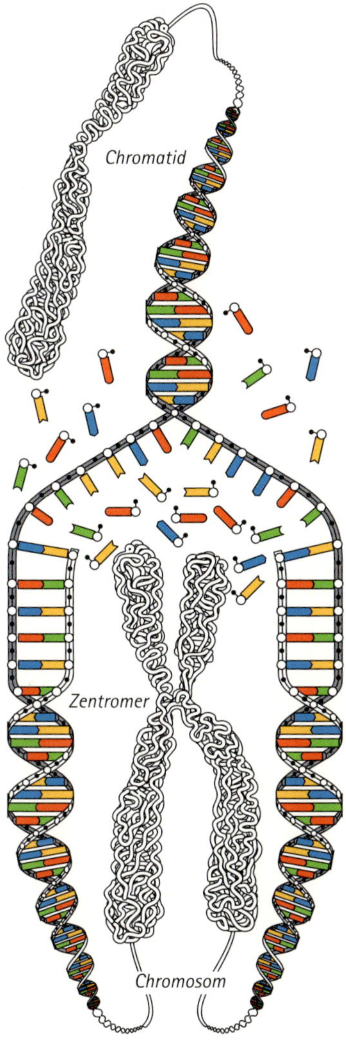

Aufbau und Verdoppelung der DNA

Die Speicherung einer Erbanlage erfolgt durch einen mehr oder weniger langen Abschnitt auf der DNA, der als **Gen** bezeichnet wird. Jedes Gen steuert die Herstellung eines Proteins aus hunderten von Aminosäuren. Jede Aminosäure ist auf der DNA durch 3 aufeinander folgende Basen, ein **Basentriplett**, festgelegt.

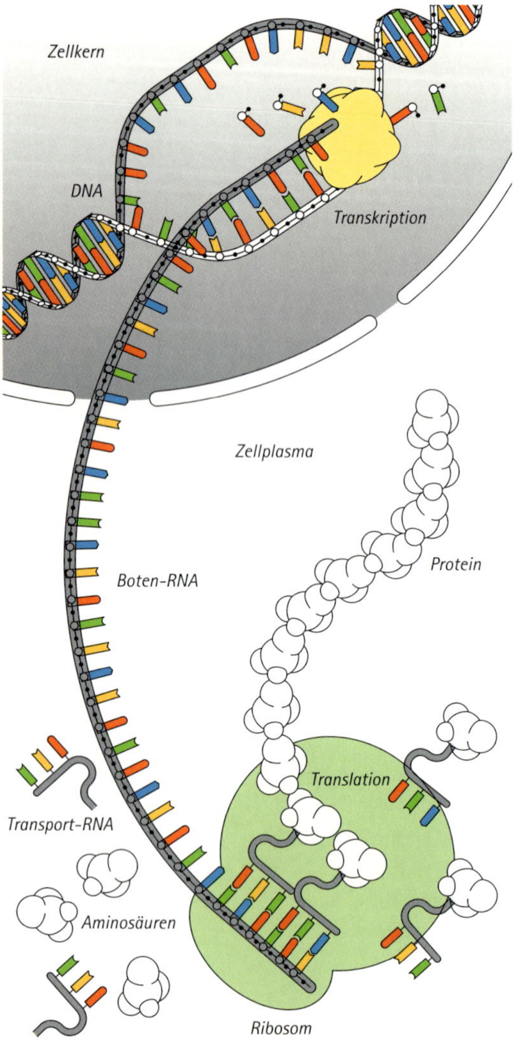

Proteine sind Eiweißstoffe, die der Körper als Bau- und Steuerstoffe benötigt. Durch deren Tätigkeit entstehen die sichtbaren Merkmale und Eigenschaften. Die Umsetzung der in der DNA kodierten Erbanlagen in Proteine beginnt mit der so genannten **Transkription**. Dabei wird mithilfe eines Enzyms von dem entsprechenden DNA-Abschnitt eine »Kopie« hergestellt, die Boten-RNA. Sie ähnelt chemisch der DNA, besteht aber nur aus einem Einzelstrang. Die Boten-RNA gelangt aus dem Zellkern zu den Ribosomen im Zellplasma. Hier findet die **Translation** statt. Dabei werden die entsprechenden Aminosäuren von Transport-RNAs aus dem Zellplasma herangeschafft und nach der Reihenfolge der Basentripletts zu einem Protein verknüpft.

Vom Gen zum Protein

6 Mutationen

Die DNA wird im Laufe eines Lebens 1000fach verdoppelt, umgeschrieben und übersetzt. Dabei können Fehler passieren. Sie äußern sich oft in sichtbaren Veränderungen des Phänotyps, die sich auf sprunghafte Veränderungen der Erbanlagen zurückführen lassen. Solche vererbbaren Veränderungen werden als **Mutationen** bezeichnet. Ob eine Veränderung im Phänotyp durch eine Mutation hervorgerufen wurde, lässt sich jedoch nicht ohne weiteres entscheiden. Sie kann auch Folge einer Neukombination von mütterlichen und väterlichen Erbanlagen während der Keimzellenbildung sein. Mutationen können in allen Zellen des Körpers vorkommen. Vererbt werden sie jedoch nur, wenn die Keimzellen betroffen sind.

Die Erbinformation kann in verschiedenem Ausmaß verändert sein. Je nach Umfang unterscheidet man die folgenden **Mutationstypen**:

- Das gesamte Erbgut, also das Genom, ist gegenüber dem normalen Chromosomensatz verändert. So kann der ganze Chromosomensatz vervielfacht sein oder ein einzelnes Chromosom liegt zu viel oder zu wenig vor. *Genommutationen*
- Der im Mikroskop sichtbare Bau von Chromosomen ist verändert. So können Teile eines anderen Chromosoms eingebaut sein oder Stücke eines Chromosoms sind verloren gegangen. *Chromosomenmutationen*
- Der Bau der DNA ist verändert. Es können Bausteine hinzugekommen oder verloren gegangen sein oder deren Reihenfolge ist vertauscht. *Genmutationen*

Mutationen entstehen **zufällig** und **ungerichtet**. Es ist also nicht vorhersehbar, welche Erbanlage betroffen ist und in welchem Ausmaß.

Die **Mutationsrate** gibt die Häufigkeit an, mit der eine Mutation auftritt. Sie wird durch verschiedene Einflüsse, die als Mutagene bezeichnet werden, um das 10- bis 100fache gesteigert. Dazu gehören verschiedene Arten von Strahlung sowie viele Chemikalien.

7 Züchtung

Seit Jahrtausenden nutzt der Mensch die Vielfalt von wild lebenden Pflanzen und Tieren zur **Züchtung** von Kulturpflanzen und Nutztieren mit verbesserten Eigenschaften. Voraussetzung ist immer das Vorhandensein einer verebten **Formenvielfalt**. Merkmale, die durch umweltbedingte Veränderungen des Phänotyps entstehen, haben für die Zucht keine Bedeutung. Bei der Züchtung werden entweder die natürlich vorhandenen Varianten ausgelesen oder die vererbte Formenvielfalt wird durch die Kombination verschiedener Genotypen oder durch künstlich hervorgerufene Mutationen vergrößert.

7.1 Zuchtziele

Pflanzenzucht

Die Züchtung ertragreicher Kulturpflanzen hat entscheidend dazu beigetragen, dass bisher die **Nahrungsmittelversorgung** der sprunghaft ansteigenden Weltbevölkerung einigermaßen sichergestellt werden konnte. Von der weiteren Entwicklung wird es auch mit abhängen, ob es gelingt, den Bedarf an Nahrungsmitteln in der Zukunft zu befriedigen und die heute bereits bestehenden Versorgungslücken zu schließen. Deshalb ist das wichtigste Zuchtziel bei Pflanzen die **Ertragssteigerung**. Allerdings sind Hochleistungssorten oft anfälliger gegen Krankheiten, Schädlinge und ungünstige Umweltbedingungen wie Kälte oder hohen Salzgehalt. Deshalb wird die Züchtung der **Widerstandsfähigkeit** gegenüber diesen Einwirkungen immer wichtiger. Mit Hilfe der Gentechnik wurden Kulturpflanzen entwickelt, die unempfindlich gegen einige Unkrautvernichtungsmittel sind.

Tierzucht

Auch in der Tierzucht ist das Hauptziel die Verbesserung und Erhaltung vorteilhafter Eigenschaften von Nutztieren. Bei Rindern betraf das bisher vor allem die Steigerung der **Milchleistung**. Bei der **Fleischleistung** beziehen sich die Zuchtziele darauf, dass die Tiere bei guter Futterverwertung möglichst schnell ein großes Körpergewicht erreichen. Dazu werden grundsätzlich die gleichen Züchtungsmethoden angewandt wie in der Pflanzenzucht.

7.2 Züchtungsmethoden

Ausleseszucht

Grundlage jeder züchterischen Arbeit ist das **Auffinden** und die **Auslese** neu auftretender, vererbter Formen mit günstigeren Eigenschaften. Bei der **Individualauslese** wird die Brauchbarkeit ausgelesener Einzelindividuen anhand der getrennt aufgezogenen Nachkommen festgestellt. Bei **Massenauslese** werden alle Formen mit den gewünschten Eigenschaften zur Fortpflanzung gebracht und alle unbrauchbaren Formen an der Fortpflanzung gehindert.

Kreuzungszucht

Werden die Erbanlagen, die auf verschiedenen Elternformen verteilt sind, durch **Kreuzung** zu einem neuen Genotyp kombiniert, erhöht sich die Wahrscheinlichkeit für neue Merkmalskombinationen. Grundlage der Kreuzungszucht ist die 3. *MENDEL*sche Regel, nach der die Allele in der 2. Folgegeneration unabhängig aufspalten und Merkmalskombinationen hervorbringen, die bei keinem der Eltern vorhanden waren. Die vorteilhaftesten Merkmalskombinationen werden ausgewählt und als neue Sorten oder Rassen weitervermehrt. Dabei wird immer wieder beobachtet, dass mischerbige Individuen über eine gegenüber reinerbigen Individuen gesteigerte Wachstums- und Ertragsleistung sowie größere Vitalität verfügen. Dieser **Heterosiseffekt** ist in der ersten Nachkommengeneration am stärksten.

Hybridzucht

Der Heterosiseffekt wird planmäßig in der Pflanzenzucht genutzt, z. B. bei Mais, Tomaten, Sonnenblumen. Die am besten geeigneten Linien werden zur Erzeugung der so genannten **Hybriden** eingesetzt. Da der Heterosiseffekt auf die 1. Folgegeneration beschränkt ist, muss in Zuchtbetrieben das Hybridsaatgut immer wieder neu aus den zu kombinierenden Inzuchtlinien gekreuzt werden.

Mutationszucht

Die genetische Variabilität beruht immer auf Mutationen, die sich ebenso **künstlich erzeugen** lassen. Die meisten Mutationen sind rezessiv und zeigen sie sich erst in der 2. Generation, in der dann die Auslese der für die Weiterzucht geeigneten Mutanten beginnt. Da Mutationen immer ungerichtet erfolgen, ist die Ausbeute an Mutanten mit erwünschten Eigenschaften sehr gering.

8 Gentechnik

Alle Lebewesen auf der Erde haben ihre Erbanlagen in DNA gespeichert und verwenden denselben genetischen Code bei der Übersetzung in Proteine. Deshalb ist es möglich, Erbanlagen von Lebewesen einer Art auf Lebewesen einer anderen Art zu übertragen. Die Methoden, die man dabei verwendet, werden unter dem Begriff Gentechnik zusammengefasst. Mit gentechnischen Methoden lassen sich Lebewesen also gezielt genetisch umprogrammieren, d. h. man kann ihnen neue, vom Menschen gewünschte Eigenschaften verleihen.

Grundoperationen der Gentechnik

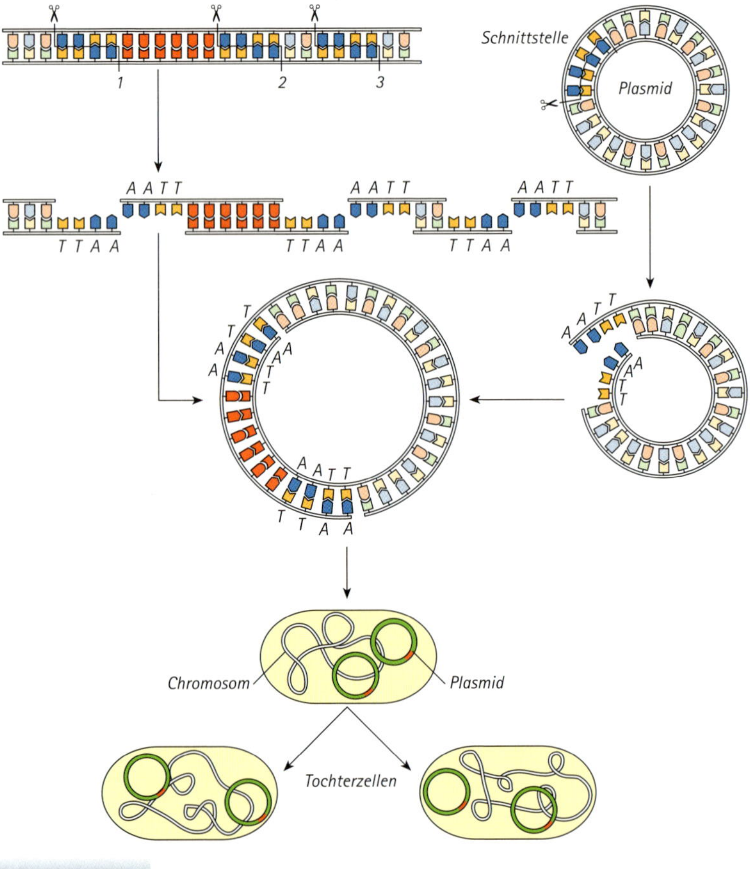

Seit 1982 wird bei der Behandlung der »Zuckerkrankheit« (Diabetes mellitus) Insulin eingesetzt, das in großtechnischem Maßstab von Coli-Bakterien hergestellt wird. An diesem Beispiel lassen sich die grundlegenden gentechnischen Arbeitsschritte verdeutlichen:

- Aus menschlichen Zellen wird DNA gewonnen und mit einem besonderen Enzym behandelt, das DNA beliebiger Herkunft an einer bestimmten Basenfolge zerschneidet. Dabei entstehen meist kürzere DNA-Bruchstücke, von denen eines das gewünschte Gen trägt.
- Aus Bakterien gewinnt man kleine, ringförmige DNA-Moleküle, so genannte Plasmide, die mit demselben Enzym so aufgeschnitten werden, dass nur eine einzige Lücke entsteht.
- Die Bruchstücke der menschlichen DNA und die Plasmide werden gemischt und anschließend mithilfe eines weiteren Enzyms behandelt, das die beiden DNA-Sorten zusammenfügt.
- Einige der Plasmide werden jetzt Teile der menschlichen Erbinformation enthalten. Alle Plasmide werden in Coli-Bakterien eingeschleust, die sie bei jeder Zellteilung verdoppeln und an alle Tochterzellen weitergeben.
- Jetzt muss man diejenigen Bakterien herausfinden, die das Gen für die Insulinherstellung eingebaut haben und Insulin bilden. Diese Zellen werden in großen Fermentern weitervermehrt. Am Ende wird das von den Bakterien gebildete Insulin abgetrennt.

Coli-Bakterien, die Insulin herstellen

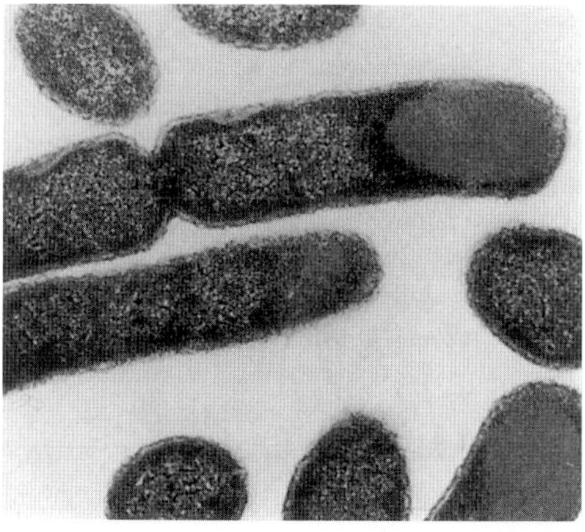

Auf einen Blick: Vererbung

Anlage und Umwelt

- Die Unterschiede zwischen den Individuen entstehen in einem komplizierten Zusammenspiel von Erbanlagen und Umwelteinflüssen.

Die *Mendel*schen Regeln

- Merkmale, die von nur einer Erbanlage bestimmt sind, werden nach Regeln vererbt, die nach ihrem Entdecker **Mendelsche Regeln** genannt werden.

Chromosomen und Vererbung

- Die Chromosomen sind die **Träger der Erbinformationen**.
- Jeder Mensch besitzt im **diploiden Chromosomensatz** 46 Chromosomen, die sich im **Karyogramm** zu 23 homologen Chromosomenpaaren ordnen lassen.
- Einige schwerwiegende Erkrankungen und Entwicklungsstörungen gehen beim Menschen auf Störungen der **Anzahl der Chromosomen** zurück.

Vererbung beim Menschen

- Ziel der Analyse menschlicher Stammbäume ist es, zu einer Vermutung über den **Erbgang** zu gelangen.

Vom Gen zum Merkmal

- Die Erbanlagen aller Lebewesen sind in einer **Abfolge** von vier verschiedenen Basen in der **DNA** gespeichert.
- Durch die **Transkription** wird ein Gen in eine Boten-RNA umgeschrieben und durch die **Translation** an den Ribosomen in ein Protein übersetzt.

Mutationen

- Veränderungen von Lebewesen, die vererbt werden, kommen durch **Mutationen** zustande. Sie erfolgen **zufällig** und **ungerichtet**.

Züchtung

- Hauptziel der Züchtung ist die Verbesserung und Erhaltung vorteilhafter Eigenschaften zur **Ertragssteigerung** bei Kulturpflanzen und Nutztieren.

Gentechnik

- Mit den Methoden der Gentechnik kann man Lebewesen gezielt **genetisch umprogrammieren** und ihnen neue, erwünschte Eigenschaften verleihen.

Wechselbeziehungen mit der Umwelt

Auf Lebewesen wirken zahlreiche Einflüsse aus der Umwelt ein. Der Stoffkreislauf in Ökosystemen ist geprägt durch das Zusammenspiel von Erzeugern, Verbrauchern und Zersetzern. Der Mensch greift auf vielfache Weise in natürliche Ökosysteme ein. Maßnahmen des Naturschutzes dienen seltenen Tieren und Pflanzen.

1 Abhängigkeit der Lebewesen von abiotischen und biotischen Faktoren

Auf einen Organismus wirken zahlreiche Einflüsse aus der Umwelt ein. Dazu zählen **abiotische Faktoren** (sie stammen aus der unbelebten Umwelt) und **biotische Faktoren** (sie stammen aus der belebten Umwelt).

1.1 Wirkungen abiotischer Faktoren

Abiotische Faktoren sind beispielsweise **Temperatur**, **Licht** und **Wasser**.

Abiotische Faktoren

Temperatur als abiotischer Faktor

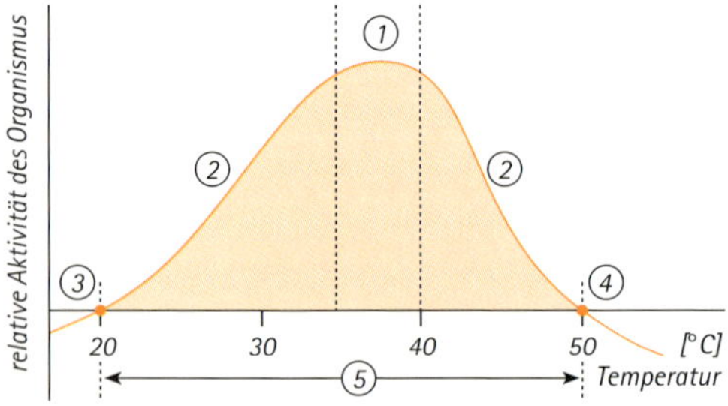

Abhängigkeit der Intensität der Lebensvorgänge von der Körpertemperatur

Für jede Art gibt es ein Temperaturoptimum, bei dem sie am besten gedeiht ①. In diesem Bereich haben Temperaturänderungen nur geringe Auswirkungen auf die Lebensvorgänge. Außerhalb dieses Bereichs führen hingegen schon kleine Temperaturänderungen zur starken Beeinträchtigung der Aktivität ②. Jenseits eines Temperaturminimums ③ und eines Temperaturmaximums ④ kann die Art nicht existieren. Dazwischen liegt der Toleranzbereich ⑤, innerhalb dessen eine Art überleben kann.

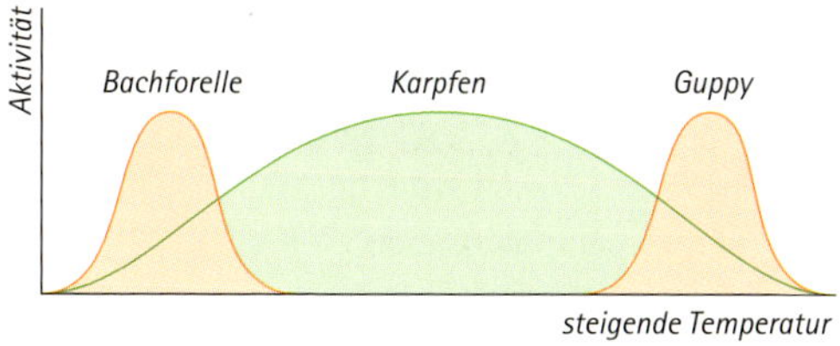

Verschiedene Optima und Toleranzbereiche

Die Lage des Optimums und des Toleranzbereichs kann sehr verschieden sein, wie das Beispiel einiger Süßwasserfische zeigt. Während die Bachforelle als Kaltwasserfisch und der Guppy als Warmwasserfisch nur in einem jeweils engen Temperaturbereich existieren können, weist der Karpfen dagegen eine sehr weite Temperaturtoleranz auf.

Gleichwarme Tiere – das sind nur Säugetiere und Vögel – können ihre Körpertemperatur unabhängig von der Umgebungstemperatur relativ konstant halten.
Bei wechselwarmen Tieren – das sind alle anderen – schwankt die Körpertemperatur mit der Umgebungstemperatur.

Die Temperatur hat Auswirkungen auf körperliche Merkmale. Die **Bergmannsche Regel** besagt, dass gleichwarme Tiere in kalten Gebieten größer sind als in wärmeren. Beispielsweise verglich man die Körpergröße von Exemplaren einer Eisvogelart, die in Mittel- und Südamerika vorkommt. Es zeigte sich, dass Vögel in Mexiko größer sind als ihre Artgenossen am Äquator. Erklärt wird dieses Phänomen mit dem Verhältnis von Körperoberfläche zu Körpervolumen. Dieses verändert sich mit zunehmender Größe.
Eine Verdoppelung der Körpergröße führt zu einer Vervierfachung der Körperoberfläche und zu einer Verachtfachung des Körpervolumens. Je größer ein Tier ist, umso kleiner ist demnach seine relative Oberfläche, über die Wärme verloren gehen kann.

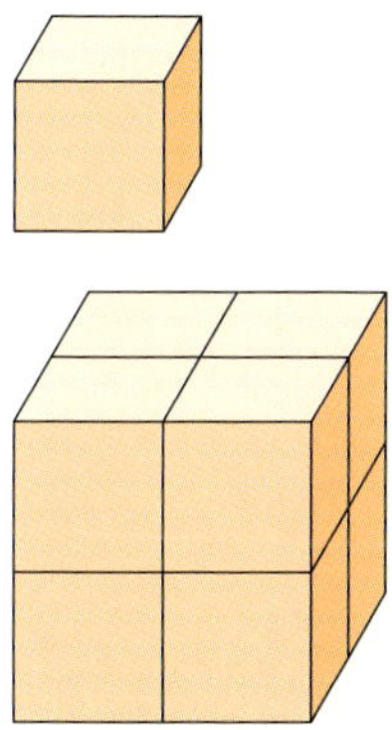

Verhältnis von Oberfläche zu Volumen

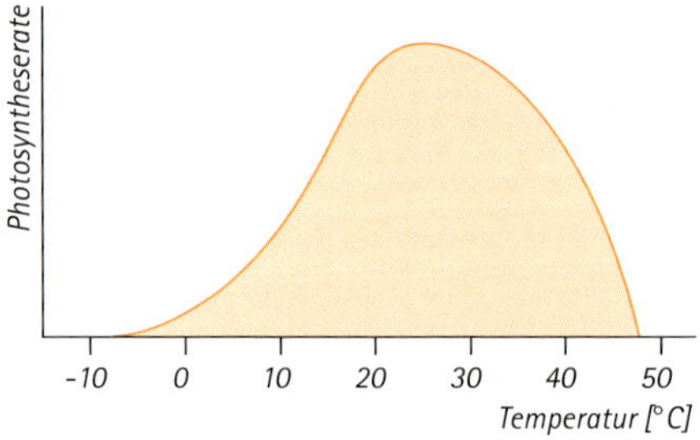

Temperaturabhängigkeit der Photosyntheseleistung bei starker Belichtung

Auch die **Photosynthese,** der grundlegende biochemische Prozess auf der Erde, weist eine enge Abhängigkeit von der Temperatur auf. Mit steigender Temperatur nimmt die Photosyntheserate zunächst sehr rasch zu. Danach wird ein eng begrenztes Optimum erreicht, das in unseren Breiten zwischen 20 und 30 °C liegt. Bei weiter steigender Temperatur nimmt die Photosyntheserate rasch wieder ab.

Licht als abiotischer Faktor

Die **Tageslänge (Dauer der Lichteinwirkung)** kann sowohl von Pflanzen als auch von Tieren über Rezeptoren erfasst werden.

Langtagpflanzen blühen nur dann, wenn die Tageslänge eine bestimmte Dauer (z. B. 14 Stunden) überschreitet.
Kurztagpflanzen hingegen beginnen nur dann zu blühen, wenn die Tageslänge einen bestimmten Wert (z. B. 12 Stunden) unterschreitet.

Sommerform, Raupenentwicklung bei Langlicht (18 Std. Licht/Tag)

Frühjahrsform, Raupenentwicklung bei Kurzlicht (8 Std. Licht/Tag)

Unterschiedliche Färbungen beim Landkärtchen

Zu den Langtagpflanzen gehören viele der Pflanzen, die der menschlichen Ernährung dienen, wie z. B. Weizen, Möhren oder Salat. Zu den Kurztagpflanzen zählen z. B. Ananas und Baumwolle oder auch Chrysanthemen, die erst im Herbst blühen, wenn die Tage kürzer werden.
Auch **Tiere** können durch eine Veränderung der Tageslänge beeinflusst werden. Wenn z. B. Amseln ihren Gesang auch an einem eiskalten Tag im März erschallen lassen, dann tun sie das, weil die tägliche Helligkeitsdauer wieder lange genug dafür ist. Bachforellen, die unter natürlichen Lichtbedingungen im Herbst laichen, tun dies bereits im Sommer, wenn die Tageslänge im Frühjahr künstlich verlängert wird. Beim Landkärtchen *(Araschnia levana)*, einem einheimischen Schmetterling, beeinflusst die Belichtungsdauer, der die Raupen ausgesetzt sind, die Färbung.

Die **Stärke (Intensität) des Lichts** hat einen bedeutsamen Einfluss auf die Photosynthese. Beispielsweise erreicht das Maiglöckchen, das am Boden lichter Laubwälder wächst, die konstante maximale Photosyntheseleistung bereits bei niedriger Beleuchtungsstärke. Es ist eine typische **Schattenpflanze**.
Beim Ackersenf, der auf offenen Flächen wächst, tritt die konstante maximale Photosyntheseleistung hingegen erst bei höherer Beleuchtungsstärke auf. Er ist eine typische **Sonnenpflanze**.

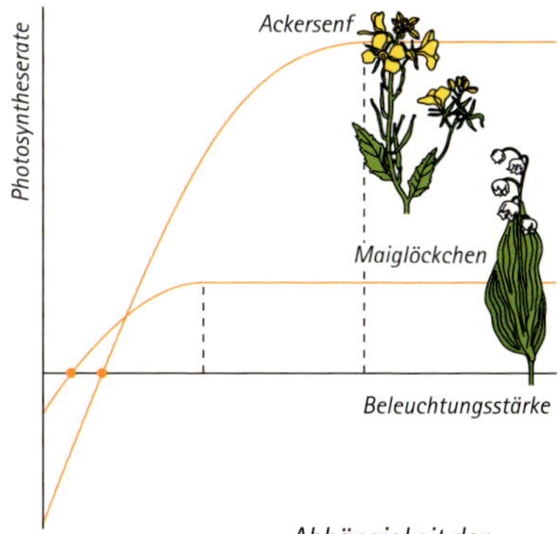

Abhängigkeit der Photosyntheseleistung von der Beleuchtungsstärke

Wasser als abiotischer Faktor

Wasser ist der mit Abstand mengenmäßig größte Bestandteil aller Lebewesen. Tiere und Pflanzen bestehen fast immer aus mehr als 50 % dieses Lebenselixiers. Sie müssen deshalb über Möglichkeiten verfügen, eine ausreichende Wassermenge aufzunehmen und zu behalten.

Wasserhaushalt der Pflanzen. Landpflanzen geben durch Verdunstung ständig Wasser an ihre Umgebung ab. Dieser Verlust wird hauptsächlich durch Wasseraufnahme über die Wurzeln ersetzt. Durch eine Sonnenblume kann an einem heißen Sommertag beispielsweise 1 Liter Wasser strömen. Eine Birke mit ihren ca. 200 000 Blättern vermag an besonders heißen Tagen bis zu 400 Liter Wasser zu verdunsten.

Feuchtpflanzen leben auf feuchtem Boden in ständig feuchter Umgebung. Sie besitzen großflächige, häufig dünne Laubblätter. Die Spaltöffnungen sind oft hervorgehoben, wodurch die Wasserverdunstung gefördert wird.
Trockenpflanzen leben an zumindest zeitweise sehr trockenen Standorten. Sie besitzen meist kleine, lederartige Blätter mit häufig tief eingesenkten Spaltöffnungen, wodurch die Wasserverdunstung gehemmt wird.

»Oh Tannenbaum, wie treu sind deine Blätter!«

Bevor im Winter das Wasser im Boden gefrieren kann, fallen im Herbst unseren heimischen Laubbäumen, wie z. B. der Buche, die Blätter ab, während Nadelbäume, z. B. die Tanne, ihre Blätter behalten.
Dies hängt mit dem unterschiedlichen Blattbau zusammen. Laubblätter sind großflächig gebaut und verhältnismäßig dünn. Sie geben relativ viel Wasser nach außen ab. Im Winter würde ein blatttragender Laubbaum viel Wasser verlieren, das er bei gefrorenem Boden nicht ersetzen könnte. Er würde tödlich austrocknen. Die Blätter von Nadelbäumen sind hingegen klein und länglich, haben also nur eine geringe Oberfläche. Außerdem ist ihre Haut verstärkt. Dadurch ist der Wasserverlust nur sehr gering. Der Baum ist deshalb auch bei gefrorenem Boden nicht von Austrocknung bedroht.

Wasserhaushalt der Tiere. Tiere haben im Gegensatz zu Pflanzen den großen Vorteil, rasche Ortswechsel durchführen zu können. Sie können in trockener Umgebung bei Bedarf Wasserstellen aufsuchen oder sich tagsüber z. B. in schattigen Höhlen aufhalten, um sich der Hitze des Tages zu entziehen. Manche **Wüstenbewohner** verfügen über spezielle physiologische Anpassungen und kommen trotz wasserarmer Nahrung unbegrenzt lange **ohne direkte Wasserzufuhr** aus.

Wasserbilanz der Kängururatte

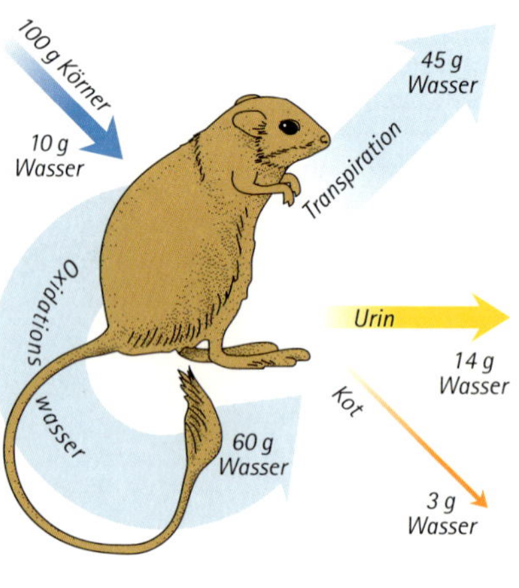

Dies gilt beispielsweise auch für die Kängururatten aus den Wüstengebieten Nordamerikas. Diese possierlichen Nagetiere ernähren sich ausschließlich von trockenen Pflanzensamen und geben mehr Wasser ab als sie aufnehmen.
Diese negative Wasserbilanz wird dadurch ausgeglichen, dass bei der Verwertung von Nährstoffen im Körper so genanntes **Oxidationswasser** anfällt.

Die Bildung von Oxidationswasser ist nicht etwa eine besondere Leistung der Kängururatte. Vielmehr läuft dieser Prozess in allen Organismen ab, die ihre Nahrung »veratmen«. Der »Trick« der Kängururatte besteht allerdings darin, mit der geringen Wassermenge (Oxidationswasser + Wasser aus den Körnern) sparsam umzugehen. So verfügt sie z. B. über besonders leistungsfähige Nieren, die sehr stark konzentrierten Urin produzieren und auf diese Weise möglichst viel Wasser im Körper zurückhalten. Ebenso wird bei der Bildung der Exkremente von der Darmwand relativ viel Wasser rückresorbiert – der Kot ist außergewöhnlich trocken.

Weitere abiotische Faktoren

Luft ist ein Gemisch mehrerer Gase, zu denen z. B. Sauerstoff und Kohlenstoffdioxid gehören. In der Atmosphäre ist der Anteil der Gase überall weitgehend gleich. In Gewässern hingegen kann es zu großen Schwankungen kommen, was einen erheblichen Einfluss auf die dortigen Lebewesen hat.
Auch **Salze** haben als lebensnotwendige Substanzen eine große Bedeutung für das Gedeihen von Lebewesen. So werden sie beispielsweise in der Landwirtschaft als Dünger eingesetzt.

1.2 Wirkungen biotischer Faktoren

Zu den biotischen Faktoren gehören z. B. zwischenartliche Konkurrenz, Parasitismus und Symbiose.

Biotische Faktoren

Parasitismus

Unter **Parasitismus** versteht man das Zusammenleben von Angehörigen zweier Arten, wobei der eine Partner als Parasit (Schmarotzer) einseitig auf Kosten des anderen Partners, des Wirtes, lebt.

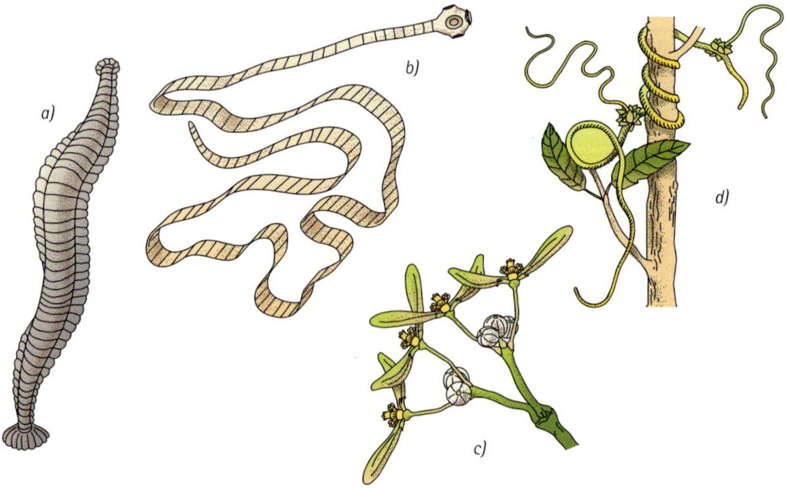

Parasiten: a) Blutegel, b) Bandwurm, c) Mistel, d) Kleeseide

Ein typischer Parasit ist der zu den Ringelwürmern gehörende **Blutegel**, der in Seen, Sümpfen und Tümpeln lebt. Will der Egel Blut saugen, so presst er seinen Kiefer auf die Haut des Opfers, ritzt sie an und versetzt das austretende Blut mit einem Sekret, das die Blutgerinnung verhindert. Mit seinem vorderen Saugnapf, der den Mund umgibt, saugt er sich fest und nimmt so viel Blut auf, dass er den Umfang seines Körpers bis auf das Vierfache vergrößert. Nach dieser Mahlzeit löst sich der Blutegel von seinem »Opfer« ab.

Ektoparasiten

Parasiten, die ihren Wirt von außen piesacken, nennt man **Ektoparasiten**; befallen sie ihn nur zeitweise, so spricht man von **temporären Parasiten**.

Die zu den Plattwürmern gehörenden **Bandwürmer** leben als ausgewachsene, geschlechtsreife Tiere im Darm ihres Wirtes mitten im Speisebrei – quasi wie im Schlaraffenland.

Endoparasiten

Parasiten, die im Inneren ihres Wirtes leben, nennt man **Endoparasiten**. Befallen sie ihren Wirt auf Dauer, bezeichnet man sie als **stationäre** Parasiten.

Auch unter den Pflanzen finden sich zahlreiche parasitäre Formen. Allseits bekannt ist die **Mistel** (Hexenkraut, Donnerbesen), die besonders im Winter auf den entlaubten sommergrünen Wirtsbäumen (Pappel, Linde etc.) auffällt, da sie selbst winterharte gelblichgrüne Blätter besitzt. Sie ist ein Beispiel für einen **Halbschmarotzer**. Mit ihren Wurzeln ist sie in der Rinde und im Holz der Wirtspflanze fest verankert und entzieht dieser Wasser und Nährsalze. Organische Nährstoffe stellt sie sich allerdings selbständig mithilfe der Photosynthese her.
Die fast blattlose **Kleeseide** (Hexenseide, Teufelszwirn) hingegen entzieht ihrem Wirt als **Vollschmarotzer** sowohl Wasser und Nährsalze als auch organische Nährstoffe. Dazu umwindet sie ihn mit einem Gewirr von zahlreichen Fäden, aus denen Saugorgane tief in das Wirtsgewebe eindringen.

Halb- und Vollschmarotzer

Halbschmarotzer entziehen ihrem Wirt Wasser und Nährsalze, betreiben aber selbständig Photosynthese.
Vollschmarotzer entziehen ihrem Wirt sowohl Wasser und Nährsalze als auch organische Nährstoffe

Parasiten müssen einige lebensnotwendige Leistungen nicht selbst erbringen, da ihnen ein Teil dieser »Arbeit« vom Wirt abgenommen wird. Sie weisen deshalb häufig charakteristische **Organrückbildungen** auf. So haben Bandwürmer beispielsweise weder Darm noch Mund. Ebenso fehlt ihnen ein Blutgefäßsystem.

Symbiose

Unter **Symbiose** versteht man das Zusammenleben von Angehörigen zweier aneinander angepasster Arten zu gegenseitigem Nutzen.

Dieses Prinzip ist in der Natur in zahllosen Varianten verwirklicht:

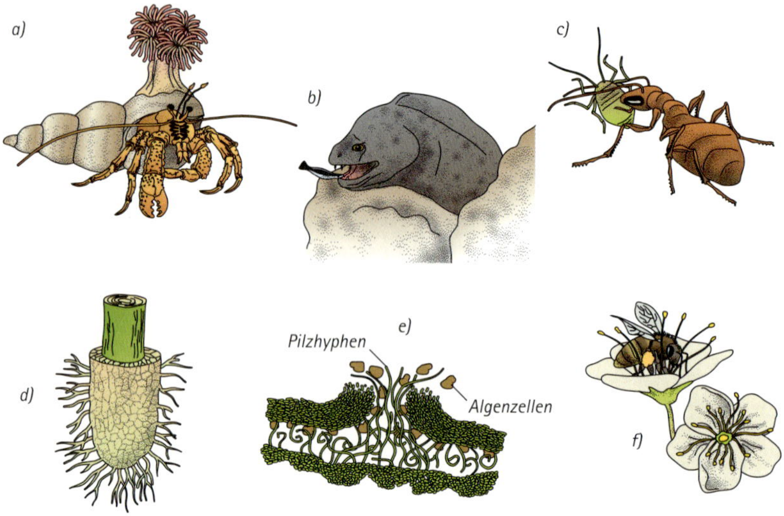

Symbiosen: a) Einsiedlerkrebs/Seerose, b) Putzerfisch/Raubfisch, c) Ameise/Blattlaus, d) Mykorrhiza, e) Flechten, f) Bestäubungssymbiose Biene/Kirschblüte

Einsiedlerkrebse halten sich zum Schutz ihres weichen, leicht verwundbaren Hinterleibs häufig in leeren Schneckenhäusern auf. Zusätzlich sitzt auf dieser Schale oft eine Seerose. Diese bietet mit ihren Fangarmen, die mit giftigen Nesselzellen bewehrt sind, ihrem Partner Schutz vor Fressfeinden wie den Tintenfischen. Bei den Wanderungen des Krebses hat die Seerose den Vorteil, ständig in frisches Wasser zu gelangen – eine Leistung, zu der das am Untergrund festgewachsene Tier selbst nicht fähig ist. Darüber hinaus fallen für die Seerose Futterreste an, wenn der Krebs seine Beute frisst. Weitere Beispiele für tierliche Symbiosen sind das Zusammenleben von Raubfischen mit Putzerfischen sowie von Ameisen mit Blattläusen.

Während man Champignons mühelos auf Pferdemist züchten kann, gedeihen viele andere Pilze nur in symbiotischer Partnerschaft mit einem Baum. Das unterirdische Pilzmycel umspinnt die Wurzeln des Baumes mit einem engen Fadengeflecht und dringt in die Wurzelrinde ein. Der Pilz wird vom Baum mit Kohlenhydraten versorgt. Umgekehrt liefert der Pilz das Wasser und verbessert die Mineralstoffversorgung des Baumes. Diese Symbiose zwischen den Wurzeln höherer Pflanzen und Pilzen bezeichnet man als **Mykorrhiza**. Manche Pilze bevorzugen ganz bestimmte Bäume. Der Birkenpilz kommt z. B. nur an Birken vor.

In Hochgebirgsgegenden über 6000 m Höhe, auf den Sandböden von Wüsten, ja selbst an den Polen findet man **Flechten**. Bei dieser Form von pflanzlichem Leben handelt es sich um eine besonders enge Form von Symbiose. Partner sind eine Pilz- und eine Algenart. Der Pilz versorgt die Alge mit Wasser und Mineralstoffen, die Alge bildet organische Nährstoffe, die wiederum dem Pilz zugute kommen.

Flechten sind Pionierpflanzen, d. h. die Erstbesiedler von Neuland!

Meist relativ kurzen Kontakt miteinander haben die Partner bei einer **Bestäubungssymbiose**. Am häufigsten ist dabei die Bestäubung durch Insekten. Aber auch Vögel und Fledermäuse können diese Aufgabe leisten. Um die Bestäuber anzulocken, muss die Blume quasi auf sich aufmerksam machen. Daraus erklären sich die auffallenden Farben, Formen und Düfte vieler Blüten.

Zwischenartliche Konkurrenz

Der russische Forscher *Gause* führte im Jahre 1934 ein Laborexperiment mit zwei nahe verwandten Arten von Pantoffeltierchen (Paramecien) durch. Zunächst hielt er jede Art für sich alleine und konnte feststellen, dass beide Paramecienformen gut gediehen. Anschließend wurden beide Arten in die gleiche Kultur gebracht. Es zeigte sich, dass nach 16 Tagen allein *Paramecium aurelia* überlebte, obwohl die Pantoffeltierchen sich nie gegenseitig angegriffen und auch keine Giftstoffe abgesondert hatten. Sie hatten aber miteinander um die Nahrung konkurriert und *P. aurelia* konnte wegen einer schnelleren Vermehrungsrate *P. caudatum* verdrängen.

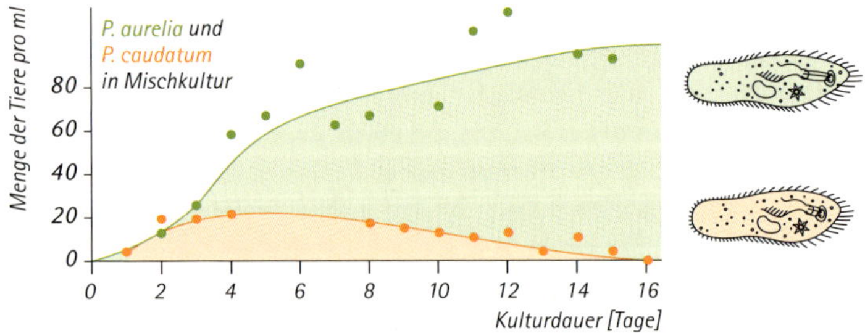

Konkurrenz zwischen zwei eng verwandten Arten von Pantoffeltierchen

Konkurrenzausschlussprinzip: Stehen zwei Populationen in vielen wesentlichen Faktoren (z. B. Nahrung, Futterplätze und Nistplätze) miteinander in Konkurrenz, so können auf Dauer nicht beide nebeneinander existieren – eine der beiden setzt sich vollständig durch.

Im tropischen Regenwald von Neu Guinea lebt die Fächertaube *(Goura cristata)*. Sie ist als die größte, fast truthahngroße Taubenart eine Attraktion in vielen Zoos.

Krontaube (Goura cristata)

Mit ihr im selben Gebiet leben noch 8 andere Taubenarten, die sich alle von Baumfrüchten ernähren. Dabei machen sie sich aber keine unmittelbare Konkurrenz. Die größeren Tauben landen auf dicken Ästen, um dort die Früchte zu fressen. Die kleineren Tauben lassen sich auf Zweigen nieder und suchen dort nach ihrer Nahrung. Da die verschiedenen Urwaldbäume sich hinsichtlich der Stärke ihrer Frucht tragenden Äste stark unterscheiden, wird auf diese Weise das »Obst« gleichmäßig auf alle 9 Taubenarten verteilt. Da jede Taubenart außerdem noch auf Früchte verschiedener Größe spezialisiert ist, verbreiten sie Samen verschiedener Baumarten. Jede Taubenart erfüllt also eine andere Aufgabe, sie besetzt eine eigene »Planstelle« im Beziehungsgeflecht des tropischen Regenwaldes.

Jede Art besetzt ihre eigene **ökologische Nische**.

Zwischen den Phänomenen Konkurrenzausschlussprinzip und ökologische Nische besteht ein enger Zusammenhang. Herrscht in einem Lebensraum Mangel, so überlebt eine Art am ehesten, wenn sie sich von ihren Konkurrenten ausreichend absetzen kann. Dabei kann sie z. B. den räumlichen Kontakt meiden oder die Nahrung und andere Ressourcen anders ausnutzen. Es herrscht also in der Natur eine Tendenz zur **Vielfalt**.

Ein Beispiel, das dieses Prinzip verdeutlicht, sind die verschiedenen Reiherarten, die man im schmalen Uferstreifen stehender Gewässer antreffen kann. Sie unterscheiden sich durch unterschiedliche Aktivitätszeit (Tag, Dämmerung, Nacht), unterschiedliche Jagdstandorte (Beinlänge!), andere Fangmethoden und andere Beute (Schnabel!).

Verschiedene Reiherarten: a) Nachtreiher, b) Graureiher, c) Purpurreiher

Weitere biotische Faktoren

Weitere Einflüsse, die aus der belebten Natur auf einen Organismus einwirken können, sind u.a. **Krankheitserreger**, **Artgenossen** als Kooperations- und Geschlechtspartner sowie **Fressfeinde**.

2 Ökosysteme

2.1 Was ist ein Ökosystem?

Im Wald begegnet man zahlreichen verschiedenen Arten von Lebewesen. Neben Bäumen gibt es viele andere Pflanzen wie Farne und Moose. Unter den Tieren fallen zuerst Vögel auf, z. B. Spechte, Meisen oder Eichelhäher. Aber auch Säugetiere wie Eichhörnchen, Rehe und Füchse sind mit Glück zu erspähen. Dazu kommt etliches Kleingetier wie Spinnen, Weberknechte, Ohrwürmer, Wanzen und Käfer, um nur eine kleine Auswahl zu nennen.

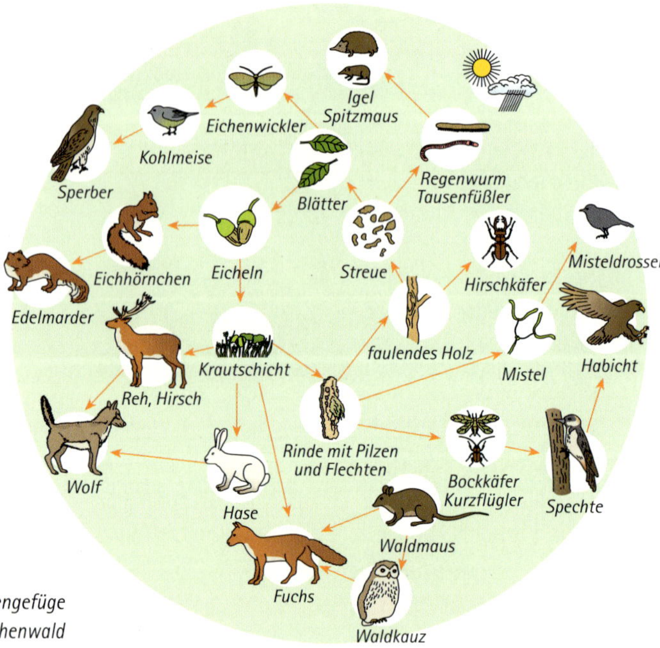

Artengefüge im Eichenwald

Der Wald ist also mehr als eine Menge von Bäumen. Er ist auch mehr als eine Ansammlung vieler verschiedener Arten von Lebewesen. Alle Organismen sind mit bestimmten Aufgaben »beschäftigt« und stehen dabei in mannigfaltiger Beziehung zu ihrer Umgebung.

So wie aus dem Zusammenschluss mehrerer Organe ein Organismus entsteht, der zu Leistungen befähigt ist, die für die Einzelorgane nicht möglich sind, so ist auch der Wald mehr als die Summe seiner Teile, er ist ein lebendiges **System**.

Die verschiedenen Lebewesen bilden dabei eine **Lebensgemeinschaft,** die Biozönose, die einen bestimmten **Lebensraum** (Biotop) besiedelt.

Ein **Ökosystem** ist das Wirkungsgefüge zwischen den Gliedern einer Lebensgemeinschaft und ihrem Lebensraum.

Alle Ökosysteme auf unserem Planeten zusammen bilden die **Biosphäre.**

Beispiele für Ökosysteme sind Wälder, Wiesen, Flüsse, Seen, Wattenmeer und Wüsten.

Ein intakter Wald bietet dem Menschen zahlreiche Vorteile. Er ist ein Gebiet, in dem man sich erholen kann und er erfüllt viele Schutzaufgaben.

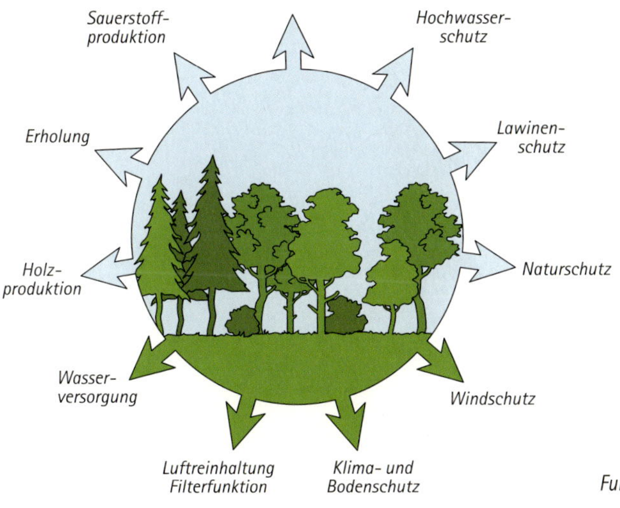

Funktionen des Waldes

2.2 Der Stoffkreislauf

Pflanzen besitzen die Fähigkeit, die im Sonnenlicht enthaltene Energie zum Aufbau von organischer Substanz zu nutzen. Dadurch kommt ihnen in einem Ökosystem eine Schlüsselstellung zu. Die photosynthetisch aktiven Pflanzen stellen als die **Erzeuger (Produzenten)** im Ökosystem aus energiearmen anorganischen Verbindungen wie Wasser und Kohlenstoffdioxid energiereiche organische Substanz her. Von dieser ernähren sich die **Verbraucher (Konsumenten)**. Die sich unmittelbar von der Pflanze ernährenden Tiere werden Konsumenten **1. Ordnung** genannt. Tiere, die von diesen Pflanzenfressern leben, bezeichnet man als Konsumenten **2. Ordnung**. Mit dem Tod all dieser Organismen entsteht abgestorbenes organisches Material, das von **Zersetzern (Destruenten)** wie Würmern, Pilzen und Bakterien zu energiearmer anorganischer Substanz abgebaut wird. Diese kann dann von den Pflanzen erneut in der Photosynthese verwertet werden.

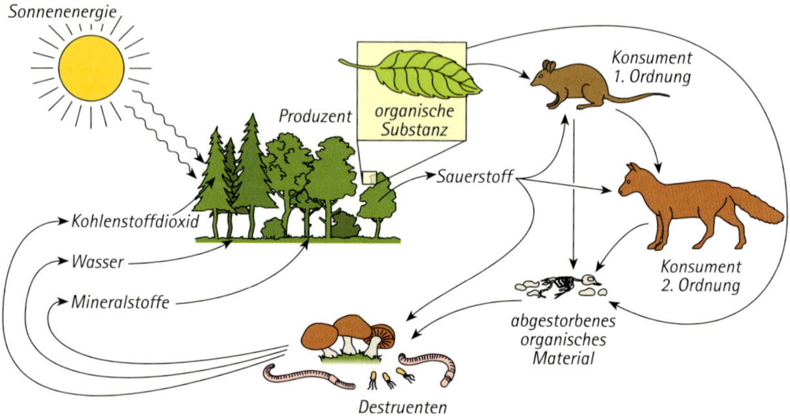

Stoffkreislauf

Die Pflanze als Produzent, die Maus als Pflanzenfresser, der Fuchs als Fleischfresser und Würmer sowie Mikroorganismen als Zersetzer der organischen Stoffe sind ein Beispiel für eine Reihe von Organismen, die ernährungsbedingt voneinander abhängen. Sie bilden eine **Nahrungskette**.
Nun werden aber Pflanzen auch von anderen Tieren als nur den Mäusen gefressen. Ebenso ernähren sich diese Nager von verschiedenen Futterpflanzen und haben noch andere Fressfeinde als Meister Reineke. Füchse schließlich jagen auch noch andere Tiere als Mäuse. Die Nahrungskette hat also etliche Verzweigungsstellen und wir können eher von einem **Nahrungsnetz** sprechen.

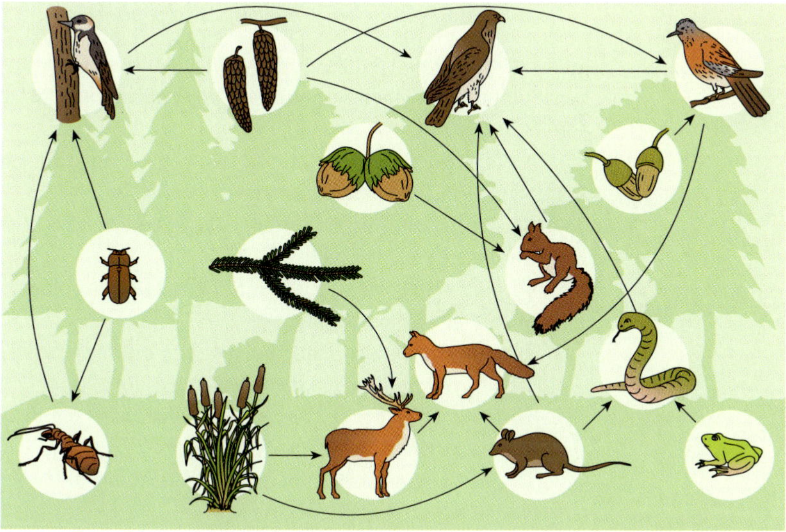

Nahrungsnetz im Mischwald

2.3 Räuber-Beute-Beziehung

Die verschiedenen Organismen einer Lebensgemeinschaft (Biozönose) beeinflussen sich gegenseitig. Besonders deutlich wird dies an einer Beziehung, die zwischen einem Raubtier und seiner Beute herrscht. Luchse jagen beispielsweise Rehe und können dadurch deren Zahl in Grenzen halten. Andererseits ist die Anzahl der Luchse auch abhängig von der Häufigkeit der Rehe.

Die Wechselwirkung zwischen Räuber und Beute lässt sich mit einem Wirkungspfeilschema erklären.

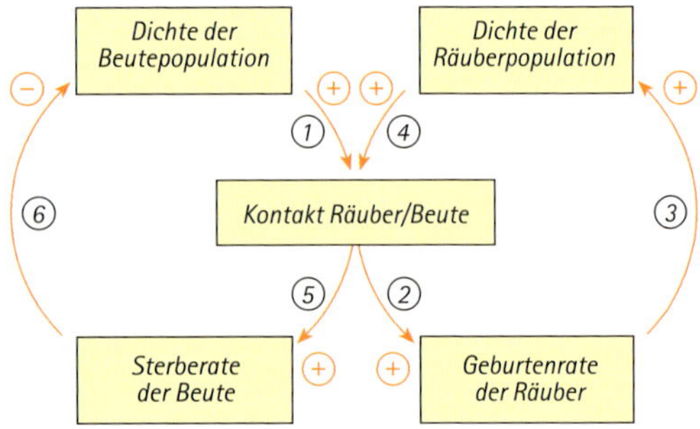

Abhängigkeit der Dichten von Räuber- und Beutepopulation

Aus dem Schema ergibt sich, dass eine Zunahme der Beutepopulation zu einem Anwachsen der Räuberpopulation führt:

① Je mehr Beutetiere es gibt, desto häufiger trifft ein Räuber auf eines davon und kann es erbeuten.

② Je öfter ein solcher Kontakt stattfindet, desto größer wird die Geburtenrate der Räuber.

③ Ein Anstieg der Geburtenrate führt zu einer größeren Dichte der Räuberpopulation.

Das Anwachsen der Räuberpopulation führt nach einiger Zeit zu einem Absinken der Beutepopulation:

④ Je mehr Räuber es gibt, desto häufiger trifft ein Beutetier auf einen davon und wird erlegt.

⑤ Je öfter ein solcher Kontakt stattfindet, desto größer wird die Sterberate der Beute.

⑥ Ein Anstieg der Sterberate führt zu einer geringeren Dichte der Beutepopulation.

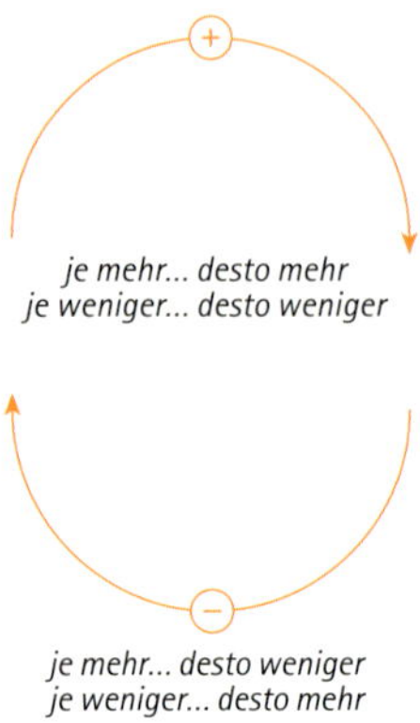

Wirkungspfeile

Die niedrigere Zahl von Beutetieren führt dann zu einer Verringerung der Anzahl der Räuber. Die Abnahme der Räuberpopulation erlaubt demzufolge das Anwachsen der Beutepopulation. Anschließend beginnt dieser Zyklus wieder von vorne.

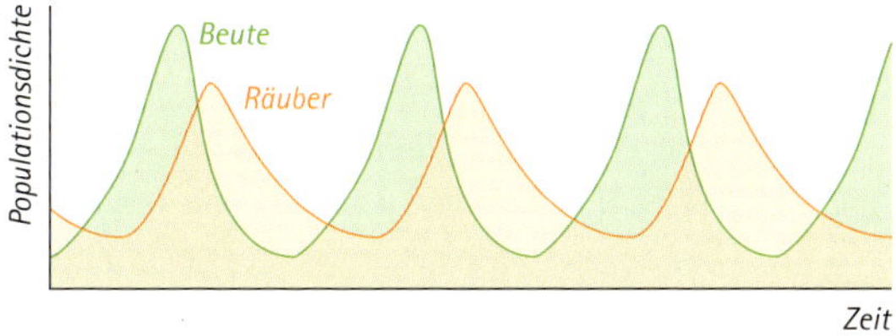

Veränderung der Populationsdichten im System Räuber-Beute

Räuber und Beute weisen typische Bestandsschwankungen auf. Man spricht vom **Massenwechsel** oder von **Dichtefluktuationen** beider Arten.

Allerdings treten in einem Ökosystem ja verschiedene Räuber und Beutetiere auf. Luchsen fallen auch Kaninchen, Hasen oder bodenbrütende Vögel zum Opfer. Und Rehe können z. B. auch noch von Bären oder Adlern gefressen werden. Die Verhältnisse werden dadurch viel komplizierter. Insgesamt stellt sich aber immer wieder ein ausgewogenes Verhältnis zwischen den verschiedenen Arten von Lebewesen ein, es besteht ein **biologisches Gleichgewicht**.

2.4 Energiefluss in Ökosystemen

Um die Lebensprozesse anzutreiben ist **Energie** erforderlich. Diese liefert in den meisten Ökosystemen die Sonne. Ihr Licht verwenden die Pflanzen zur Stoffproduktion durch Photosynthese. Dabei kommt es zum Zuwachs an **Biomasse**.

Unter Biomasse versteht man die Gesamtheit an organischer Substanz aller lebenden, toten und zersetzten Organismen eines Lebensraumes oder auch der ganzen Erde.

Energiefluss im Ökosystem

Die durch die Photosyntheseprozesse in Form energiereicher organischer Moleküle gespeicherte Energie wird dann quasi von Fressebene zu Fressebene weitergereicht. Das geht aber nicht ohne Verluste. Es wird immer nur ein Teil der mit der Nahrung aufgenommenen Energie genutzt. Der Rest geht z. B. durch Atmung verloren.

Die Biomasse nimmt Schritt für Schritt ab. Über den Daumen gepeilt kann man sagen, dass jeweils nur ein Zehntel der Energie in der nächsten Ebene ankommt. Und so nimmt es nicht wunder, dass Afrikareisende bei einer Safari in der Serengeti in aller erster Linie Gras sehen, dann etliche Gnus und nur wenige Löwen.

Dieser Zusammenhang ergibt in graphischer Darstellung das Bild einer **»Nahrungspyramide«**.

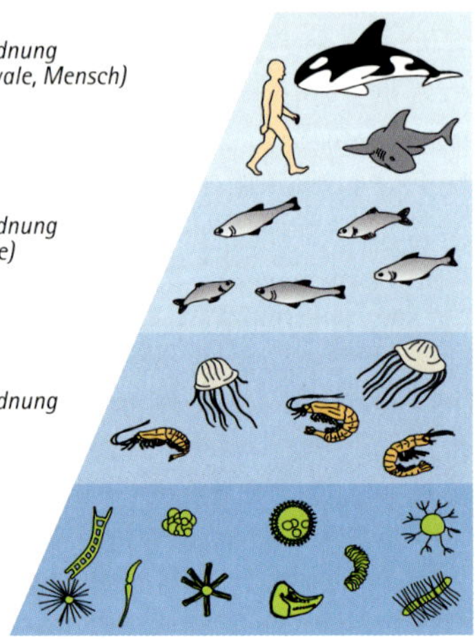

Nahrungspyramide

2.5 Das Ökosystem See

Das Ökosystem See ist in mehrere Lebensräume gegliedert:

- die Uferzone (Litoral),
- die Freiwasserzone (Pelagial),
- die Bodenzone (Benthal).

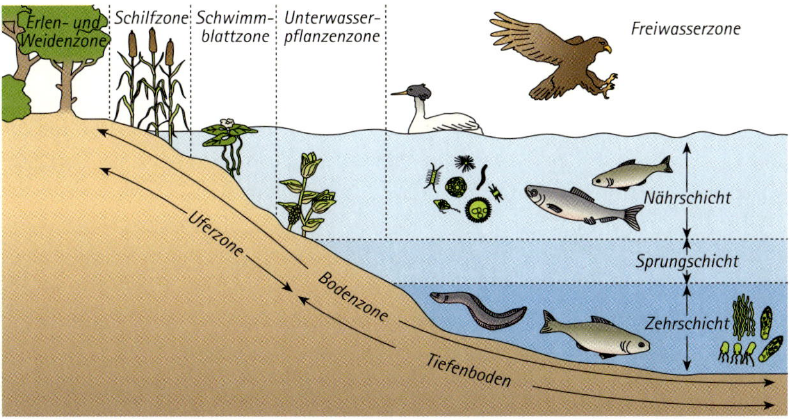

Lebensräume im See

In der **Uferzone** finden sich häufig Weiden und Erlen. Seewärts schließt sich eine Schilf- und danach eine Schwimmblattzone an. Die **Freiwasserzone** bietet Lebensraum für umhertreibende Kleinstlebewesen, das Plankton, und für Fische. Sie wird in drei Schichten untergliedert. Die oberste ist die lichtdurchflutete **Nährschicht**. In ihr schweben mikroskopisch kleine Algen, die als Produzenten die Nahrungsgrundlage für die anderen Lebewesen im Ökosystem See bereitstellen. Die unterste ist die lichtlose **Zehrschicht**. Die dort lebenden Organismen zehren von den Nährstoffen, die aus der Nährschicht absinken. Die mittlere Schicht ist die **Sprungschicht**. Sie trennt im Sommer das warme Wasser der Nährschicht vom kalten Wasser der Zehrschicht. Die **Bodenzone** geht am Seegrund über in den Tiefenboden, den Aufenthaltsort für Würmer, Insektenlarven, Bakterien und Pilze.

Oligotrophe Seen sind nährstoffarm. Ihr Wasser ist klar und das Ufer kaum bewachsen.

Eutrophe Seen sind nährstoffreich. Die Sichttiefe ist gering, das Ufer breit und dicht bewachsen.

3 Eingriffe des Menschen in Ökosysteme

3.1 Gewässer

Eutrophierung: Vorgänge, die zur Anhäufung von Nährstoffen und damit zum Wachstum von Algen und anderen Pflanzen in einem Gewässer führen

Mithilfe von Zersetzern (Destruenten) wie Würmern und Bakterien, die sich von abgestorbenem Material ernähren, besitzen Gewässer die Fähigkeit zur **natürlichen Selbstreinigung**. Vom Menschen stammende **Abwasser** können die **Eutrophierung** von Gewässern **beschleunigen**. Auf den Gewässerboden sinkende Substanz kann wegen eintretenden Sauerstoffmangels nicht mehr abgebaut werden. Es bilden sich **Faulschlamm** und schließlich **Faulgase**. Der See kann **»umkippen«**. Es ist deshalb notwendig Haushalts- und Industrieabwässer zu reinigen, bevor man sie in ein Gewässer einleitet.

In einer Kläranlage wird das Abwasser in drei Stufen gereinigt.

- Mechanische Reinigungsstufe: Grob- und Feinrechen, Sandfang, Vorklärbecken, Faulturm;
- Biologische Reinigungsstufe: Belüftungsbecken, Nachklärbecken;
- Chemische Reinigungsstufe: Ausfällung von Salzen.

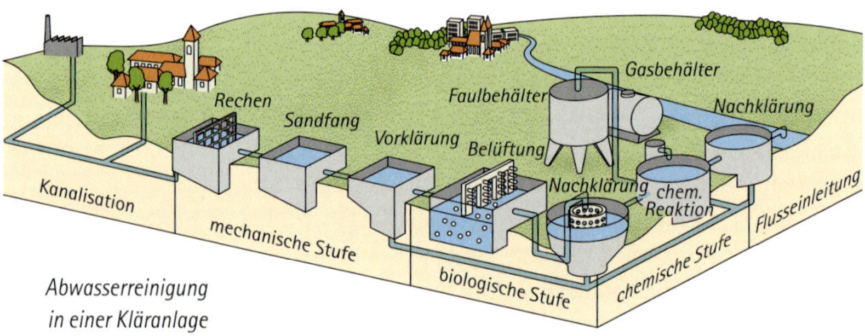

Abwasserreinigung in einer Kläranlage

3.2 Landwirtschaft

Bei **Monokultur** wird nur eine einzige Art angepflanzt. Beispiele für Monokulturen sind ein großer Kartoffelacker, ein Mais- oder Weizenfeld oder auch ein Fichtenreinbestand als Wald.

Diese Anbaumethode bringt Vorteile meist ökonomischer Art mit sich, es ergeben sich aber auch Probleme:

- Es kommt zur **Bodenverarmung**, der Boden kann nur noch wenig Nährsalze speichern. Um weiterhin ertragreiche Ernten zu ermöglichen, müssen mineralische und organische Stoffe in Form von **Dünger** zugeführt werden.
- Es kann zum massenhaften Auftreten von **Schädlingen** kommen. Als Gegenmaßnahme besonders wirksam sind die chemische und die biologische Schädlingsbekämpfung.

Kartoffelkäfer am Kartoffellaub

Unter chemischer Schädlingsbekämpfung versteht man den Einsatz von Stoffen, die für die Schädlinge giftig sind.

Diese **Biozide** oder **Pestizide** werden je nach ihrer Wirkung in verschiedene Gruppen unterteilt:

- **Insektizide** zur Bekämpfung von Insekten,
- **Acarizide** zur Bekämpfung von Milben,
- **Fungizide** zur Bekämpfung von Pilzen,
- **Herbizide** zur Bekämpfung von Unkräutern usw.

Chemische Schädlingsbekämpfung. Sie kann unerwünschte Nebenwirkungen haben: Ist der Wirkstoff eine fettlösliche Substanz, wird er im Fettgewebe abgelagert und über die Nahrungskette »weitergereicht«. Dabei kommt es zur **Anreicherung in der Nahrungskette**. Ein bekanntes Beispiel dafür ist die Anreicherung des Insektengiftes DDT. Dieses wurde auf Äcker gesprüht, dann aber durch Wind und Regen auch in das Meer verfrachtet. Die Vorgänge werden in der folgenden Abbildung veranschaulicht.

Mengeneinheit ppm = parts per million, 1 Teil auf 1 Million Teile

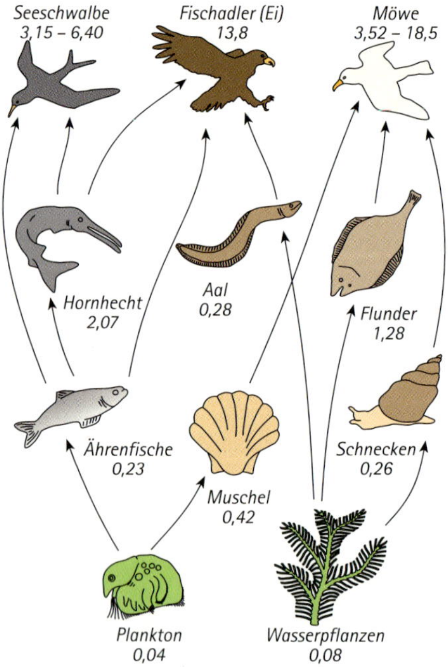

Anreicherung von DDT in einer Nahrungskette, in ppm-Werten angegeben

Beim Einsatz eines Biozids befinden sich unter den bekämpften Organismen einzelne, denen das Gift nichts anhaben kann. Die besonderen Eigenschaften, die diese »Giftfestigkeit« bewirken, sind erblich und werden an die Nachkommen weitergegeben. Es kommt zur **Ausbildung von Resistenzen.**

Viele Biozide wirken nicht nur auf Schädlinge, sondern auch auf andere Arten ein und führen zu einer **Störung des ökologischen Gleichgewichts**. Ein Insektizid trifft beispielsweise nicht nur das Schadinsekt, sondern auch ein Raubinsekt als den Feind des Schädlings.

Biologische Schädlingsbekämpfung. Hierbei versucht man den Schädling zurückzudrängen, indem man Lebewesen einsetzt und biologische Wechselwirkungen ausnutzt. Hierfür gibt es mehrere Möglichkeiten:

- **Förderung von Nützlingen**,
- **Einsatz von natürlichen Feinden** (Räuber, Parasiten, Krankheitserreger),
- **Anlockung** (z. B. mit Lichtfallen),
- **Selbstvernichtungsverfahren** (z. B. Einsatz steril gemachter Männchen).

Integrierter Pflanzenschutz. Bei diesem Verfahren werden die verschiedenen Methoden der Schädlingsbekämpfung zweckmäßig miteinander kombiniert.

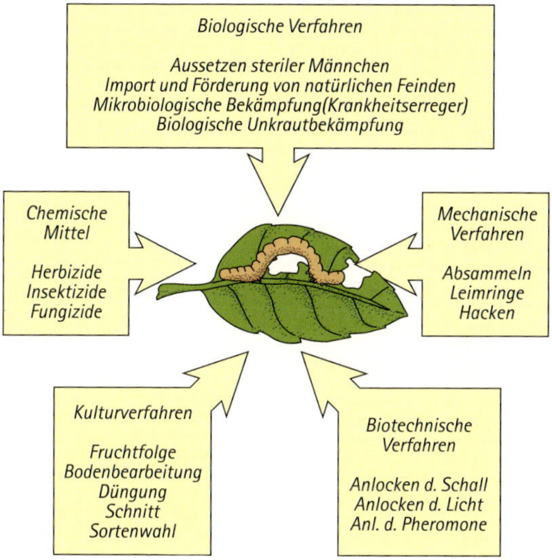

Integrierter Pflanzenschutz und Pflanzenbau

3.3 Luft

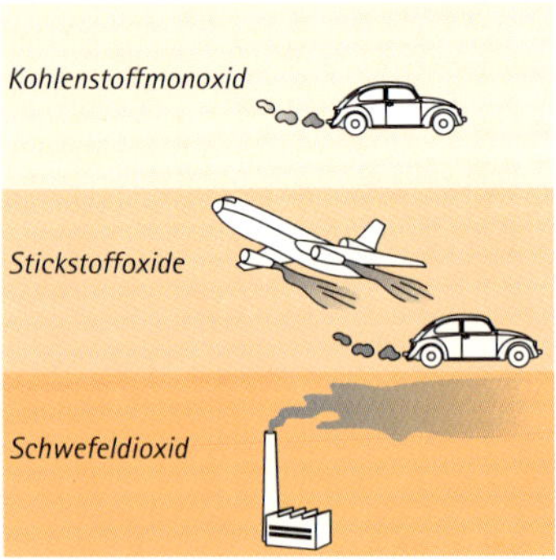

Schadstoffe in der Luft

Die Atmosphäre der Erde besteht aus einem Gemisch von Gasen, das als Luft bezeichnet wird.

Trockene Luft hat folgende Zusammensetzung:
78 Volumenprozent Stickstoff
21 Volumenprozent Sauerstoff
0,93 Volumenprozent Argon (ein Edelgas)
0,035 Volumenprozent Kohlenstoffdioxid.

Daneben enthält die Atmosphäre weitere Edelgase sowie Methan, Ozon, Kohlenstoffmonoxid, Schwefeldioxid und Stickstoffoxide.

Diese Gase können natürlichen Ursprungs sein, z. B. von einem Vulkanausbruch stammen. Sie können aber auch durch den Menschen zusätzlich verursacht sein.

Bei der Verbrennung schwefelhaltiger fossiler Brennstoffe wie Kohle entsteht **Schwefeldioxid**. Dieses farblose, stechend riechende Gas führt zu gesundheitlichen Belastungen der Atemwege, zur Schädigung pflanzlicher Organismen durch Zerstörungen des Zellgewebes und zur Bildung sauren Regens.

Saurer Regen enthält Schwefelsäure. Diese reagiert mit Kalk und zersetzt auf diese Weise Steine und Mauerwerk. Denkmäler und Kunstwerke aus Marmor oder Sandstein werden stark beschädigt.

Umweltschäden an einer alten Steinfigur

Stickstoffoxide entstehen als Nebenprodukte bei Verbrennungsvorgängen wie der Verbrennung von Benzin im Kfz-Motor. Sie führen in der unteren Atmosphäre zur Bildung von **Ozon**, einem Gas, das die Atemwege stark reizt und bereits in geringen Mengen giftig ist.

Der Stickstoffoxidgehalt im Auspuffgas der Kraftfahrzeuge kann durch Einbau eines »geregelten Katalysators« deutlich gesenkt werden. Dieser sorgt dafür, dass schädliche Stickstoffoxide und giftiges **Kohlenstoffmonoxid** in die beiden normalen Luftbestandteile Stickstoff und Kohlenstoffdioxid umgewandelt werden.

Bei der Verbrennung fossiler Brennstoffe wie Benzin, Dieselkraftstoff, Heizöl, Erdgas wird **Kohlenstoffdioxid** freigesetzt, das sich in der Luft anreichert. Kohlenstoffdioxid trägt zum **Treibhauseffekt** bei, d. h. die Erdatmosphäre wird zusätzlich erwärmt. Die Sonnenstrahlung, die fast ungehindert auf die Erdoberfläche fallen kann, wird von dieser reflektiert und in langwelligere Strahlung umgewandelt. Diese wird dann von den Treibhausgasen in der Atmosphäre absorbiert und in Wärmeenergie umgesetzt. Der steigende Kohlenstoffdioxid-Gehalt verstärkt den Treibhauseffekt. Das Abschmelzen von Gletschern und andere Klimabeobachtungen lassen eine weltweite Erwärmung erwarten. Um dieser vorzubeugen, muss der Ausstoß von Kohlenstoffdioxid in die Atmosphäre gesenkt werden. Dies kann durch sparsameren Verbrauch fossiler Brennstoffe geschehen. Eine Möglichkeit hierzu ist der Ersatz von Erdöl oder Kohle durch den Anbau **nachwachsender Rohstoffe**. Dadurch wird die Kohlenstoffdioxid-Bilanz verbessert. Bei der Verbrennung nachwachsender Rohstoffe fällt zwar auch Kohlenstoffdioxid an, aber beim Wachstum der Pflanzen wird dieses Gas durch die Photosynthese verbraucht und der Atmosphäre entzogen. Der Kohlenstoffdioxid-Gehalt der Atmosphäre bleibt im Prinzip konstant.

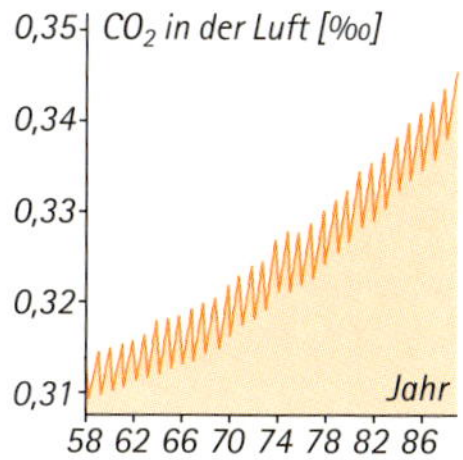

Anstieg des CO_2-Gehalts der Atmosphäre

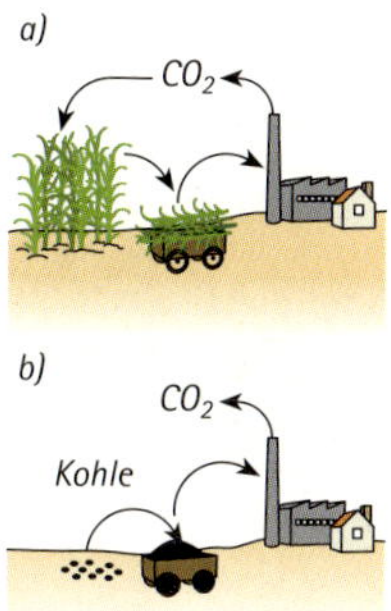

Nachwachsende Rohstoffe

4 Naturschutz

Um bestimmte Teile der Natur zu erhalten, können sie unter Schutz gestellt werden. Es gibt geschützte Tiere und Pflanzen oder auch geschützte Gebiete.

Ein **Naturschutzgebiet** ist ein kleinflächiges Gebiet mit einem seltenen Tier- oder Pflanzenbestand oder mit erhaltenswerten Ökosystemen wie z. B. Wälder und Moore. Ein **Nationalpark** ist ein großflächiges Schutzgebiet mit einem wertvollen Naturbestand, der erhalten werden soll.

Geschützte Tiere und Pflanzen sind Arten, die in der heimatlichen Natur in ihrem Vorkommen stark gefährdet oder gar vom Aussterben bedroht sind.

Naturschutz

Ein Beispiel für bedrohte Tiere sind die Amphibien (Lurche). Ihr Bestand ist in den letzten Jahrzehnten massiv zurückgegangen, da ihre natürlichen Lebensräume zerstört wurden. Beispielsweise wurden Tümpel mit Schutt und Müll zugefüllt, wodurch die Amphibien ihre Laichgewässer verloren. Oder es wurden Sumpfwiesen trockengelegt und in Getreidefelder verwandelt – die Lurche verloren so Nahrungsgebiete. Schädlingsbekämpfungsmittel schädigen die Amphibien entweder direkt oder durch Vergiftung ihrer Beutetiere. Stark befahrene Straßen durchschneiden die Wanderwege von Fröschen und Kröten – viele der Tiere werden kurz vor der Fortpflanzung Opfer des Straßenverkehrs. Aus all diesen Gründen ist es durch Naturschutzgesetze verboten, Amphibien, ihre Entwicklungsstadien oder ihren Laich aus der Natur zu entnehmen. Vielmehr sollen diese Tiere durch Schutzmaßnahmen gefördert werden. Man kann z. B. noch vorhandene Feuchtgebiete erhalten und in Gärten oder Schulanlagen Teiche anlegen. Wichtig ist es auch, die Laichwanderungen von Amphibien vor dem Straßenverkehr abzusichern. Dazu werden z. B. »Krötenzäune« errichtet und die sich dort ansammelnden Tiere werden von Helfern über die Straße getragen.

Bei Pflanzen gibt es zwei verschiedene Stufen des Schutzes: Von **teilweise geschützten Pflanzen** darf man zwar einen Handstrauß pflücken, aber Wurzeln und Zwiebeln müssen an Ort und Stelle bleiben.

Vollkommen geschützte Pflanzen dürfen weder gepflückt noch ausgegraben werden. Dazu gehören unter vielen anderen der Frauenschuh und der Türkenbund.

Im Zweifesfall begnügt man sich mit Fotografieren oder Anschauen. Nicht die Angst vor Geldstrafen bis zu 10 000 Euro, sondern die Achtung vor den Geschöpfen sollte einen leiten!

Frauenschuh: eine geschützte Orchideenart

Auf einen Blick: Wechselbeziehungen mit der Umwelt

Abhängigkeit der Lebewesen von abiotischen und biotischen Faktoren

- Auf einen Organismus wirken **abiotische Faktoren** (sie stammen aus der unbelebten Umwelt) und **biotische Faktoren** (sie stammen aus der belebten Umwelt) ein. Abiotische Faktoren sind z. B. **Temperatur**, **Licht** und **Wasser**.
- Für jede Art gibt es ein **Temperaturoptimum**, bei dem sie am besten gedeiht. **Gleichwarme Tiere** können ihre Körpertemperatur unabhängig von der Umgebungstemperatur relativ konstant halten. Bei **wechselwarmen Tieren** schwankt die Körpertemperatur mit der Umgebungstemperatur.
- **Langtagpflanzen** blühen nur dann, wenn die Tageslänge eine bestimmte Dauer (z. B. 14 Stunden) überschreitet. **Kurztagpflanzen** hingegen beginnen nur dann zu blühen, wenn die Tageslänge einen bestimmten Wert (z. B. 12 Stunden) unterschreitet. Bei **Schattenpflanzen** wird die konstante maximale Photosyntheseleistung bereits bei niedriger, bei **Sonnenpflanzen** hingegen erst bei relativ hoher Beleuchtungsstärke erreicht.
- **Feuchtpflanzen** besitzen großflächige, häufig dünne Laubblätter. Die Spaltöffnungen sind oft hervorgehoben. **Trockenpflanzen** besitzen hingegen meist kleine, lederartige Blätter mit häufig tief eingesenkten Spaltöffnungen.
- Biotische Faktoren sind z. B. **Parasitismus**, **Symbiose** und **zwischenartliche Konkurrenz**.
- Unter **Parasitismus** versteht man das Zusammenleben von Angehörigen zweier Arten, wobei der eine Partner als Parasit (Schmarotzer) einseitig auf Kosten des anderen Partners, des Wirtes, lebt.
- Unter **Symbiose** versteht man das Zusammenleben von Angehörigen zweier aneinander angepasster Arten zu gegenseitigem Nutzen.

Ökosysteme

- Ein **Ökosystem** ist das Wirkungsgefüge zwischen den Gliedern einer **Lebensgemeinschaft** und ihrem **Lebensraum (Biotop)**. Beispiele für verschiedene Ökosysteme sind Wälder, Wiesen, Flüsse, Seen, das Wattenmeer oder auch Wüsten.
- Alle Ökosysteme auf unserem Planeten zusammen bilden die **Biosphäre**.
- Die photosynthetisch aktiven Pflanzen stellen als die **Erzeuger (Produzenten)** eines Ökosystems energiereiche organische Substanz her. Von dieser ernähren sich die **Verbraucher (Konsumenten)**. Abgestorbenes organisches Material wird von **Zersetzern (Destruenten)** zu energiearmer anorganischer Substanz abgebaut.

Diese kann dann von den Pflanzen erneut in der Photosynthese verwertet werden. Organismen, die ernährungsbedingt voneinander abhängen, bilden eine **Nahrungskette** oder **Nahrungsnetze**.

- In einer **Räuber-Beute-Beziehung** zeigen beide Populationen charakteristische **Bestandsschwankungen**, d. h. es zeigt sich ein Auf und Ab in den Populationsdichtekurven sowohl der Beute als auch des Räubers. Man spricht vom **Massenwechsel** oder von **Dichtefluktuationen** beider Arten.
- Das **Ökosystem See** ist in mehrere Lebensräume gegliedert:
  - die Uferzone (Litoral),
  - die Freiwasserzone (Pelagial),
  - die Bodenzone (Benthal).

Die Freiwasserzone bietet Lebensraum für das Plankton und für Fische und wird in Schichten untergliedert: die lichtdurchflutete **Nährschicht** mit warmem Wasser, die lichtlose **Zehrschicht** mit kaltem Wasser und als Übergangsbereich die **Sprungschicht**.

- **Oligotrophe** (nährstoffarme) Seen sind arm an Mineralstoffen. Das Wasser ist klar und das Ufer kaum bewachsen. **Eutrophe** (nährstoffreiche) Seen sind mineralstoffreich, die Sichttiefe ist gering, das Ufer breit und dicht bewachsen. Unter **Eutrophierung** versteht man Vorgänge, die zur Anhäufung von Nährstoffen und damit zu verstärktem Wachstum von Algen und anderen Pflanzen führen.

Eingriffe des Menschen in Ökosysteme

- Gelangt **Abwasser** in einen Fluss, so wird die **natürliche Selbstreinigung** des Gewässers wirksam.
- Durch die von Menschen verursachte Zufuhr von organischen Nährstoffen und Mineralstoffen wird die **Eutrophierung** von Gewässern **beschleunigt**. Es bilden sich Faulschlamm und schließlich Faulgase. Der See geht vom aeroben in den anaeroben Zustand über (»Umkippen«).
- Die **Abwasserreinigung** in einer **Kläranlage** erfolgt **in drei Stufen**:
  - Mechanische Reinigungsstufe: Grob- und Feinrechen, Sandfang, Vorklärbecken, Faulturm;
  - Biologische Reinigungsstufe: Belüftungsbecken, Nachklärbecken;
  - Chemische Reinigungsstufe: Ausfällung von Salzen.
- Bei **Monokultur** wird nur eine einzige Art angepflanzt. Diese Anbaumethode bringt Vorteile meist ökonomischer Art mit sich, es ergeben sich aber auch Probleme: Bodenverarmung, massenhaftes Auftreten von Schädlingen.
- Unter **chemischer Schädlingsbekämpfung** versteht man den Einsatz von Substanzen, die für die Schädlinge toxisch wirken. Diese **Biozide** oder **Pestizide** werden je nach ihrer Wirkung in verschiedene Gruppen unterteilt:

- Insektizide zur Bekämpfung von Insekten,
- Acarizide zur Bekämpfung von Milben,
- Fungizide zur Bekämpfung von Pilzen,
- Herbizide zur Bekämpfung von Unkräutern.

- Die chemische Schädlingsbekämpfung kann **unerwünschte Nebenwirkungen** haben: Anreicherung von Giften in der Nahrungskette, Ausbildung von Resistenzen, Störung des ökologischen Gleichgewichts.
- Bei der **biologischen Schädlingsbekämpfung** versucht man durch Verwendung von Lebewesen und unter Ausnutzung biologischer Wechselwirkungen den Schädling zurückzudrängen. Hierfür gibt es mehrere Möglichkeiten:
die Förderung von Nützlingen, den Einsatz von natürlichen Feinden (Räuber, Parasiten, Krankheitserreger), die Anlockung (z. B. mit Lichtfallen) und Selbstvernichtungsverfahren (z. B. Einsatz steril gemachter Männchen).
- Bei der Verbrennung schwefelhaltiger fossiler Brennstoffe wie Kohle entsteht **Schwefeldioxid SO_2**. Dieses farblose, stechend riechende Gas belastet die Atemwege, schädigt pflanzliche Organismen durch Zerstörungen des Zellgewebes und führt zur Bildung sauren Regens.
- **Stickstoffoxide NO_x** entstehen als Nebenprodukte bei Verbrennungsvorgängen wie der Verbrennung von Benzin im Kfz-Motor. Sie führen in der unteren Atmosphäre zur Bildung von **Ozon**, einem Gas, das die Atemwege stark reizt und bereits in geringen Mengen giftig ist.

Naturschutz

- Ein **Naturschutzgebiet** ist ein kleinflächiges Gebiet mit seltenem Tier- und Pflanzenbestand oder mit erhaltenswerten Ökosystemen. Ein **Nationalpark** ist ein großflächiges Schutzgebiet mit einem wertvollen Naturbestand.
- **Geschützte Tiere und Pflanzen** sind Arten, die in der heimatlichen Natur in ihrem Vorkommen stark gefährdet oder gar vom Aussterben bedroht sind.

Verhalten

Tiere und Menschen zeigen Verhaltensweisen: Es sind typische Bewegungsfolgen, Körperstellungen und Lautäußerungen zu beobachten, die durch Reize ausgelöst werden. Angeborenes Verhalten ist ebenso charakteristisch wie Körpermerkmale. Meist wirken angeborene und erlernte Verhaltensanteile zusammen. Lernen bedeutet Erfahrungen zu speichern und bei Bedarf wieder abzurufen. Viele Tiere und der Mensch leben in Sozialverbänden zusammen, in denen das Verhalten untereinander geregelt ist. Bei der Bewältigung von Konflikten tritt häufig aggressives Verhalten auf.

1 Verhalten – was ist das?

Katze erblickt eine Maus

Verhalten lässt sich in einzelne Einheiten gliedern, die **Verhaltensweisen**, die in immer gleicher Weise ablaufen. Alle Verhaltensweisen lassen sich unterschiedlichen Funktionskreisen zuordnen: Ruhe- und Fortbewegungsverhalten, Körperpflegeverhalten, Ernährungsverhalten, Fortpflanzungsverhalten, Revier- und Aggressionsverhalten.

Wenn eine Katze von weitem eine Maus erblickt, wird sie auf diese zuschleichen und versuchen sie zu erjagen. Die Maus hat auf sie als **Reiz** gewirkt. Da er wie ein Schlüssel zur **Handlung/Reaktion** wirkt, wird er als **Schlüsselreiz** bezeichnet. Schlüsselreize können von der belebten und unbelebten Umwelt eines Tieres ausgehen: z. B. von Feinden, Beutetieren, Regen, Kälte, Dunkelheit.

Auslöser sind Reize, die von Artgenossen ausgehen.

Eine fremde Katze, die im Revier auftaucht, löst z. B. ein Droh- und Aggressionsverhalten aus. Wird die Reaktion von einem Artgenossen ausgelöst, bezeichnet man diesen Reiz als **Auslöser**.

Menschen und Tiere sind allerdings nicht jederzeit bereit auf jeden beliebigen Reiz zu reagieren, sie müssen in der entsprechenden »Stimmung«, Bereitschaft sein. Nur wenn eine **Handlungsbereitschaft** vorhanden ist, wird im Gehirn ein **Auslösemechanismus** in Gang gesetzt. Er wirkt wie ein Filter und sorgt dafür, dass der auslösende Reiz nur mit einer ganz bestimmten Verhaltensweise beantwortet wird.

Ist die Handlungsbereitschaft besonders hoch, suchen die Lebewesen förmlich nach den entsprechenden Schlüsselreizen oder Auslösern. So geht ein hungriger Mensch gezielt auf die Suche nach Essen, sein Hunger beschreibt die Handlungsbereitschaft zur Nahrungsaufnahme.

Verhaltensweisen werden oft ebenso vererbt wie Merkmale im Körperbau. Solche Verhaltensweisen bezeichnet man als **angeboren**. An **isoliert aufgezogenen** Eichhörnchen kann man beobachten, dass 8 Wochen alte Tiere eine Nuss als Nahrungsquelle erkennen und zu knacken versuchen. Die Technik des Öffnens müssen sie allerdings erst **lernen**, dabei entwickeln sie unterschiedliche Techniken – **Übung** macht dabei den Meister.

Eichhörnchen beim Nüsseknacken

Alles, was Tiere tun, nennt man ihr Verhalten. Hierzu gehören alle Bewegungen, Lautäußerungen und Körperhaltungen sowie äußerlich erkennbare Veränderungen, die der gegenseitigen Verständigung dienen.

Attrappenversuche. Sie dienen in der Verhaltensforschung dazu, die auslösenden Reize, Schlüsselreize, einer Verhaltensweise herauszufinden. **Attrappen** sind vereinfachte Nachbildungen eines Tieres oder Gegenstandes. **Ein** zu untersuchendes **Merkmal** wird dabei kontinuierlich verändert, während alle anderen Merkmale konstant gehalten werden. Form, Umriss und Größe, Farbe, Geruch, Geschmack und Bewegungen können so einzeln untersucht werden.

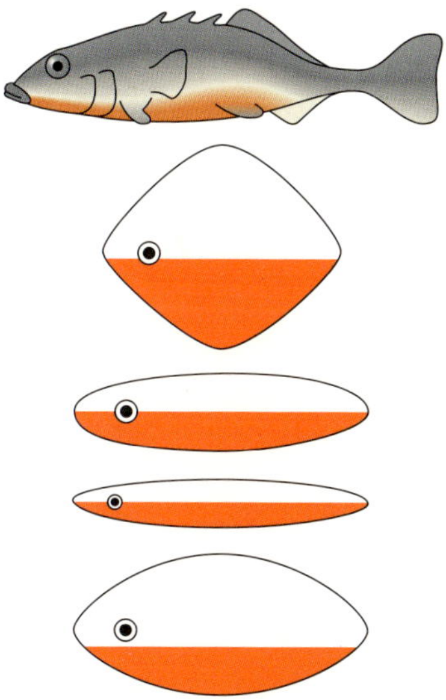

Stichling mit Stichlingsattrappen

2 Instinktverhalten - Handlungsketten

Ein Kohlweißling, der gerade aus seiner Puppenhülle geschlüpft ist und dessen Flügel erhärtet sind, kann fliegen **(angeborenes Können)**. Er beherrscht einen bestimmten Bewegungsablauf, dieser ist ihm **angeboren (Erbmotorik)**. Seine Eier legt er an Kohlpflanzen ab, an denen die Raupen optimale Entwicklungsbedingungen haben. Die Kohlpflanzen wirken als **Schlüsselreize**, er hat sie ohne vorherige Erfahrung als solche erkannt **(angeborenes Erkennen)**.

oben: Kohlweißling, rechts: Kaisermantel

> Werden Schlüsselreize oder Auslöser angeborenermaßen mit Handlungen verknüpft, liegt instinktives Verhalten, eine Instinkthandlung vor.

2.1 Instinktverhalten

Reflexe stellen die einfachste Form einer Reizbeantwortung dar, sind angeboren, laufen relativ starr ab und sind jederzeit auslösbar. Als Schutzreaktionen sollen sie den Körper vor Schaden bewahren: Schluck-, Lidschluss-, Nies-, Husten-, Brech-, Rückziehreflex.

Das Kaisermantel-Männchen fliegt während der Balzzeit scheinbar ziellos umher. Begegnet es dabei zufällig einem Kaisermantel-Weibchen, das während der Balzzeit einen ganz spezifischen Duft aussendet, nimmt das Männchen diesen Duft wahr, balzt vor dem Weibchen und versucht, sich mit ihm zu paaren. Dieser angeborene Verhaltensablauf lässt sich in **drei typische Phasen** unterteilen:
Das scheinbar ungezielte Umherfliegen ist auf eine hohe **Handlungsbereitschaft**, die in der Balzzeit zur Bewegungsunruhe führt, zurückzuführen. Diese Phase des **ungerichteten Suchens** wird als **Appetenzverhalten** bezeichnet, es erhöht die Wahrscheinlichkeit für die auslösende Reizsituation. Entdeckt das Männchen das gesuchte Objekt, so fliegt es zielgerichtet auf dieses Objekt zu. Es findet eine **gerichtete Annäherung**, die **Orientierungsreaktion**, statt. Trifft er

auf ein arteigenes Weibchen – der Duft wirkt dabei als zusätzlicher Reiz – kommt es zum Balzverhalten und möglicherweise zur Paarung. Diese dritte Phase der Instinkthandlung wird als **Endhandlung** bezeichnet.

Erbkoordination ist eine Endhandlung, die aus einer fest programmierten Abfolge von Einzelbewegungen besteht und im Gegensatz zur Orientierungsreaktion relativ formstarr und von Außenreizen unabhängig verläuft.

2.2 Handlungskette beim Stichling

Im Frühjahr verlassen die Stichlingsmännchen den Schwarm und besetzen an flachen, warmen Stellen im Gewässer ein eigenes **Revier** von etwa 1 m Durchmesser. Sie sind jetzt intensiv gefärbt: Ihr Bauch ist rot, die Iris ihrer Augen leuchtet blau. Die Reviere werden gegenüber anderen Männchen verteidigt. Aus feinem Pflanzenmaterial und Schleim bauen sie **Nester**, in die sie mit ihrem Körper einen Tunnel bohren. Erscheint ein laichbereites Stichlingsweibchen im Revier, das Männchen erkennt es an seinem dicken, silbrigen Bauch, wird eine **Handlungskette** in Gang gesetzt: Dabei wirkt jede Verhaltensweise des einen Partners als Auslöser für die nächste Verhaltensweise des anderen Partners. Fehlt ein entsprechender Reiz, wird das weitere Verhalten nicht mehr gezeigt. Auf die Ausführung einer Verhaltensweise folgt also zeitlich klar geordnet eine nächste. Läuft die Handlungskette ungestört ab, legt das Weibchen am Ende die Eier im Nest ab und das Männchen besamt sie.

Balzverhalten des Stichlings

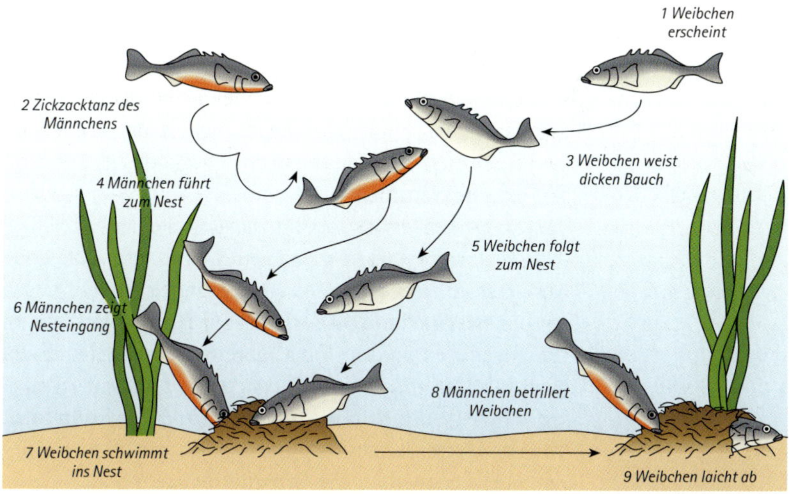

3 Angeborenes Verhalten beim Menschen

Angeboren: lächeln, weinen, lachen ...

Am Gesichtsausdruck kann man oft ablesen, wie sich Personen fühlen, oder wie sie sich zu fühlen vorgeben. Ausdrucksbewegungen wie Grüßen, Flirten, Freude, Traurigkeit, Unterwerfung, Aggression, Imponieren oder Drohen sind bei Menschen **aller Kulturen** ähnlich, was darauf hindeutet, dass sie **angeboren** sind. Allerdings gibt es Unterschiede, wann und wem gegenüber bestimmte Gefühle gezeigt werden, diese Normen werden gelernt. Beobachtungen an **taubblind geborenen Kindern** geben weitere Hinweise auf angeborenes Verhalten beim Menschen. Da sie weder sehen noch hören können, können sie nicht durch Nachahmung lernen: Trotzdem lachen, weinen und schmollen sie wie alle Kinder.

Kulturenvergleich

Untersuchung von taubblind Geborenen

Mensch-Tier-Vergleich

Auch durch den **Vergleich mit Tieren**, besonders den Menschenaffen, lässt sich angeborenes Verhalten beim Menschen untersuchen: Schimpansen zeigen eine Gesichtsmimik, die derjenigen des Menschen vergleichbar ist.

3.1 Saugverhalten

Das Saugverhalten des menschlichen Säuglings stellt ein Instinktverhalten dar: Ein Säugling wacht auf, seine letzte Nahrungsaufnahme liegt mehrere Stunden zurück, er hat eine hohe **Handlungsbereitschaft** zur Nahrungsaufnahme. Durch Schreien und Hin- und Herdrehen des Kopfes macht er die Mutter auf sich aufmerksam und erhöht die Wahrscheinlichkeit den **Auslöser** zu finden (**Appetenzverhalten**). Von der Mutter in die Arme genommen, kommt es zur gerichteten Annäherung, der **Orientierungsreaktion.**

a) Saugen beim Säugling, b) Kindchenschema

Berührt er mit der Außenseite der Lippen die Brustwarze, ist der **Auslöser** gefunden. Sofort öffnet er den Mund und umschließt die Brustwarze fest mit den Lippen. Durch den **Auslösemechanismus** wird eine relativ formstarre **Endhandlung** in Gang gesetzt, eine **Erbkoordination**: Er führt nun rhythmische Pumpsaugbewegungen mit den Wangen aus und schluckt. Danach ist die Handlungsbereitschaft abgesenkt, der Kopf des Säuglings sinkt zur Seite.

3.2 Kindchenschema

Der menschliche Säugling bedarf nach seiner Geburt intensiver Betreuung und Pflege. Um dieses angeborene **Brutpflegeverhalten** auszulösen, gehen von ihm Reize aus, die bei Erwachsenen und Jugendlichen aller Kulturen den Wunsch verstärken, das Kind an sich zu drücken, zu kosen und zu beschützen. In ihrer Gesamtheit nennt man diese Reize **Kindchenschema**: insgesamt rundliche Körperformen, relativ großer Kopf und große Augen, vorgewölbte Stirn, kurze Arme und Beine, eine weiche Haut und meist tollpatschige Bewegungen.

Comicfigur:en Beispiele für Reizsummierung

Auch die Jungen vieler Säugetiere weisen ähnliche Reize auf und lösen bei erwachsenen Tieren und Menschen eine Art Brutpflegeverhalten aus. Werden die Merkmale des Kindchenschemas übertrieben (Plüschtiere, Puppen, Comicfiguren), spricht man von **Reizsummierung** (Werbetrick).

4 Angeboren oder erlernt?

Kaspar Hauser

Kaspar Hauser: 1828 wurde bei Nürnberg ein junger Mann gefunden, der sich nur unkoordiniert bewegen konnte und unverständliche Laute von sich gab. Er war in einem dunklen Verlies nahezu ohne menschliche Kontakte aufgewachsen.

In Anlehnung an die Geschichte von Kaspar Hauser nennt man Tiere, die im Versuch ohne Kontakt zu Artgenossen aufwachsen, **Kaspar-Hauser-Tiere**. Kaspar-Hauser-Versuche dienen dazu herauszufinden, welche Verhaltensanteile angeboren sind und welche erworben werden.
Da Versuche, bei denen Tiere unter vollständiger **Isolation** heranwachsen, oft zu schweren Entwicklungsstörungen führen, werden in der Forschung Tiere nur teilweise oder für kurze Zeiträume unter **Erfahrungsentzug** aufgezogen.

> Kennzeichen angeborener Verhaltensweisen sind: dass sie bei allen Tieren der Art, auch bei isoliert aufgezogenen Tieren, auftreten, und dass das Verhalten arterhaltend, zweckmäßig ist.

Der **Vogelgesang** ist ebenso charakteristisch wie das Federkleid vieler Vögel; wir können sie daran unterscheiden. Vergleicht man den Gesang verschieden großgezogener Buchfinken, stellt man allerdings erstaunliche Unterschiede fest: Freilandtiere zeigen einen sehr vielgestaltigen Gesang; bei Männchen, die in der Gruppe ohne Eltern aufwachsen, ist der Gesang schon viel einfacher, jedoch komplexer als bei einem Kaspar-Hauser-Tier. **Angeboren** ist den Buchfinken also das Singen überhaupt. Die richtige Strophenlänge und Aufteilung in Elemente müssen sie erst durch **Erfahrung** lernen. **Angeborene und erlernte Anteile** wirken in Form einer **Instinkt-Dressur-Verschränkung** zusammen.

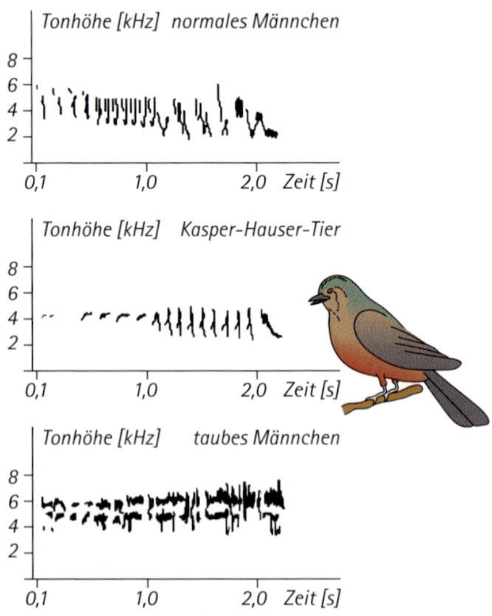

Sonagramme von Buchfinkengesängen

5 Lernen bei Tieren

Angeborenes Verhalten läuft immer gleich ab und kann damit wechselnden Situationen nicht gerecht werden. Erst **Lernen** ermöglicht es, sich auf neue Situationen einzustellen. Damit Lebewesen lernen können, müssen sie Reize mit Sinnesorganen aufnehmen, Erfahrungen im Gedächtnis speichern und im richtigen Augenblick erinnern und anwenden.

Kröte

Bildung bedingter Reaktionen. Ein sich bewegender Mehlwurm führt bei einer Erdkröte zu einer angeborenen Fangreaktion, er ist ein **unbedingter Reiz** und muss nicht erst erlernt werden. Ein unbekannter Geruch führt zu keiner Reaktion, er wirkt als **neutraler Reiz**. Macht eine Erdkröte mehrfach die gleichzeitige Erfahrung von Mehlwurm und typischem Geruch, wird der Geruch selbst zu einem **bedingten Reiz**. Reagiert das Tier nun auch allein auf den erlernten Reiz, liegt eine **bedingte Reaktion** vor (**klassische Konditionierung** oder **Bildung bedingter Reaktionen,** erstmals von *Pawlow* beschrieben).

Iwan P. Pawlow (1849–1936) war ein russischer Forscher und Nobelpreisträger.

Lernen am Erfolg. *Thorndike* schloss Katzen in Käfige ein. Die Tiere versuchten zu entkommen und probierten alle möglichen Verhaltensweisen durch, bis sie **Erfolg** hatten. Sie hatten über **Versuch und Irrtum** gelernt dem Käfig zu entfliehen. Aktionen, die kurz vor einem angenehmen Zustand auftreten, werden häufiger gezeigt. Belohnungen verstärken das Verhalten **(Lernen durch bedingte Aktionen)**.

Katze im Versuchskäfig

Bedingte Hemmung. Ratten fliehen angeborenermaßen ins Dunkle. Erwartet sie dort ein Elektroschock, lernen diese Tiere sehr schnell, das Dunkle zu vermeiden. Ihr Verhalten hat zu einer **unangenehmen Erfahrung** geführt, es hat eine negative Verstärkung stattgefunden **(bedingte Hemmung)**. Schmerz und Schreck lassen sich als negative Verstärker einsetzen. Sie wirken als **Strafen**.

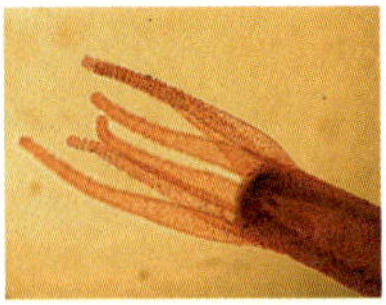

Süßwasserpolyp

Gewöhnung. Süßwasserpolypen, einfach gebaute Hohltiere, reagieren auf Reize immer in gleicher Weise mit einer **Schreckreaktion.** Sie ziehen Körper und Fangarme zusammen. Polypen in fließenden Gewässern, die ständig bewegt werden, bleiben trotzdem ausgestreckt. Erst bei **plötzlichen Reizänderungen** reagieren sie mit Zusammenziehen, sie haben sich an den gleichbleibenden Reiz der Strömung **gewöhnt**.

Nachahmung. Bei **Rotgesichtsmakaken** (Affenart) wurde 1953 von japanischen Forschern beobachtet, wie ein junges Weibchen (*Imo*) Süßkartoffeln im Bach wusch und danach verzehrte. *Imo* wiederholte in der Folgezeit den Waschvorgang regelmäßig. Nach und nach wuschen auch die anderen Affen der Gruppe ihre Süßkartoffeln. Das durch **Nachahmung** erlernte Verhalten wurde zu einer **Tradition.** Dabei ist das Lernen durch Nachahmung abhängig vom Zuschauen und Abgucken, es ist an die jeweilige **Situation gebunden**.

Schimpansenversuch

Einsichtiges Verhalten. *Köhler* hängte eine Banane so hoch an der Decke eines Versuchskäfigs auf, dass sie von einem Schimpansen nicht erreicht werden konnte. Der Schimpanse saß da und betrachtete die Situation. Im Käfig lagen mehrere Holzkisten herum. Plötzlich sprang das Tier auf, schob drei Kisten an die Stelle, über der die Banane hing, stapelte sie übereinander und kletterte hoch, um sich die Banane zu holen. Das Tier fand die **Lösung auf Anhieb**, ohne Übung oder Vorbild. *Köhler* nannte dieses Verhalten, das **zielgerichtet** und **neukombiniert** auftrat, einsichtiges Handeln.

Reifungsvorgänge stellen kein Lernen dar.

Reifung. Frisch geschlüpfte Tauben können nicht fliegen. Wird eine Gruppe von Tauben normal aufgezogen, eine andere in so engen Käfigen, dass sie darin die Flügel nicht öffnen können, zeigen beide Gruppen nach 8 bis 9 Wochen das gleiche Flugvermögen, wenn man beide Gruppen erstmals ins Freie lässt. Fliegen-Können ist also den Tauben angeboren; die Flugmuskulatur muss aber erst heranreifen.

6 Lernen beim Menschen

Spielend lernen

Es ist nachgewiesen, dass das Lernen nicht erst mit der Geburt beginnt: Feten nehmen schon in der Gebärmutter Reize wahr und speichern bestimmte Erfahrungen ab; so werden z. B. der Herzschlag und die Stimme der Mutter nach der Geburt eindeutig bevorzugt.
Sind wir in eine Wohnung in der Nähe einer Bahnlinie eingezogen, wachen wir zunächst noch bei Zügen häufig auf. Bald haben wir uns daran **gewöhnt** und schlafen weiter, die Reize haben sich als bedeutungslos erwiesen.
Um **bedingte Reaktionen** handelt es sich, wenn uns schon das Wasser im Munde zusammenläuft, weil wir sehen, wie andere unsere Lieblingsspeise essen. **Konditionierungsvorgänge** spielen eine zentrale Rolle in Erziehung und Unterricht. Durch Belobigungen werden erwünschte Verhaltensweisen positiv verstärkt und gefördert, durch Tadel und Bestrafung unerwünschte Verhaltensweisen unterdrückt und gehemmt. **Lernen durch Versuch und Irrtum** wird bei allen möglichen Spielen (z. B. Gesellschaftsspielen) eingesetzt. **Lernen durch Nachahmung** setzt die Fähigkeit des Beobachtens und Abschauens voraus: Wir ahmen Bewegungsfolgen nach, übernehmen von Vorbildern bestimmte Rollen, Überzeugungen und Wertvorstellungen. Auch das Spielen eines Musikinstrumentes oder eine sportliche Übung erlernen wir auf diese Weise **(motorisches Lernen)**.

Neugier und Spiel: Menschen bleiben selbst als Erwachsene neugierig und verspielt. Dies ermöglicht eine schnelle Anpassung an sich verändernde Umweltbedingungen.

Das **einsichtige Lernen** erfordert die Fähigkeit des vorausschauenden Planens und Denkens: Nach einer Phase des Überlegens gelingt die Lösung einer Problemstellung plötzlich und als Ganzes ohne vorherige Übung. Lösungsstrategien können auf ähnliche Probleme übertragen werden.

7 Prägung

Konrad Lorenz mit Gänsen

Die Küken von Enten, Gänsen und Hühnern folgen ihrer Mutter überallhin nach. Selbst einem Menschen folgen sie, wenn dieser sich mit einem **frisch geschlüpften** Küken auch nur für kurze Zeit befasst. Um sich das Aussehen ihrer Mutter **einzuprägen**, brauchen die Küken oft nur wenige Minuten. Da dieser besondere **Lernvorgang** sehr stabil ist, das Erlernte also kaum mehr verändert werden kann und auch nicht mehr vergessen wird, bezeichnete *Konrad Lorenz* ihn als **Prägung**; er wurde von ihm erstmals an Graugänsen entdeckt und beschrieben.

Von den bereits dargestellten Lernformen unterscheidet sich die Prägung deutlich: Neben ihrer **Irreversibilität** (Unumkehrbarkeit) muss sie innerhalb einer bestimmten Phase in der frühen Jugend ablaufen. Hier ist das Tier besonders sensibel, deshalb wird diese Zeitspanne auch als **sensible Phase** bezeichnet. Verstreicht sie ungenutzt, kommt es oft zu Entwicklungsstörungen und Verhaltensabnormitäten. Wird das Tier in dieser Phase mit einem falschen Objekt konfrontiert, kann es zu **Fehlprägungen** kommen. Neben den Eltern lernen viele Vögel durch Prägung, wie ihr späterer Geschlechtspartner aussieht. Aber auch Mütter, besonders von Herdentieren (z. B. Schafen), prägen sich das Aussehen oder den Geruch ihrer Jungen nach der Geburt ein.

Versuchsergebnis zur Prägung von Entenküken auf eine bewegte Attrappe

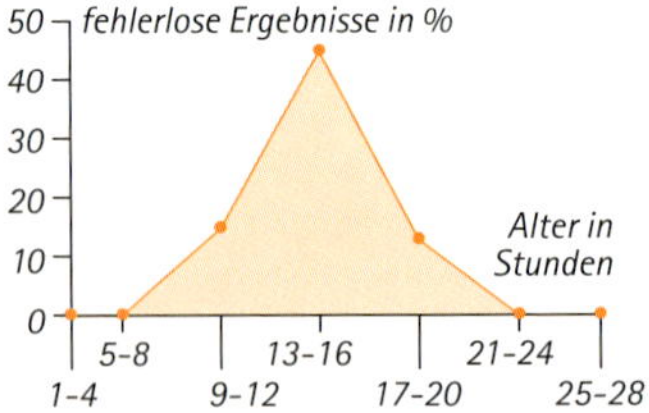

Auch beim Menschen spielt das Lernen durch Prägung eine Rolle: Fehlen in der frühesten Jugend die sozialen Reize einer normalen **Mutter-Kind-Bindung**, führt dies unweigerlich zu Entwicklungsstörungen und Verhaltensabnormitäten, die extrem dauerhaft und irreversibel sind. Die Schäden sind umso schwerer, je länger die Trennung andauert und je früher sie vollzogen wird.

8 Sozialverhalten bei Tier und Mensch

8.1 Paviane als Grundmodell

Ein-Mann-Gruppe

Die Paviane leben in den Steppen und Savannen Afrikas und Asiens. Sie sind Bodentiere und Allesfresser.

Die kleinste soziale Einheit ist die **Ein-Mann-Gruppe** mit einem erwachsenen Mann, mehreren erwachsenen Frauen, Jugendlichen und Kindern. Das erwachsene Männchen ist der Ranghöchste, es wird **Pascha** genannt. Zwei bis drei Ein-Mann-Gruppen leben jeweils enger zusammen, sie bilden den **Klan**. Mehrere Klane bilden als nächsthöhere Einheit die **Bande**, eine stabile soziale Gruppe über Jahre hin.

Mittels **Hüteverhalten** hindert der Pascha seine Haremsweibchen daran, sich zu weit von ihm zu entfernen, gegebenenfalls blickt er sie mit erhobenen Augenbrauen drohend an oder beißt ihnen sogar in den Nacken. Präsentieren Weibchen ihr rotes Hinterteil, beschwichtigen sie damit die Aggression des Männchens.

Affen verbringen viel Zeit mit der Fellpflege, dem so genannten Grooming. Häufig werden ranghohe Tiere von rangniederen gepflegt. Die gegenseitige Fellpflege festigt die Bindung der Tiere untereinander.

Neugeborene Paviane klammern sich im Fell ihrer Mütter fest und werden so von den Müttern am Bauch oder auf dem Rücken getragen. Dieses **Klammerverhalten** ist angeboren. Oft sind die Neugeborenen Mittelpunkt des Gruppeninteresses, so lernen sie schon früh ihre Gruppe kennen. Die Mütter werden zunächst kaum verlassen, erst nach und nach kommt es zu Spielen mit gleichaltrigen Jungtieren. Die erwachsenen Männchen sorgen für Schutz.

Kindchenverhalten

Kommt es zu **Aggressionen** untereinander, versuchen sich die Tiere mit **Signalen** zu beeindrucken: Beim **Drohgähnen** reißen die Tiere ihr Maul weit auf und entblößen ihre großen Eckzähne. Als auffälligstes **Beschwichtigungssignal** wirkt das Präsentieren des Hinterteils. Mit dieser **Demutsgeste** machen die unterlegenen Tiere deutlich, dass sie sich unterwerfen.

8.2 Gruppe, Rang und Territorium

In offenen Verbänden können Mitglieder beliebig hinzukommen oder sie verlassen. Der Zusammenhalt ist locker (Herings- und Vogelschwärme).

Alle Verhaltensweisen, die sich auf Artgenossen beziehen, werden als **Sozialverhalten** bezeichnet. Kennen sich die Mitglieder einer Gruppe untereinander **(individualisierte Verbände)**, bilden sich zur Stabilität oft **Rangordnungen** aus. Der Ranghohe hat einerseits Vorteile (bestes Futter und häufiges Paaren), andererseits muss er den Schutz der Gruppe vor Feinden übernehmen und Streitigkeiten schlichten.

In einem geschlossen anonymen Verband erkennen sich die Mitglieder nicht individuell, sondern an Merkmalen, z. B. am Geruch (Insektenvölker, Rattensippen).

Menschen und Tiere beanspruchen **Territorien**, die sie gegen Artgenossen verteidigen: Das eigene Zimmer, das Grundstück, das Revier. Reviergrenzen werden markiert: Zäune, Verbotsschilder, Geruchsmarken. Revierbesitz ist zum Überleben notwendig, sichert Nahrungsquellen und garantiert den Fortpflanzungserfolg. Jedes Lebewesen verteidigt einen Individualraum direkt um sich herum **(Individualdistanz)**. Wird dieses unsichtbare Territorium unterschritten, kommt es leicht zu aggressivem Verhalten.

8.3 Aggressionsverhalten

Mit aggressivem Verhalten werden wir täglich konfrontiert: Allein in der westlichen Welt geschieht etwa alle 15 Sekunden ein Mord, kriegerische Auseinandersetzungen zwischen Interessengruppen und Staaten sind an der Tagesordnung. Es tritt bei Tieren genauso auf wie beim Menschen. Worin besteht die biologische Bedeutung dieses Verhaltens?

Kommentkampf bei Hirschen

Zwischenartliche, interspezifische Aggression. Vielfach tritt aggressives Verhalten zwischen Lebewesen unterschiedlicher Arten auf. Alle **Räuber-Beute-Beziehungen** haben aggressive Anteile; der Räuber verfolgt seine Beute und tötet sie. Aggressives Verhalten steht hier im Dienste des Nahrungserwerbs. Auch bei der Vertreibung von Nahrungs- und Territorialkonkurrenten dienen Aggressionen dazu, die eigenen Lebensgrundlagen zu sichern.

Innerartliche, intraspezifische Aggression. Aggressives Verhalten zwischen Artgenossen tritt immer dann auf, wenn Tiere in **Konkurrenz** zueinander treten: sei es um Nahrung, Geschlechtspartner und Lebensraum (Revier, Territorium) oder um einen Rangplatz in einer Gruppe. Oft sind bei innerartlichen Auseinandersetzungen besondere **Signale** wirksam, die schädigende Auswirkungen auf den Artgenossen begrenzen helfen.

Imponieren, Drohen, Kämpfen, Unterwerfen bei Hunden/Wölfen

Drohen, Imponieren. Einer aggressiven Auseinandersetzung geht oftmals ein gegenseitiges **Drohen**, ein **Imponieren**, voraus. Säuger sträuben ihre Haare, Vögel richten ihre Federn auf, der Körperumriss wird vergrößert. Die »Waffen« werden vorgeführt: Die Hörner oder Geweihe werden ausgerichtet, die Zähne entblößt. Häufig treten zu den optischen auch noch akustische Signale (Knurren, Fauchen, Brüllen). Der Gegner soll eingeschüchtert, eine kämpferische Auseinandersetzung verhindert werden. Zieht sich keiner der Partner zurück, kommt es zum Kampf.

Kommentkampf, Turnierkampf. Beim Kommentkampf geht es um ein Kräftemessen. Der Artgenosse soll dabei nicht körperlich geschädigt werden, die »gefährlichen Waffen« werden nicht eingesetzt. So beißen Klapperschlangen sich gegenseitig nicht, sondern ringen nach festen Regeln. Die Kampfabläufe sind oft **ritualisiert**, spezielle Verhaltensweisen wirken als Signale und führen zum Kampfabbruch. Das schwächere Tier zeigt seine Unterlegenheit an, das überlegene Tier stellt den Angriff ein und ermöglicht dem Verlierer den Rückzug.

Demuts- bzw. Unterwerfungsgesten. Meist stammen die Demutsgesten aus dem ursprünglichen Kindchen- oder Sexualverhaltensbereich: Bei Hunden lässt sich der Verlierer wie ein Jungtier auf den Rücken fallen und harnt dabei ein wenig; Pavianmännchen verwenden die weibliche Aufforderungsform zum Paarungsverhalten, um sich zu unterwerfen.

Präsentieren beim Anubis-Pavian

Beschädigungskampf. Innerartliche Konflikte gehen nicht immer ohne Beschädigung ab, besonders wenn Tiere unterschiedlicher sozialer Gruppen (Rudel) z. B. um Lebensraum oder Weibchen kämpfen: Bei Hunden, Wölfen, Löwen oder Ratten führen Beißereien oft zu schweren Verletzungen bis hin zur Tötung. Allerdings wirken auch hier Unterwerfungsgesten, welche die Konflikte beenden und die Tötung verhindern können.

Drohgebärden beim Menschen. Auch beim Menschen findet sich eine Vielzahl von Drohsignalen: der zornige Blick, das Aufstampfen mit dem Fuß, das Schütteln einer geballten Faust, das Ausholen mit der flachen Hand oder das Schütteln des erhobenen Zeigefingers. Oft sind diese Gebärden von heftigem Atmen und einem Aufpumpen des Brustkastens begleitet. Wir wollen in voller Größe erscheinen, dem Gegenüber Furcht einflößen. Auch Kleidung und Körperschmuck werden zur Umrissvergrößerung eingesetzt; fast in allen Kulturen wird besonders die Schulterpartie von Männern betont und übertrieben. Meist werden die Drohsignale richtig verstanden und helfen, gewalttätige Auseinandersetzungen zu vermeiden.

8.4 Sexualität

Dem **Fortpflanzungsverhalten** kommt eine große Bedeutung für das **Überleben der Art** zu. Erfolgreiche Fortpflanzung setzt voraus, dass sich Lebewesen unterschiedlichen Geschlechts finden, es setzt Nähe und Intimität voraus. Gleichzeitig ist die körperliche Nähe Fremder aber auch unangenehm. Bei der **Annäherung** müssen deshalb **Signale** ausgetauscht werden, die Angst, Abwendung und Aggressionen verhindern. Oft stammen diese Signale aus dem Bereich des **Kindchenverhaltens**.

Flirt

Flirt der Frauen. Blickkontakt aufnehmen, lächeln, Kopf und Lider senken, den Kopf leicht drehen, wegsehen, Blickkontakt erneut herstellen: Ein **Wechselspiel aus Zuwendung und Abkehr** kennzeichnet den Flirt von Frauen aller Kulturkreise. Im weiteren Verlauf legen Frauen häufig den Kopf leicht schräg, spielen mit ihren Haaren, gleiten mit der Zunge über die leicht geöffneten Lippen oder zupfen an der Kleidung herum; normalerweise Zeichen von Unsicherheit. Beim Laufen werden der Kopf hoch erhoben, die Hüften geschwungen, der Bauch eingezogen und die Brüste vorgeschoben.

Flirt der Männer. Das männliche **Werbeverhalten** ist gekennzeichnet von **ausgeprägter Selbstdarstellung**. Beeindrucken, Imponieren, Coolsein ist alles: die Beinstellung offen, breitbeinig, die Arme ausgebreitet. Kraft, Macht und Dominanz werden demonstriert, das Interesse an einer Frau ganz offen bekundet. Männer treten gezielt in Konkurrenz zueinander.

Imponiergeste (aus einer Plakatwerbung)

Mann-Frau-Schema. Sowohl bei Männern als auch bei Frauen lösen spezielle optische Reize des anderen Geschlechts eine erhöhte Aufmerksamkeit und **sexuelles Interesse** aus: Bei Frauen sind dies vor allem rote Wangen und Lippen, insgesamt gerundete Körper und Gesichtsformen, die weibliche Brust, schmale Schultern, schlanke Taille und ein breites Becken; beim Mann breite Schultern, schmale Hüften, eine ausgeprägte Muskulatur, eine insgesamt eher kantige Kopf- und Körperform sowie Bartwuchs und Körperbehaarung. Das **Mann-Schema** enthält deutlich aggressive Elemente, die als Droh- und Imponier-Signale gegenüber möglichen Rivalen zu werten sind. Die Elemente des **Frau-Schemas** wirken beim Mann aggressionshemmend und fördern die Tendenz zum Beschützen und Betreuen.

Weibliche Signale

Sexuelle Auslöser. Die Bereitschaft auf sexuelle Auslöser zu reagieren, wird in vielen Bereichen unseres Lebens genutzt, oft werden dabei die Reizkombinationen übertrieben und so genannte **übernormale Auslöser, Superattrappen** konstruiert: übernormal lange Beine bei Modeaufnahmen, Superbusen durch BH-Einlagen in der Modebranche oder operative Vergrößerungen, z. B. bei Aktmodellen.

Auf einen Blick: Verhalten

Unter Verhalten eines Tieres oder eines Menschen versteht man alle beobachtbaren Bewegungen, Körperstellungen und Lautäußerungen. Das Verhalten wird in einzelne Verhaltensweisen unterteilt, es kann angeboren oder erlernt sein. Bei den meisten Verhaltensweisen wirken angeborene und erlernte Anteile zusammen.

Angeborenes Verhalten

- Durch Kaspar-Hauser-Versuche lässt sich feststellen, welche Verhaltensweisen angeboren sind. Reize, die angeborenes Verhalten auslösen, heißen Schlüsselreize oder Auslöser. Sie lassen sich mit Attrappenversuchen untersuchen.
- Eine typische Instinkthandlung setzt sich aus den drei Phasen Appetenzverhalten, Orientierungsreaktion und Endhandlung zusammen.
- Reflexe sind die einfachsten, starr ablaufenden, angeborenen Reaktionen.
- Reifung: Vervollkommnung eines Verhaltens ohne vorherige Übung.

Lernen

- Menschen und Tiere können lernen, d.h.: sie nehmen Informationen auf, speichern diese und können sie später wieder abrufen. Formen des Lernens sind die Bildung bedingter Reaktionen, Gewöhnung, Lernen am Erfolg, Nachahmung und einsichtiges Verhalten.
- Bei der Gewöhnung lernt ein Lebewesen auf einen Reiz nicht mehr zu reagieren. Lernen durch Nachahmung bedeutet die Übernahme eines Verhaltens von einem Vorbild. Bei einsichtigem Verhalten wird eine unbekannte Aufgabe ohne Übung und ohne Vorbild auf Anhieb gelöst.
- Die Prägung ist ein besonderer Lernvorgang. Sie ist an eine sensible Phase gebunden, verläuft sehr schnell und ist ausgesprochen stabil.

Sozialverhalten

- Viele Tiere und der Mensch leben in Sozialverbänden zusammen, in denen das Verhalten untereinander geregelt ist.
- Aggressionen sind gewaltsame Handlungen gegen andere, sich selbst oder gegen Dinge. Wir unterscheiden zwischen innerartlichen und zwischenartlichen Aggressionen. Oft werden innerartliche Auseinandersetzungen mithilfe von Droh- und Imponiergebärden und in Turnierkämpfen ausgetragen.
- Frau- und Mann-Schemen lösen beim jeweils anderen Geschlecht Zuwendung aus. Das Frau-Schema fördert die Tendenz zum Beschützen, das Mann-Schema wirkt als Imponier- und Drohsignal.

Evolution der Lebewesen

Fossilien belegen, dass die Lebewesen der Erde das Ergebnis einer Millionen Jahre dauernden Entwicklungsgeschichte sind. Daher können sie so geordnet werden, wie sie voneinander abstammen und miteinander verwandt sind. Mutationen, natürliche Auslese und räumliche Isolation als die wesentlichen Faktoren dieser Evolution führten schließlich auch zur Herausbildung des Menschen.

1 Fossilien

Dinosaurier

Die beeindruckendsten Ausstellungsstücke in naturkundlichen Museen sind ohne Zweifel die riesigen Dinosaurier. Ihre Skelette, die meist bei Ausgrabungen in Steinbrüchen gefunden wurden, sind zum Teil über 150 Millionen Jahre alt. Es handelt sich um **Fossilien**: die Überreste und Spuren ausgestorbener Lebewesen aus früheren Erdzeitaltern.

1.1 Wie Fossilien entstehen

Abgestorbene Organismen werden normalerweise innerhalb weniger Jahre vollständig zersetzt. Das geht bei den Weichteilen (Haut, Muskeln) schneller als bei den Hartteilen (Schalen, Knochen, Zähne). Lebewesen mit Hartteilen haben demnach eher eine Chance, erhalten zu bleiben. Dazu müssen sie aber sehr schnell in ein Ablagerungsgestein, ein **Sediment**, eingebettet werden.

Sedimente entstehen meist am Grund von Flüssen, Seen und Meeren durch die **Ablagerung** von Sand und Schlick. Wenn abgestorbene Pflanzen oder Tiere in diese Ablagerungen gelangen, werden sie wegen des Mangels an Sauerstoff nicht vollständig zersetzt. Innerhalb von Millionen von Jahren verfestigen sich die Ablagerungen zu einem **Gestein**. Was mit den eingeschlossenen Pflanzen oder Tieren passiert, hängt von der Art des Sediments und von der Zusammensetzung des Lebewesens ab: Hartteile können in ihrer **ursprünglichen Substanz** erhalten bleiben, oft aber nur in zerbrochenem Zustand oder verformt. Löst sich das organische Material auf, kann ein **Abdruck** im Sediment zurückbleiben. Wird das organische Material durch Mineralien aus dem Sediment ersetzt, bildet sich eine **Versteinerung**. Füllen sich die Weichteile mit Sediment, bleibt nach der Auflösung der Hartteile ein **Steinkern** zurück. Pflanzenmaterial verwandelt sich unter Sauerstoffabschluss in **Kohle**; manchmal sind unvollständig zersetzte Pflanzenreste darin eingeschlossen.

1.2 Altersbestimmung von Fossilien

Um aus Fossilien die Entwicklungsgeschichte der Lebewesen erschließen zu können, muss man wissen, wann sie gelebt haben.

Bestimmung des relativen Alters

Bei der Ablagerung von Sedimenten lagert sich normalerweise eine Schicht auf die andere. Bleiben solche Gesteinsschichten ungestört, d. h. bleiben Abtragungen (Erosionen), Verwerfungen oder Faltungen aus, ist immer die **untere Schicht älter** und die **obere Schicht jünger**. Findet man in einer solchen Gesteinsformation Fossilien in verschiedenen Schichten, kann man aus der Reihenfolge in den Ablagerungen auf ihr relatives Alter schließen, d. h. es lässt sich angeben, ob ein bestimmtes Fossil älter oder jünger ist als ein anderes. Die Zeitangaben, die mit dieser Methode zustande kommen, sind zwangsläufig sehr ungenau.

Bestimmung des absoluten Alters

Wenn man genau wissen will, wie alt ein Fossil ist, bieten sich die Methoden der physikalischen Zeitbestimmung an. Diese nutzen die Gesetzmäßigkeiten des radioaktiven Zerfalls natürlich vorkommender **radioaktiver Stoffe**. Radioaktive Stoffe zerfallen unabhängig von äußeren Einflüssen mit konstanter Geschwindigkeit, so dass es möglich ist, aus der noch im Fossil vorhandenen Menge des radioaktiven Stoffs und der Zerfallsgeschwindigkeit die Zeit zu berechnen, in der sich dieses Mengenverhältnis eingestellt hat.

Die ^{14}C-Methode

Eine häufig verwendete Methode ist die **Radiokarbon- oder ^{14}C-Methode** (gesprochen C14). Radioaktiver Kohlenstoff ^{14}C entsteht in unserer Atmosphäre ständig unter der Einwirkung intensiver Strahlung. ^{14}C ist instabil und zerfällt in Stickstoff (^{14}N) und Elektronen, die abgestrahlt werden; das ergibt die radioaktive Strahlung. Da die häufigste Kohlenstoff-Verbindung in der Atmosphäre CO_2 ist, kommt ein geringer Teil dieses Gases als $^{14}CO_2$ vor. Über die Photosynthese der Pflanzen und die Nahrungsaufnahme der Tiere gelangt damit auch radioaktiver Kohlenstoff in die Lebewesen. Nach dem Absterben eines Lebewesens wird kein ^{14}C mehr aufgenommen.

Nun beginnt die »radioaktive Uhr« zu ticken: das vorhandene ^{14}C zerfällt weiter regelmäßig mit einer charakteristischen **Halbwertszeit**. Das ist die Zeit, in der die Hälfte der

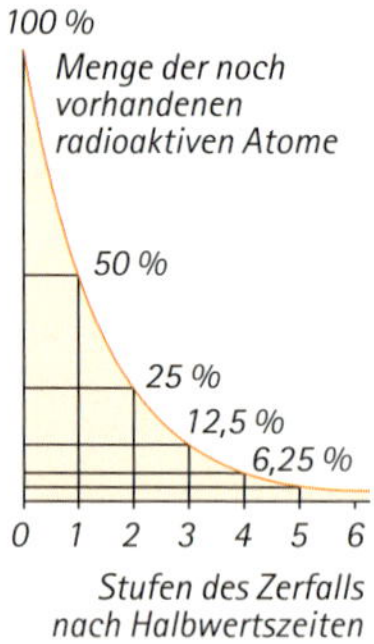

Halbwertszeitkurve von radioaktivem Kohlenstoff

ursprünglich vorhandenen ^{14}C-Menge zerfallen ist. Das dauert bei ^{14}C etwa 5 700 Jahre. Wie die Abbildung zeigt, ist nach weiteren 5 700 Jahren nur noch ein Viertel der Ausgangsmenge vorhanden usw. Misst man nun bei einem Fossil die frei werdende ß-Strahlung, kann man aus der noch verbliebenen Strahlungsintensität das Alter des Fossils bestimmen.

Aufgrund der relativ »kurzen« Halbwertszeit des radioaktiven Kohlenstoffs können allerdings nur Fossilien exakt datiert werden, die nicht älter als 50 000 Jahre sind. Bei noch älteren Fossilien versagt diese Methode, weil die Messgenauigkeit wegen der geringen Mengen des radioaktiven Kohlenstoffs nicht mehr gewährleistet ist. In diesen Fällen greift man auf Messmethoden mit radioaktiven Stoffen zurück, die höhere Halbwertszeiten haben, z. B. Kalium-40 oder Uran-238.

1.3 Brückentiere – Dokumente des Übergangs

Vergleicht man die im Laufe der Erdgeschichte aufgetretenen fossilen Lebewesen, ergibt sich, dass die meisten nach abgestuften Ähnlichkeiten **geordnet** werden können. Von einigen Gruppen gibt es sogar fast lückenlose Reihen (z. B. von den Pferden), aus denen sich **Stammbäume** aufstellen lassen, die die Verwandtschaftsbeziehungen zeigen. Fossilien aus älteren Schichten weichen stärker von den Lebewesen der Gegenwart ab als solche aus jüngeren Schichten. Bei einigen Fossilien lässt sich eine verwandtschaftliche Beziehung zu heute lebenden Gruppen herstellen (z. B. für die Dinosaurier zu den heute lebenden Reptilien).

Einige Tierfossilien lassen sich aber nicht eindeutig einer bestimmten Gruppe von heute vorkommenden Lebewesen zuordnen, weil sie Merkmale von zwei verschiedenen Gruppen in sich vereinen. Da sie gemeinsame Ahnenformen verschiedener Tierklassen darstellen, werden sie als **fossile Brückentiere** bezeichnet.

Archaeopteryx

Das bekannteste Beispiel ist der »Urvogel« *Archaeopteryx*, der vor etwa 150 Millionen Jahren im heutigen Altmühltal in Bayern lebte. Damals war diese Gegend eine tropische Lagunenlandschaft des großen Weltmeeres »Tethys«. Die

Lagunen waren allerdings übersalzen und sauerstoffarm. Da es in diesem lebensfeindlichen Milieu keine Aasfresser und zersetzenden Mikroorganismen gab, blieben Tierkadaver oft vollständig erhalten und wurden in die feinkörnigen Sedimente eingebettet.

Die versteinerten Überreste von Archaeopteryx

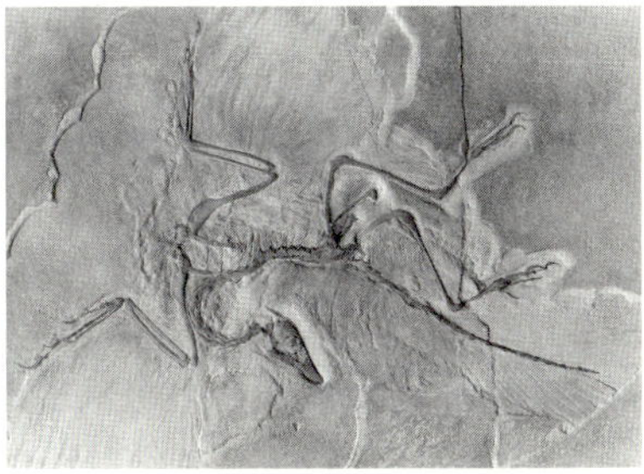

Das Foto der versteinerten Überreste zeigt, dass *Archaeopteryx* das Skelett eines kleinen Dinosauriers mit den für Vögel typischen Federn vereinigte. *Archaeopteryx* gilt deshalb als Brückentier zwischen den heute lebenden Reptilien und Vögeln.

Eine der schwierigsten Aufgaben ist die **Rekonstruktion** der Lebensweise eines fossilen Fundes. Nach der heute vorherrschenden Meinung waren die Vorfahren von *Archaeopteryx* kleine, zweifüßig rennende Dinosaurier, die auf Bäumen lebten. Bäume dienten vielleicht als Versteck, als Nist- und Schlafplatz und boten Vorteile bei der Nahrungssuche. Durch die Federn wurde der Sprung auf den Boden abgemildert. Die Vergrößerung der Federfläche erlaubte es, den Sprung von der Höhe herab zu verlängern, in ein Gleiten zu überführen und schließlich durch Schlagbewegungen eine ebene Flugbahn zu erreichen. Der Lauffuß deutet darauf hin, dass die bodenständige Art der Fortbewegung nach wie vor beibehalten wurde. Auf dem Boden wechselten die Tiere im zweibeinigen Lauf zum nächsten Baum, wo sie wieder daran hochkletterten, um Insekten und deren Larven abzusammeln, sich zu verstecken, zu nisten oder zu schlafen. *Archaeopteryx* war wohl zum Schlagflug fähig, aber sicher nicht zum ausdauernden Streckenflug. Und er war noch immer ein guter Läufer.

Rekonstruktion von Archaeopteryx als Gleitflieger

2 Die Abstammung der Lebewesen

Fossilien sind die überzeugendsten Belege dafür, dass die Lebewesen auf der Erde eine Entwicklungsgeschichte haben und aus gemeinsamen Vorfahren entstanden sind. Auf Grund dieser Annahme können sie in einem **System abgestufter Ähnlichkeiten** geordnet werden, das deutlich macht, wie nahe oder fern sie miteinander verwandt sind.

2.1 Homologe und analoge Organe

Am auffallendsten sind **Ähnlichkeiten** von Organen oder Organsystemen. Dabei müssen zwei unterschiedliche Formen von Ähnlichkeiten unterschieden werden:

Anpassungsähnlichkeit

Vergleicht man die **Grabbeine** von Maulwurf und Maulwurfsgrille, so fällt sofort das ähnliche Erscheinungsbild auf. Das hängt damit zusammen, dass diese Grabbeine bei beiden Lebewesen dieselbe Funktion erfüllen. Es handelt sich um eine **Anpassung** von ansonsten sehr verschiedenartigen Lebewesen an gleichartige Umweltbedingungen. Sie sind das Ergebnis einer gleichgerichteten (konvergenten) Entwicklung, liefern aber keinerlei Hinweise für Verwandtschaftsbeziehungen. Man nennt sie **analoge Organe**.

Analoge Organe

Vergleicht man dagegen das Grabbein eines Maulwurfs mit den Flügeln einer Fledermaus, lassen sich rein äußerlich keine Ähnlichkeiten feststellen. Das ist auf den ersten Blick auch nachvollziehbar, da diese Organe völlig unterschiedliche Funktionen erfüllen. Das Grabbein des Maulwurfs dient zum Graben in der Erde, während der Flügel der Fledermaus zum Fliegen benötigt wird.

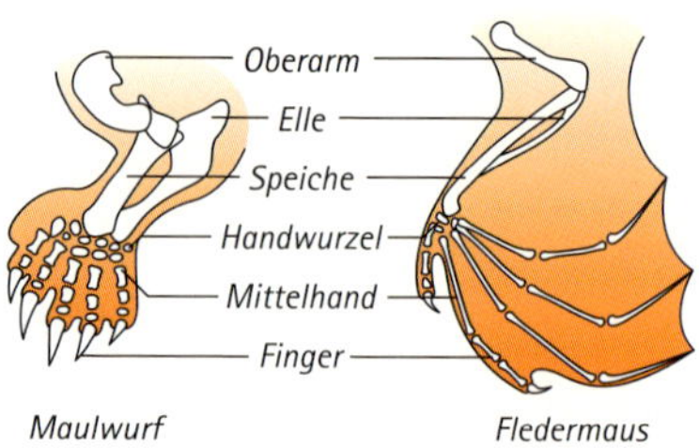

Homologe Organe

Durch Untersuchung der anatomischen Verhältnisse der beiden Vorderextremitäten zeigt sich jedoch, dass es Ähnlichkeiten gibt. Vergleicht man die Anzahl und die Lage der Knochen in den beiden Gliedmaßen, lässt sich in beiden Vorderextremitäten ein **Muster** erkennen, das sich in abgewandelter Form bei den Vorderextremitäten aller Säugetiere wiederfindet. Diesen äußerlich verschiedenen Organen liegt also ein gemeinsamer **Bauplan** zugrunde. Sie werden als **homologe Organe** bezeichnet. Sie kommen durch die **Abstammung von gemeinsamen Vorfahren** zustande.

Abstammungsähnlichkeit

2.2 Entwicklungsreihen

Findet man bei verschiedenen Lebewesen ein Organ, das homolog ist, so gilt das in der Regel auch für alle anderen Organe. So sind bei den Säugetieren nicht nur die Extremitäten homolog, sondern auch das übrige Skelett, die Fortpflanzungsorgane, das Nervensystem und das Herz-Kreislauf-System. Lebewesen, deren Organsysteme homolog sind, werden zu einem gemeinsamen **Bauplantyp** zusammengefasst.

Vergleicht man homologe Organe oder Organsysteme, lassen sie sich häufig so anordnen, dass die Abwandlungen im Laufe der Entwicklungsgeschichte erkennbar werden. Ein geeignetes Beispiel dafür ist die Entwicklungsreihe des Herz-Kreislauf-Systems der Wirbeltiere:

Entwicklungsreihe des Herz-Kreislauf-Systems der Wirbeltiere

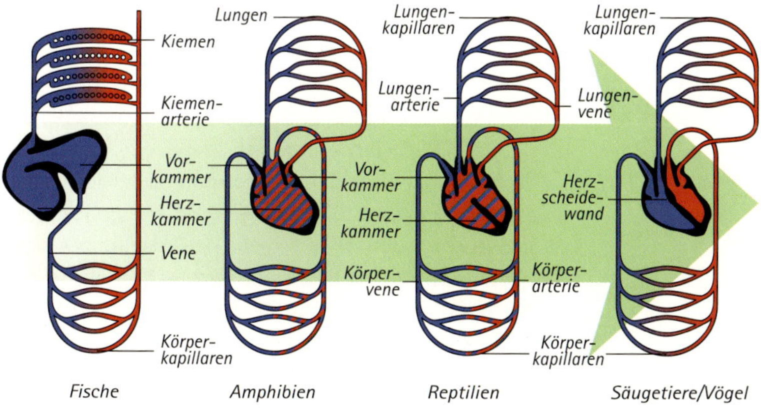

Fische

Fische. Ihr Herz besteht aus nur einem Vorhof, in dem das sauerstoffarme Blut aus dem Körper gesammelt wird, und einer Kammer, die dieses Blut über eine Kiemenarterie zu den Kiemen pumpt. Nachdem es dort Sauerstoff aufgenommen hat, gelangt es in den Körper. Über eine Vene wird das sauerstoffarme Blut zum Herzen zurück transportiert. Durch das Herz fließt also nur sauerstoffarmes Blut.

Amphibien

Amphibien. Sie haben als Larven in Anpassung an das Leben im Wasser den gleichen Grundbauplan wie die Fische. Die erwachsenen Tiere dagegen atmen mit Lungen, die über einen speziellen Lungenkreislauf mit Blut durchströmt werden. Das Herz besteht aus zwei Vorhöfen, aber nur einer Kammer. In den beiden Vorhöfen wird das sauerstoffarme Blut aus dem Körper und das sauerstoffreiche Blut aus den Lungen gesammelt. Die Kammer pumpt Mischblut in den Körper- und in den Lungenkreislauf.

Reptilien

Reptilien. Bei ihnen ist das Prinzip der Trennung von Lungen- und Körperkreislauf weiterentwickelt. Die Herzkammer wird durch eine muskulöse Trennwand weitgehend, aber noch nicht vollständig, in zwei Hälften geteilt. sauerstoffreiches Blut aus den Lungen vermischt sich nur noch geringfügig mit sauerstoffarmem Blut aus dem Körperkreislauf. Dadurch gelangt Blut mit einem höheren Sauerstoffgehalt in den Körperkreislauf.

Vögel und Säugetiere

Vögel und Säugetiere. Ihr Herz besteht aus zwei Vorhöfen und zwei Herzkammern. Die rechte und die linke Herzhälfte und damit auch Lungen- und Körperkreislauf sind vollständig getrennt. In die rechte Kammer gelangt nur noch sauerstoffarmes, in die linke Kammer nur noch sauerstoffreiches Blut. Ein wesentlicher Effekt dieser vollständigen Trennung ist die bessere Sauerstoffversorgung der Skelettmuskulatur: eine Voraussetzung für das »Kältezittern« der Muskeln, das nur selten äußerlich sichtbare Bewegungen, sondern Wärme erzeugt. Dadurch kann eine von den Schwankungen der Außentemperatur unabhängige konstante Körpertemperatur erzeugt und aufrechterhalten werden.

2.3 Der Stammbaum der Pferde

Durch Fossilfunde besonders gut belegt ist die **Entwicklungsgeschichte der Pferde**. Sie lässt sich anhand des rekonstruierten Stammbaums der Pferde und einiger körperlicher Details verfolgen: Die Tiere wurden immer **größer**; die Schulterhöhe nahm von etwa 30 cm bei *Hyracotherium* auf über 1,80 m bei den heutigen Pferden zu. Die Zahl der **Zehen** wurde schrittweise von 4 auf 1 verringert; gleichzeitig wurde die Mittelzehe zunehmend größer und kräftiger. Die **Zähne** wurden ebenfalls größer und kräftiger: Kaufläche, Kronenhöhe und Wurzellänge nahmen schrittweise zu; gleichzeitig faltete sich der Zahnschmelz. Der Unterkiefer wurde höher und zusammen mit dem **Schädel** länger.

Den Fossilfunden zufolge entwickelten sich die Pferde ausschließlich in Nordamerika. Die in Südamerika, Europa und Asien gefundenen Exemplare sind von Nordamerika aus eingewandert.

Diese Entwicklungen kamen durch allmähliche Anpassungen an tiefgreifende **Veränderungen des Lebensraums** während des Miozäns zustande. In diesem Zeitraum wurde das Klima trockener und ein Großteil der Waldgebiete wurde durch Grassteppen ersetzt. Die Umstellung auf die neue Nahrungsquelle zeigt sich am deutlichsten am Gebiss, das eine Entwicklungslinie vom Allesfresser über den Laubfresser zum Grasfresser zeigt.

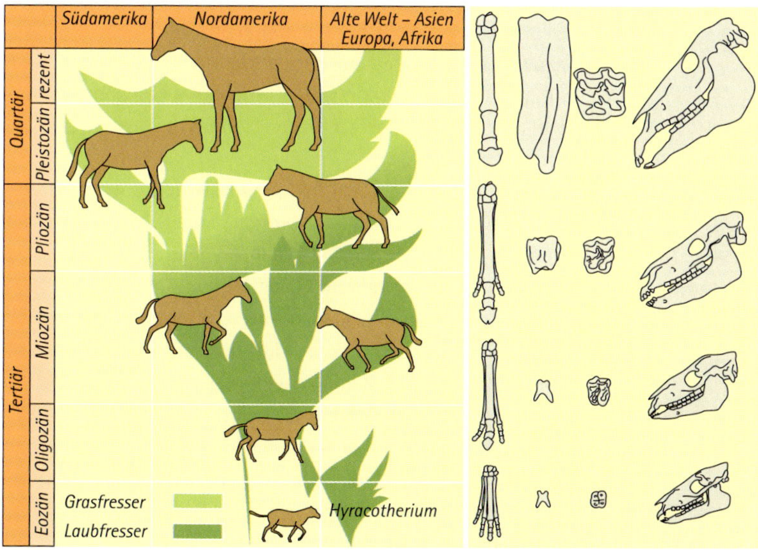

Stammbaum der Pferde mit Entwicklung des Fußskeletts, des Gebisses und des Schädels

3 Evolutionsfaktoren

Kein naturwissenschaftlich geschulter Mensch zweifelt mehr daran, dass alle heutigen Lebewesen von andersartigen Formen abstammen. Dafür sind die fossilen Belege zu eindeutig. Weniger eindeutig ist, **wie** die Entwicklung der Lebewesen im Einzelnen verlaufen ist, **welche** Ahnenformen die heute lebenden Arten hatten und wie sie miteinander **verwandt** sind. **Wodurch** es zu dieser Evolution der Lebewesen kam und welche **Faktoren** für den Wandel verantwortlich sind, wird im Folgenden an zwei Beispielen erläutert.

3.1 Mutation und Selektion

Birkenspanner sind nachtaktive Schmetterlinge, die tagsüber auf Birkenstämmen ruhen.

Vom Birkenspanner gibt es zwei verschiedene Phänotypen: eine **hellgraue Wildform** mit nur wenigen dunklen Flecken und eine **dunkle Form**. Untersuchungen in England ergaben, dass bis zur Mitte des vorigen Jahrhunderts praktisch ausschließlich die hellgraue Wildform vorherrschte. Die ersten dunklen Formen tauchten um 1850 auf. Mit der fortschreitenden Industrialisierung nahm die Häufigkeit der dunklen Form dramatisch zu. Um 1950 waren in einigen Industriegebieten Englands fast ausschließlich dunkle Birkenspanner zu finden. Die Wildform lebte beinahe nur noch in den ländlichen Gebieten. Da die Flügelfarbe der Birkenspanner **vererbt** wird, stellt sich die Frage, wodurch diese drastische Veränderung hervorgerufen wurde.

Mutation: Veränderung von Erbanlagen

Verursacht wird der Farbwechsel durch die Veränderung einer Erbanlage der Birkenspanner. Solche Veränderungen werden als **Mutationen** bezeichnet. Mutationen erfolgen aber nicht gezielt, sondern **zufällig** und **ungerichtet**, d. h. es ist weder vorhersehbar, **welche** Erbanlage sich verändert, noch **wie** sie verändert wird. Mutationen alleine führen also noch nicht zu einer Anpassung an veränderte Umweltbedingungen. Erst durch die **natürliche Auslese** der Lebewesen mit nachteiligen Merkmalen aus einer Vielzahl von Mutationen überleben langfristig die Lebewesen mit vorteilhaften Merkmalen und vermehren sich. Diesen Vorgang nennt man **Selektion**.

Selektion: natürliche Auslese

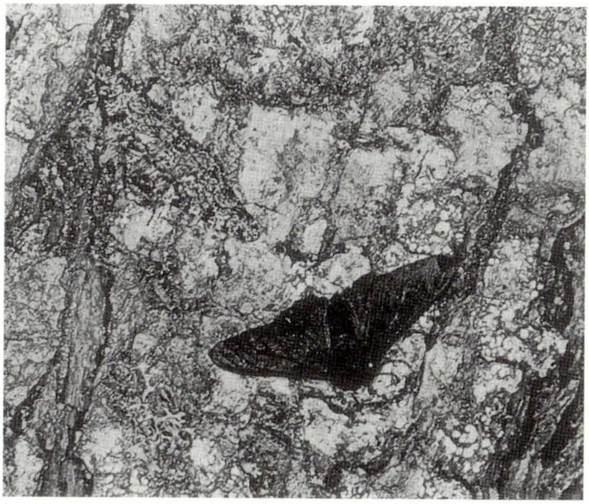

Birkenspanner auf heller Birkenrinde

Bei den Birkenspannern kommt es durch Vögel zu einer natürlichen Auslese: Birkenspanner ruhen tagsüber häufig auf Baumstämmen. Das Foto rechts zeigt beide Birkenspanner-Formen auf einer flechtenbewachsenen Birke, wie sie in ländlichen Regionen vorkommt. Die helle Form ist fast nicht zu erkennen und daher sehr gut getarnt, während die dunkle Form sich deutlich abhebt. Ein Vogel, der auf der Suche nach Nahrung ist, wird nur den dunklen Birkenspanner entdecken und fressen. Stellt man sich das gleiche Paar auf einer Birke aus einem Industriegebiet vor, an der durch die starke Luftverschmutzung der Flechtenbewuchs abgestorben und die Borke rußgeschwärzt ist, wird der Vorteil der dunklen Färbung offensichtlich. Unter dieser Voraussetzung ist es genau umgekehrt. Die Folge wird sein, dass die dunkle Form in ländlichen Gebieten häufiger gefressen wird, die Wildform dagegen häufiger in Industriegebieten.
In der Tabelle sind weitere Faktoren aufgelistet, die zur natürlichen Auslese im Evolutionsprozess beitragen.

Selektion durch Umweltfaktoren	**Selektion durch andere Lebewesen**
Temperatur Luftfeuchtigkeit Lichtmenge Salzkonzentration Sauerstoffgehalt Kohlenstoffdioxidgehalt pH-Wert Mineralzusammensetzung Bodenbeschaffenheit Wind	Fressfeinde (Räuber) Parasiten Nahrungskonkurrenten Beutetiere Futterpflanzen Geschlechtspartner

3.2 Isolation

Durch große Entfernungen innerhalb eines Verbreitungsgebietes einer Art können die Lebewesen so weit räumlich getrennt sein, dass sie sich unabhängig voneinander weiterentwickeln. Dadurch entstehen neue Rassen oder sogar Arten.

Ein wesentlicher Faktor für das Entstehen neuer Arten ist die **räumliche Trennung** (geografische Isolation). Sie kann auf verschiedene Weisen erfolgen.

Durch **Bewegungen der Erdkruste** kann das ursprünglich zusammenhängende Verbreitungsgebiet einer Art in mehrere Teilgebiete zerfallen, die durch unüberwindliche Barrieren voneinander getrennt sind. So sind Teile des Festlandes als Inseln abgetrennt worden. Inseln und Inselgruppen sind auch dadurch entstanden, dass Landbrücken im Meer versanken.

Auch **Klimaveränderungen** tragen dazu bei, dass sich neue Arten entwickeln. Durch das Vordringen der Gletscher aus Nordeuropa und aus den Alpen während der Eiszeit wurden die **Krähen** in eine westliche und eine östliche Gruppe getrennt. Beide Gruppen entwickelten sich während der Trennung unabhängig voneinander weiter, so dass zwei unterschiedliche Unterarten oder Rassen der Krähe entstanden, die **Rabenkrähe** und die **Nebelkrähe**. Die heutigen Brutgebiete der beiden Rassen stimmen noch immer mit den Rückzugsgebieten während der Eiszeit überein. In der schmalen Kontaktzone, in der die beiden Rassen heute aufeinander treffen, kommt es wieder zur Vermischung der Erbanlagen, da Rassen noch untereinander fortpflanzungsfähig sind.

Brutgebiete der Raben- und der Nebelkrähe

In anderen Fällen entwickelten sich die Rassen zu »echten« Arten. Es gibt eine Reihe von **Zwillings- oder Geschwisterarten**, die auf diese Weise entstanden sind. Ihre Verbreitungsgebiete sind in der Regel deutlich in Ost-West-Richtung geteilt; sie kommen aber auch nebeneinander im gleichen Verbreitungsgebiet vor. Äußerlich lassen sie sich oft kaum voneinander unterscheiden, können sich aber untereinander nicht fortpflanzen. Beispiele sind Nachtigall und Sprosser sowie Grünspecht und Grauspecht.

4 Entwicklung zum Menschen

Eine der spannendsten Fragen ist die nach der Herkunft des Menschen. Einiges lässt sich aus einem Vergleich mit den nächsten Verwandten, den Menschenaffen, ableiten. Zusammen mit Fossilfunden von Vorläufern des Menschen fügt sich daraus ein Mosaik der Entwicklungsgeschichte der Menschheit.

4.1 Die Verwandtschaft des Menschen

Von allen Tieren sind die Menschenaffen, vor allem die Schimpansen, dem Menschen am ähnlichsten. Sie haben einen ähnlichen Körperbau, bewegen sich ähnlich und zeigen auch in ihrem Verhalten viele **Übereinstimmungen**. Das lässt auf eine enge Verwandtschaft zwischen den Menschen und den Menschenaffen schließen. Trotzdem gibt es deutliche **Unterschiede** im Körperbau und in der Körperhaltung, die vor allem im Zusammenhang mit der unterschiedlichen Fortbewegungsweise stehen.

Menschen sind die einzigen Tiere, die dauerhaft **aufrecht** gehen. Zwar kann man auch bei Menschenaffen zeitweise beobachten, dass sie auf zwei Beinen laufen, aber nur über kurze Strecken. Ein völliges Aufrichten lassen die anatomischen Verhältnisse auf Dauer nicht zu. Menschen können die Knie völlig durchdrücken und die Beine senkrecht stellen. Durch die S-förmige, federnde Wirbelsäule kann auch der Oberkörper vollständig aufgerichtet werden. Der Greiffuß der Menschenaffen mit abspreizbarer großer Zehe ist beim Menschen in einen Standfuß umgewandelt, der zwar keine Greiffunktionen mehr ausführt, aber dafür das gesamte Körpergewicht trägt.

Skelettvergleich von Mensch und Schimpanse

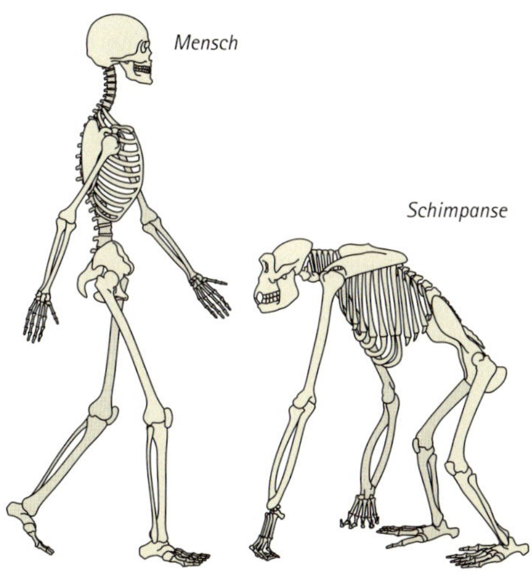

4.2 Die Vorläufer des Menschen

Die frühesten Fossilfunde, die man zu den Vormenschen rechnet, werden als **Australopithecus** (»Südaffe«) bezeichnet. Sie stammen aus einem Zeitraum von vor etwa 4 Millionen bis 1 Million Jahren. Es gab mehrere Australopithecus-Arten, die teilweise gleichzeitig lebten.

Es sind vor allem drei Merkmale, die diese Fossilien zu Vormenschen machen: Alle Skelettfunde zeigen eindeutig, dass Australopithecus auf zwei Beinen **aufrecht** ging. Berühmt wurde in diesem Zusammenhang das Skelett einer vermutlich weiblichen Hominiden, die in Anlehnung an einen Song der Beatles den Namen »Lucy« erhielt. Obwohl das Skelett nur zu 40 % erhalten geblieben ist, insbesondere Knochen der unteren Extremitäten und des Beckens, sind das weitaus mehr Teile als bei irgendeinem vergleichbaren Fossil. Die große Zehe, die beim Greiffuß der Menschenaffen abgespreizt wird, ist an die übrigen Zehen herangerückt; die Fußwurzel ist im Vergleich zur Zehenlänge deutlich größer geworden. Vor allem zeigen die **Fußspuren**, die zwei Hominiden vor etwa 3,6 Millionen Jahren in der Vulkanasche von Laetoli (Tansania) hinterlassen haben, dass ein Fußgewölbe vorhanden war, das – wie unser heutiges Fußgewölbe – der Federung und der besseren Gewichtsverteilung diente.

Fußspuren von Laetoli

Es gibt allerdings auch eine Reihe von Abweichungen zu den Verhältnissen beim Menschen, die darauf hindeuten, dass Australopithecus ein guter **Kletterer** war: Die Arme waren im Vergleich zu den Beinen deutlich länger und die Zehenknochen waren wie die Fingerknochen gekrümmt.

Australopithecus: ursprüngliche Merkmale der Menschenaffen (Kletterer, Gehirnvolumen) und fortgeschrittene Merkmale des Menschen (aufrechter Gang, Kauapparat)

Im Vergleich zu den Menschenaffen fehlen bei Australopithecus die langen Eckzähne; Lücken im Gebiß sind aber bei vielen Funden noch vorhanden. Die Schädelausgüsse zeigen, dass Australopithecus mit einem durchschnittlichen Gehirnvolumen von etwa 420 cm^3 noch deutlich im Bereich der Menschenaffen lag.

4.3 Der Stammbaum der Hominiden

Die Entwicklung der Hominiden begann vermutlich mit **Australopithecus afarensis**, der für etwa 1 Million Jahre wahrscheinlich der einzige Vertreter dieser Gattung war. Vor etwa 3 Millionen Jahren wurde er vom zierlicheren **Australopithecus africanus** und vom robusten **Australopithecus boisei** abgelöst. Vor etwa 2 Millionen Jahren lebten drei Hominiden-Arten nebeneinander: Australopithecus africanus, Australopithecus boisei und die ersten Menschen, **Homo habilis**, bei denen zusammen mit den Schädel- und Skelettresten grob behauene Geröllsteine gefunden wurden, die diese Hominiden vermutlich als **Werkzeuge** genutzt hatten.

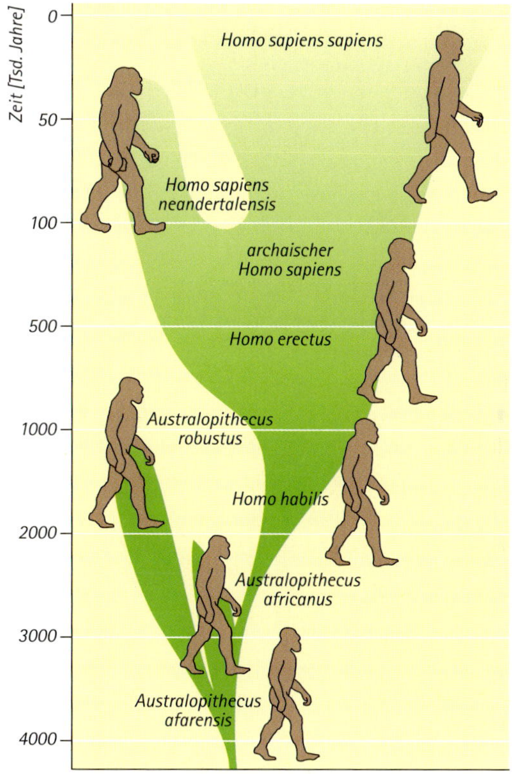

Der Stammbaum der Hominiden

In Schichten jüngeren Datums tauchen dann Schädel und Skelette auf, die einer neuen Hominidenart zugeordnet werden, die **Homo erectus** genannt wird. Homo erectus erweiterte sein Siedlungsgebiet über Afrika hinaus bis nach Europa und Ostasien. Aus dem späten Homo erectus entwickelte sich in verschiedenen Regionen der Welt der Jetztmensch, **Homo sapiens**, von dem in Europa eine einzige Entwicklungslinie zum **Neandertaler** führte, der aber vor etwa 30 000 Jahren ausstarb. Im afrikanischen Ursprungsgebiet entwickelte sich in dieser Zeit der moderne Mensch, **Homo sapiens sapiens**, der vor 100 000 Jahren auswanderte und alle anderen Kontinente besiedelte.

Auf einen Blick: Evolution der Lebewesen

Fossilien

- **Fossilien** sind die Überreste und Spuren ausgestorbener Lebewesen aus früheren Erdzeitaltern. Die meisten findet man in Ablagerungsgesteinen **(Sedimenten).**
- Aus der Reihenfolge in Sedimenten kann das **relative Alter** von Fossilien, aus dem Zerfall aufgenommener radioaktiver Stoffe das **absolute Alter** bestimmt werden.
- Fossile Brückentiere sind gemeinsame Ahnenformen verschiedener Tierklassen.

Abstammung der Lebewesen

- Lebewesen können nach abgestuften Ähnlichkeiten geordnet werden.
- **Analoge Organe** sind das Ergebnis einer gleichgerichteten Entwicklung; sie liefern aber keinerlei Hinweise für Verwandtschaftsbeziehungen.
- **Homologen Organen** liegt ein gemeinsamer Bauplan zugrunde. Sie kommen durch die **Abstammung** von gemeinsamen Vorfahren zustande.
- Homologe Organe oder Organsysteme lassen sich so in **Entwicklungsreihen** anordnen, dass die Abwandlungen im Laufe der Entwicklungsgeschichte erkennbar werden.
- Für einige Gruppen lassen sich **Stammbäume** aufstellen, die die Verwandtschaftsbeziehungen zeigen.

Evolutionsfaktoren

- Veränderungen von Lebewesen, die vererbt werden, kommen durch **Mutationen** zustande. Sie erfolgen **zufällig** und **ungerichtet**.
- Mutationen alleine führen also noch nicht zu einer **Anpassung** an veränderte Umweltbedingungen.
- Durch die **Selektion** der Lebewesen mit nachteiligen Merkmalen aus einer Vielzahl von Mutationen überleben langfristig die Lebewesen mit vorteilhaften Merkmalen und vermehren sich.
- Ein wesentlicher Faktor für das Entstehen neuer Arten: **geografische Isolation.**

Entwicklung zum Menschen

- Viele **Ähnlichkeiten** im Körperbau von Menschenaffen und Menschen lassen auf eine enge Verwandtschaft schließen.
- Die **Unterschiede** im Körperbau und in der Körperhaltung stehen vor allem im Zusammenhang mit dem **aufrechten Gang**.
- Die Entwicklungsgeschichte der **Hominiden** von den ersten Vormenschen bis zum Jetztmenschen verlief über 4 Millionen Jahre.

Lebewesen lassen sich ordnen

Die Formenvielfalt der Lebewesen ist unüberschaubar. Heute erfolgt eine Einteilung in Prokaryonten, Einzeller, Pilze, Pflanzen und Tiere. Die grundlegende Einheit ist immer die Art. Unspezialisierte Lebewesen sind auf das Leben im Wasser angewiesen. Die Eroberung unterschiedlicher Lebensräume ist an Spezialisierung und Differenzierung in Bau und Funktion gebunden. Sie ist bei den Samenpflanzen, Gliederfüßern und Wirbeltieren am weitesten entwickelt.

1 Systematik – die fünf Reiche der Lebewesen

Die Art umfasst alle Individuen, die in wesentlichen Merkmalen übereinstimmen und sich fruchtbar miteinander fortpflanzen können.

Seit etwa 3,5 Milliarden Jahren gibt es auf der Erde Lebewesen; im Verlaufe dieser Zeit ist eine ungeheure **Formenvielfalt** entstanden. Heute sind etwa 1,5 Millionen Arten bekannt. Schon früh versuchte man diese Vielfalt zu **ordnen**, die Organismen zu beschreiben und zu benennen; die **Systematik** als Teilgebiet der Biologie entstand.
Die Grundlage für das heute gültige **Ordnungssystem** legte *Carl von Linné* (1707–1778) mit der Einteilung in **Pflanzen** und **Tiere**. Mittlerweile verwendet die Systematik Erkenntnisse aus allen Teilgebieten der Biologie, um die Verwandtschaft zwischen den Organismen aufzuklären. Etwa seit 1960 werden die Lebewesen **fünf Reichen** zugeordnet: **Prokaryonten**, **Einzeller**, **Pilze**, **Pflanzen** und **Tiere**.

Beispiel einer Tierkategorisierung:

Reich	Tier
Stamm	Chordatiere
Unterstamm	Wirbeltiere
Klasse	Säugetiere
Ordnung	Raubtiere
Familie	Hundeartige
Gattung	Hund
Art	Haushund
Rasse	Dackel

Grundlegende Einheit ist die **Art**. Arten mit ähnlichen Merkmalen bilden die **Gattung**; Gattungen werden wiederum in nächsthöhere Kategorien geordnet: **Familien**, **Ordnungen** und **Klassen**. Bei den Pflanzen werden die Klassen zu **Abteilungen**, bei den Tieren zu **Stämmen** zusammengefasst. Die höchste Kategorie ist das **Reich**. Zu jeder Kategorie können Untergruppen gebildet werden. Die beschriebene Einteilung ist bei den Biologen nach wie vor umstritten und teilweise wird nur die Gliederung in **Prokaryonten** und **Eukaryonten** akzeptiert. Nachfolgend werden einzelne Gruppen von Organismen vorgestellt.

2 Reich: Prokaryonten

Über Bau, Vorkommen und Bedeutung wird in den Kapiteln 1, 4, 9 und 10 ausführlich informiert.

Prokaryonten sind **einzellige Lebewesen** mit einfach gebauter Zelle **ohne echten Zellkern** (s. a. Kapitel 1, 4, 9 und 10). Sie besiedeln alle Lebensräume und spielen eine **große Rolle im Stoffkreislauf der Natur** sowie als **Krankheitserreger** bei Pflanzen, Tieren und Menschen. Ihre Fortpflanzung erfolgt bei günstigen Umweltbedingungen ungeschlechtlich durch Zweiteilung, häufig kommt es zu Massenvermehrungen. Einige Arten bilden einfache Zellkolonien. Eine Einteilung erfolgt in die Stämme:

- **Urbakterien (Archaebakterien)**: unbeweglich, sehr klein, oft an extremen Standorten (z. B. Salzbakterien).
- **Echte Bakterien (Eubakterien)**: stäbchen-, schrauben- oder kugelförmig, teilweise Fortbewegung mit Geißel.
- **Zyanobakterien (Blaualgen)**: einzellig oder in fädigen Zellkolonien, autotroph.

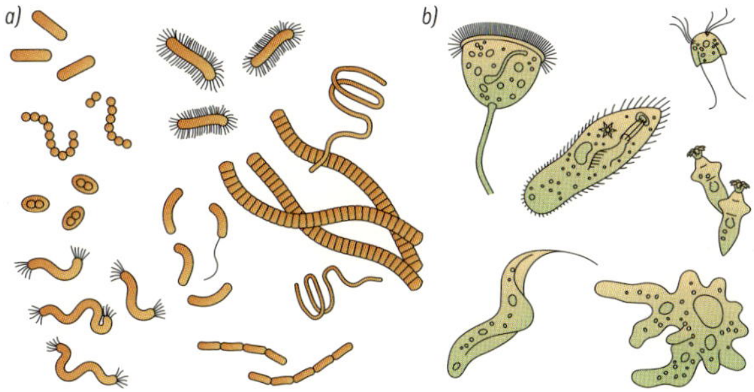

a) Prokaryonten: Urbakterien, Echte Bakterien, Blaualgen,
b) Einzellige Eukaryonten: Wimpertierchen, Geißeltierchen, Sporentierchen, Wurzelfüßer

3 Reich: Einzeller (Protozoa/Protista)

Protozoen sind **Eukaryonten**. Sie besitzen neben einem echten Zellkern und allen typischen Zellstrukturen zusätzlich **spezifische Organellen** zur Bewegung, Ernährung, Ausscheidung oder Reizwahrnehmung. Manche Einzeller bilden ein Innen- oder Außenskelett aus. Sie leben vorwiegend im Wasser, aber auch in feuchter Erde oder parasitisch. Ihre Ernährung ist meist heterotroph. Einige Gruppen bilden Zellkolonien. Ihre Fortpflanzung erfolgt ungeschlechtlich durch Zwei- und Vielfachteilungen, aber auch geschlechtlich durch Konjugation (Austausch von Erbmaterial). Sie werden in folgende Stämme eingeteilt:

Die Einzeller werden in Kapitel 1 ausführlich vorgestellt.

- **Geißeltierchen (Flagellaten)**: eine oder mehrere Geißeln, z. B. Trypanosoma (Erreger der Schlafkrankheit).
- **Wurzelfüßer (Rhizopoden)**: sehr vielgestaltig, z. B. Amöbe, Strahlentierchen, Foraminiferen.

- **Wimpertierchen (Ciliaten)**: zahlreiche Wimpern zur Fortbewegung und Nahrungsaufnahme, teilweise koloniebildend, z. B. Pantoffeltier, Glockentier
- **Sporentierchen (Sporozoa)**: parasitär, Vermehrung durch Sporen, z. B. Plasmodium (Malaria-Erreger).

4 Reich: Pilze

Die Pilze stellen eine sehr uneinheitliche Organismengruppe dar; sie sind als **Fäulnisbewohner** (Saprophyten) oder **Parasiten** auf organische Nährstoffe angewiesen (heterotroph). Bekannt sind einzellige und vielzellige Formen. Ihr Körper besteht aus langen Zellfäden, den **Hyphen**, mit denen sie ihr Substrat durchziehen. Oft bilden die Hyphen dichte Geflechte aus, das **Myzel**. Ihre Zellwände bestehen meist aus Chitin, als Reservestoffe werden Fett und Glykogen gespeichert. Einige Gruppen bilden **Fruchtkörper** aus, die **Sporen** tragen. Ihre Fortpflanzung erfolgt ungeschlechtlich durch Sprossung oder Sporenbildung oder geschlechtlich. Die wichtigsten Gruppen sind:

- **Schleimpilze**: einzellige vielkernige Plasmamassen, amöboid beweglich, z. T. Erreger von Pflanzenkrankheiten.
- **Algenpilze**: meist vielkernige, ungegliederte Zellfäden, z. T. Erreger von Tier- und Pflanzenkrankheiten.
- **Echte Pilze**: meist aus Myzelen aufgebaut, Sporenbildung in typischen Fruchtkörpern; weiter unterteilt in **Hefepilze**

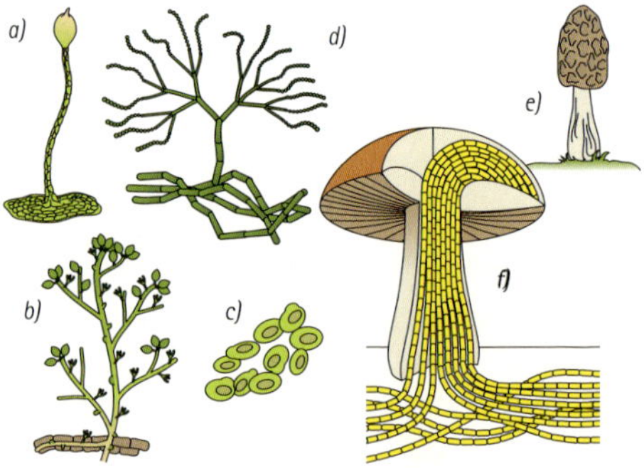

a) Schleimpilz (Dictyostelium), b) Penicillium, c) Hefe, d) Algenpilz (Falscher Mehltau), e) Morchel, f) Schema eines Hutpilzes, Foto: Riesenschirmpilz

(z. B. Back- und Bierhefen), **Jochpilze** (z. B. Schimmelpilze), **Schlauchpilze** (z. B. Morchel, Trüffel, Penicilliumarten) und **Ständerpilze** (z. B. Steinpilz, Riesenschirmpilz).

5 Reich: Pflanzen

Alle Pflanzen sind **Eukaryonten**, ihre Zellen sind von **festen Zellwänden** umgeben und enthalten **Plastiden.** Ihre Lebensweise ist **autotroph**, sie betreiben Photosynthese. Die höheren Pflanzen sind in **Wurzel**, **Spross** und **Blätter** gegliedert (ausführliche Informationen in den Kapiteln 1, 2 und 10).

5.1 Algen

Algen sind als einzellige oder vielzellige Wasserbewohner im Süßwasser und in allen Tiefen des Meeres anzutreffen. Sie bilden fädige oder flächige Zellverbände aus, ihr Vegetationskörper ist **nicht in Gewebe und Organe gegliedert**. Sie sind **autotroph** und enthalten außer Chlorophyll oft weitere Farbstoffe. Ihre Fortpflanzung findet meist geschlechtlich durch Ausbildung speziell differenzierter Zellen (Gameten) statt. Ausgewählte Klassen sind:

- **Grünalgen**: einzellige, koloniebildende oder vielzellige Formen, die als Modell für die Evolution von der Ein- zur Vielzelligkeit angesehen werden. Bewegung durch Geißeln, vielzellige Arten mit Haftzellen (Rhizoidzellen) festsitzend; meist Süßwasserbewohner.

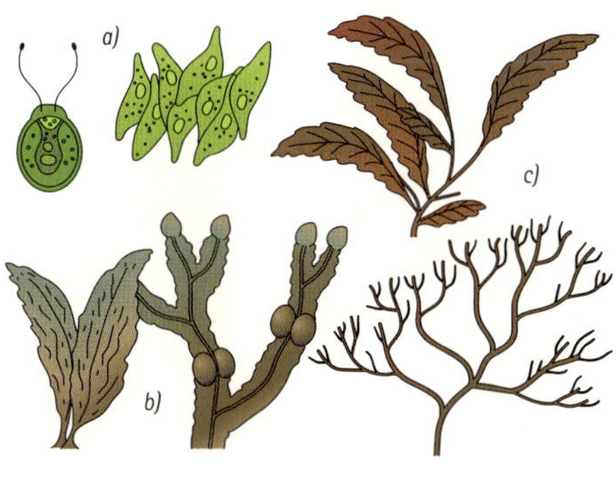

a) Grünalgen (Chlamydomonas, Scenedesmus), b) Braunalgen (Meerwegerich, Blasentang), c) Rotalgen (Meerampfer, Horntang), d) Strandfunde

- **Braunalgen**: vielzellige, faden- oder flächenförmige Arten, oft in blatt- und stengelartige Abschnitte gegliedert; enthalten neben Chlorophyll gelbbraune Farbstoffe. Meist festsitzende Meeresbewohner (Beerentang bis 70 m lang).
- **Rotalgen**: vielzellige, verzweigte Zellfäden oder -flächen; enthalten außer Chlorophyll rote und blaue Farbstoffe sowie pektinähnliche Stoffe in den Zellwänden (Agar).

5.2 Moospflanzen

Moose sind vielzellige **Landpflanzen**, die noch keine echten Wurzeln ausbilden; die Verankerung im Boden erfolgt über **Rhizoide**. Ihr Körper ist stengel- und blattähnlich gegliedert, die Differenzierung in Gewebe noch nicht sehr ausgeprägt. Besonders die Wasseraufnahme findet über die gesamte Oberfläche statt. Die oft dichten Moospolster wirken wie Schwämme und schützen den Boden vor Erosion. Bei der geschlechtlichen Fortpflanzung tritt ein komplizierter **Generationswechsel** zwischen **Gametophyt** (grüne Moospflanze) und **Sporophyt** (Sporenkapseln) auf. Ihre Einteilung erfolgt in zwei Klassen:

- **Lebermoose**: flächig ausgebildet oder in Blättchen und Stämmchen gegliedert, Blätter am Stamm zweizeilig.
- **Laubmoose**: immer in Blättchen und Stämmchen differenziert, Blätter sind am Stamm spiralig angeordnet.

a) Lebermoos (Brunnenlebermoos); Laubmoose: b) Weißmoos, c) Torfmoos, d) Schema Moosstämmchen (Querschnitt)

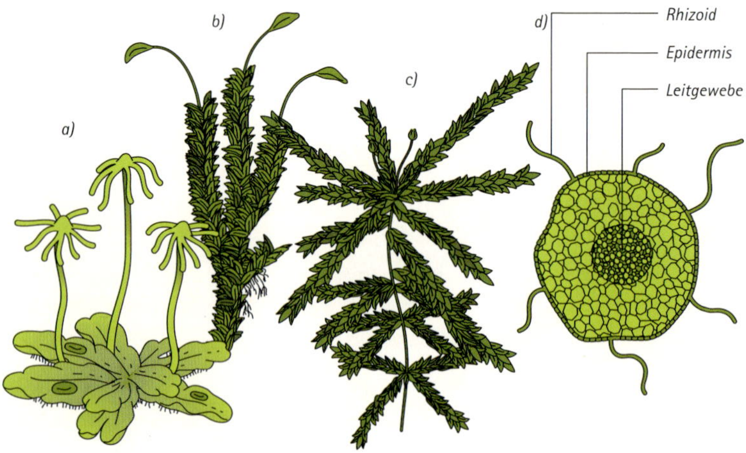

5.3 Farnpflanzen

Farnpflanzen (Pteridophyta) sind krautige, in **Wurzel** und **Spross** (mit Sprossachse und Blättern) gegliederte **Sprosspflanzen (Kormophyten)**. Durch die Ausbildung unterschiedlich differenzierter Gewebe sind sie an das Landleben angepasst. In speziellen Behältern an den Blattunterseiten werden Sporen gebildet. Die Fortpflanzung erfolgt über einen **Generationswechsel** zwischen Sporophyt (grüne Pflanze) und Gametophyt. Der Stamm der Farnpflanzen wird in folgende Klassen unterteilt:

Farne: älteste Landpflanzen. Größte Ausbreitung im Karbon (vor ca. 300 Millionen Jahren); wesentlicher Anteil an der Steinkohlenbildung.

- **Ur-/Nacktfarne**: älteste Landpflanzen (etwa seit 500 Millionen Jahren), bis auf zwei Arten ausgestorben.
- **Bärlappgewächse**: immergrüne, krautige Pflanzen mit kleinen, nadelartigen Blättern, oft mit kriechender Sprossachse; im Karbon bis 40 m hohe und 5 m dicke »Bärlappbäume« bildend.
- **Schachtelhalme**: Sprossachse mit Längsriefen, an den Knoten sitzen zugespitzte, zähnchenförmige Blätter, am Stengel zu einer Scheide verwachsen. Das Stengelzentrum ist hohl. Im Karbon weit verbreitet, bis 30 m hohe und 1 m dicke »Röhrenbäume«.
- **Farne**: krautige bis holzige Arten mit meist großen, gestielten und gefiederten Blättern (Wedel), in der Jugend an den Spitzen eingerollt mit Sporangienkapseln an den Blattunterseiten. In den Tropen auch heute noch armdicke, baumförmige Arten bis 15 m Höhe.

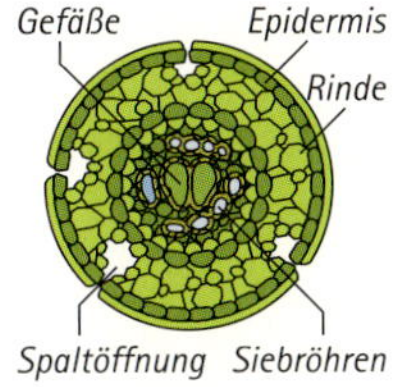

Innerer Bau der Sprossachse bei Farnen (Schema)

a) Ackerschachtelhalm, b) Keulen-Bärlapp, c) Wurmfarn, Foto: Farnwedel

5.4 Samen-/Blütenpflanzen

Die Samenpflanzen **(Spermatophyta)** stellen die Gruppe mit den am weitesten differenzierten Zellen, Geweben und Organen. Als **Sprosspflanzen (Kormophyten)** sind sie in Wurzel und Spross (aus Sprossachse, Blättern und Blüten) gegliedert. Sie bilden Gameten aus wenigen Zellen (männlich: **Pollen**; weiblich: **Samenanlagen mit Eizellen**) und entwickeln sich aus einem Samen mit Nährgewebe. Optimal ans Landleben angepasst leben nur wenige Arten als Tauch- und Schwimmpflanzen im Wasser. Sie werden in die **Nacktsamer (Gymnospermen)** und die **Bedecktsamer (Angiospermen)** unterteilt.

Beispiel einer Pflanzen-Kategorisierung:

Reich	Pflanzen
Abteilung	Samenpflanzen
Unterabteilung	Bedecktsamige
Klasse	Enkeimblättrige
Ordnung	Lilienartige
Familie	Liliengewächse
Gattung	Lilie
Art	Türkenbund-Lilie

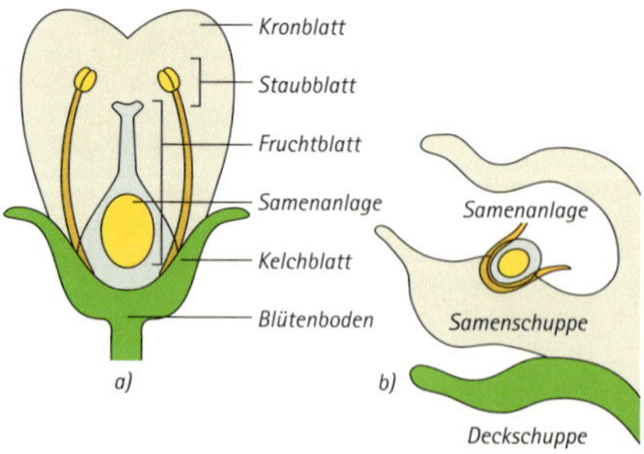

Blütenlängsschnitte: a) Bedecktsamer, zwittrig, b) Nacktsamer, weiblich

Blüte. Als Ort der Befruchtung und Keimlingsentwicklung ist sie in **Blütenhülle**, **Staub-** und **Fruchtblätter** gegliedert. Das Aussehen der Blüte ist arttypisch und dient häufig zur Artbestimmung. Alle Blütenteile gehen durch Differenzierungswachstum aus ursprünglichen Blattanlagen hervor. Die Blütenhülle dient als Schauapparat zur Anlockung von Bestäubern, bei Windblütlern ist sie stark reduziert. Die männlichen Fortpflanzungszellen (Pollen/Blütenstaub) werden in den Staubblättern gebildet, die aus **Staubbeutel** und **Staubfaden** bestehen. Die weiblichen Fortpflanzungsorgane (Eizelle und Samenanlage) sind die **Fruchtblätter**: Bei Nacktsamern liegen die Samenanlagen frei auf schuppenförmigen Blättern, bei Bedecktsamern verwachsen die Fruchtblätter zum **Fruchtknoten** mit **Griffel** und **Narbe**.

Samen. Als Fortpflanzungseinheit dienen sie der Verbreitung und Erhaltung der Art. Sie gehen aus der befruchteten Eizelle mit Samenanlage hervor, liegen bei Nacktsamern frei (Samenschuppen) und sind bei Bedecktsamern vom Fruchtknoten umhüllt. Sie sind aus **Samenschale**, **Nährgewebe** (Endosperm) und **Keimling** (Embryo) aufgebaut und verfügen zur besseren Verbreitung häufig über spezielle Ausbildungen wie Haare oder Flügel.

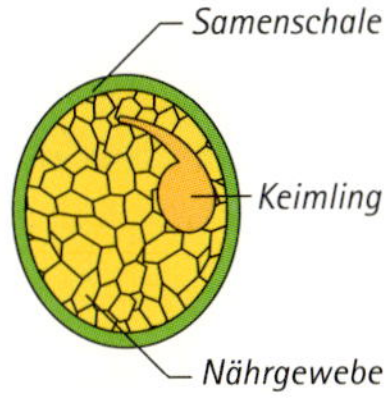

Bau des Samens

Frucht. Früchte kommen **nur bei** den **Bedecktsamern** vor, sie dienen der Verbreitung und dem Schutz. Unterschiedlicher Aufbau und Aussehen führen zu einer großen Formenvielfalt: **Nüsse, Steinfrüchte, Beeren, Hülsen, Schoten, Kapseln**, **Sammel-** und **Scheinfrüchte**. Bei Scheinfrüchten ist der Fruchtknoten mit weiteren Blütenteilen verwachsen (z. B. Apfel).

Früchte:
a) Nuss,
b) Steinfrucht,
c) Hülse,
d) Kapsel,
e) Schote,
f) Beere

Nacktsamer

Nacktsamer sind meist **Holzgewächse** (Bäume) mit **nadel-** oder **schuppenförmigen Blättern** (z. B. Nadelbäume). Die Samenanlagen liegen frei auf den Fruchtblättern und sind häufig zu zapfenartigen Samenständen vereinigt **(Zapfen)**. Die Blüten sind eingeschlechtlich, Früchte werden nicht ausgebildet. Meist handelt es sich um Windbestäuber (Pollenflug bei Nadelbäumen im Frühjahr). Bekannte Familien sind: **Ginkgogewächse**, **Kieferngewächse** und **Zypressengewächse**.

a) Ginkgo, b) Kiefer, c) Zypresse

Samenstände: Zapfen

Bedecktsamer

Zwittrig: Blüten enthalten Staub- und Fruchtblätter (zweigeschlechtlich).

Bedecktsamer werden in die beiden Gruppen der **Einkeimblättrigen (Monokotylen)** und **Zweikeimblättrigen (Dikotylen)** eingeteilt: Kräuter, Sträucher und Bäume mit meist zwittrigen, auffälligen **Blüten**, die Samenanlage ist vom **Fruchtknoten** eingeschlossen, Ausbildung von **Früchten.** Sie haben krautige oder holzige Sprossachsen und typische, **vielgestaltige Laubblätter**. Neben der geschlechtlichen Fortpflanzung (Bestäubung durch Wind, Insekten, Vögel, Fledermäuse) findet auch die ungeschlechtliche (vegetative) statt (z. B. durch Rhizome oder Brutknöllchen). Wichtige Familien der Monokotylen sind die **Süßgräser** (z. B. Reis, Weizen, Bambus) und die **Liliengewächse** (z. B. Lilie, Tulpe, Zwiebel, Spargel); der Dikotylen die **Kreuzblütler** (z. B. Kohl, Radieschen, Meerrettich), die **Lippenblütler** (z. B. Taubnessel, Thymian, Basilikum), die **Schmetterlingsblütler** (z. B. Soja, Klee, Ginster, Erbse, Bohne) und die **Korbblütler** (z. B. Sonnenblume, Salat, Arnika, Löwenzahn).

Palme: eine einkeimblättrige Pflanze

Sonnenblumen: Korbblütler

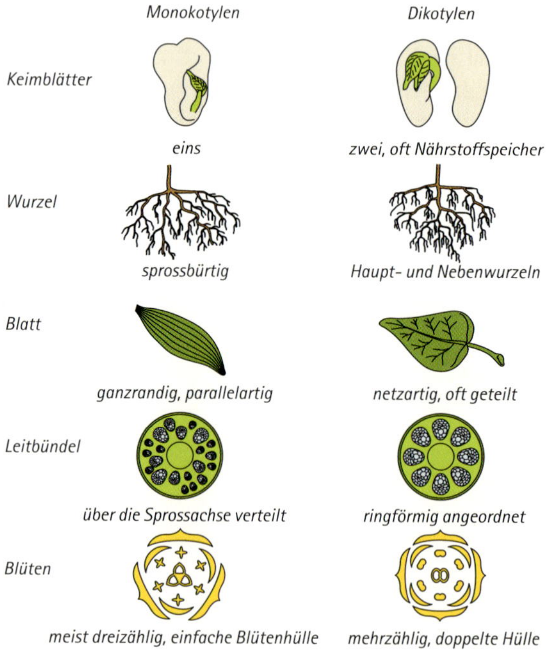

Merkmale von ein- und zweikeimblättrigen Pflanzen

6 Reich: Tiere

Vielzellige, heterotrophe Organismen, deren Zellen keine Zellwand und keine Plastiden enthalten. Zum Teil stark ausdifferenzierte und spezialisierte Zellen, Gewebe und Organe, meist frei beweglich.

6.1 Schwämme (Porifera)

Schwämme sind **festsitzende Wassertiere** mit einfachem Bau und weitgehend unspezialisierten Zellen. Ihr Körper besteht aus zwei Zellschichten, einem äußeren **Deckgewebe** und einer Innenschicht aus **Kragengeißelzellen**, die eine gallertige Grundsubstanz mit hornartigen Einlagerungen umschließen. Die Kragengeißelzellen strudeln Nahrungsteilchen herbei und nehmen diese auf. Meist Zwitter. Befruchtete Eizellen entwickeln sich zu frei beweglichen Larven, die sich festsetzen und einen neuen Schwamm ausbilden; ungeschlechtliche Fortpflanzung durch Knospenbildung (Tierstöcke).

a) Süßwasserschwamm, b) Hornschwamm, c) Bau eines Schwammes (Querschnitt)

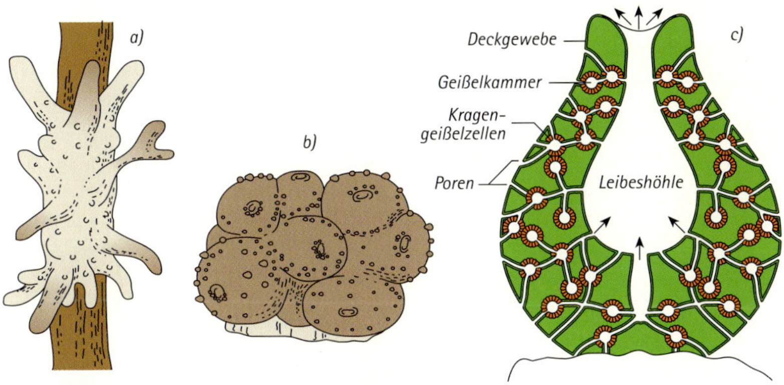

6.2 Hohltiere (Coelenterata)

Hohltiere sind **radiärsymmetrische Vielzeller** mit echten Geweben **(Eumetazoa)**; hauptsächlich Meeresbewohner, festsitzende und frei bewegliche Arten. Sie bestehen aus zwei Schichten, dem **Ektoderm** (Außenschicht) und dem **Entoderm** (Innenschicht), dazwischen verläuft eine Stütz-

Korallenriff mit Korallentieren

lamelle. Das Entoderm umgibt einen Hohlraum (Magenhöhle/Gastralraum) mit einer Öffnung (Mund/After). Teilweise ist ein Außen- oder Innenskelett aus Kalk oder Chitin ausgebildet. Man unterscheidet die **Rippenquallen** (nur wenige Arten) von den **Nesseltieren (Cnidaria)**.

Nesseltiere besitzen spezielle **Nesselzellen** (hoch giftig), die der Verteidigung und dem Beutefang dienen; daneben sind Sinnes-, Nerven-, Nähr- und Epithelmuskelzellen ausdifferenziert. Das einfache **Netznervensystem** ermöglicht Reaktionen auf Umweltreize. Die geschlechtliche Fortpflanzung findet meist mit **Generationswechsel** statt: Der festsitzende **Polyp** erzeugt ungeschlechtlich die frei schwimmende **Meduse**, die Geschlechtsgeneration mit Ovarien und Hoden. Einige Arten können sich durch Knospung, Abschnürung usw. ungeschlechtlich vermehren und **Kolonien bilden**. Die Nesseltiere werden in die drei Klassen der **Polypentiere** (z. B. Süßwasserpolypen, Staatsquallen), **Schirmquallen** (z. B. Ohren-, Feuer-, Kompassquallen – große frei schwimmende Medusen) und **Korallentiere** (z. B. Rosen-, Stein-, Hornkorallen) unterteilt. Die Korallen-/ Blumentiere sind oft prächtig gefärbt, zeigen keinen Generationswechsel und bilden häufig Kolonien (Riffe, Atolle).

a) Süßwasserpolyp, b) Blumenkohlqualle, c) Edelkoralle; Längsschnitt: d) Polyp, e) Meduse

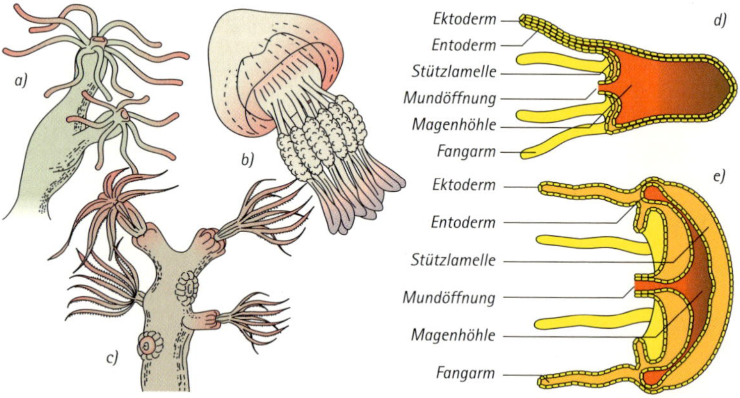

6.3 Niedere Würmer (Scolecida)

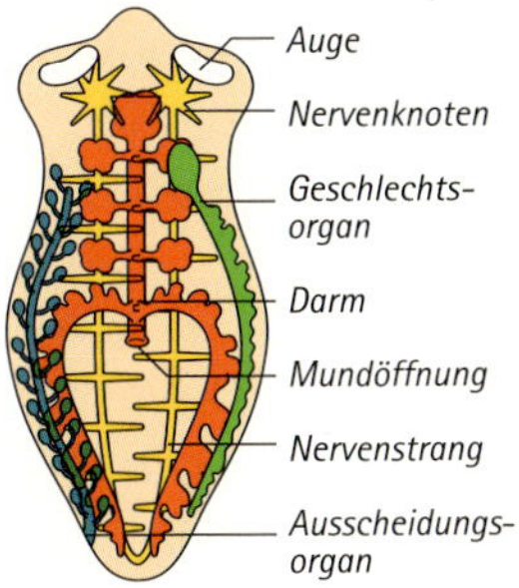

Längsschnitt einer Planarie (Strudelwurm)

Plattwürmer (Plathelminthes). Sie sind zweiseitig symmetrische (bilaterale), **stark abgeflachte**, band- oder blattförmige Organismen, die im Wasser, Boden oder als Parasiten leben. Charakteristisch ist ihr **Hautmuskelschlauch**: eine einschichtige Epidermis mit darunter liegender Ring- und Längs-Muskulatur. Ihre Fortbewegung erfolgt schwimmend oder kriechend mit Hilfe von **Saugnäpfen** und des Hautmuskelschlauches. Blutgefäße und Atemorgane fehlen, der Darm ist bei parasitischen Arten gänzlich zurückgebildet. Das Nervensystem ist wie eine **Strickleiter** gebaut, im Kopfbereich konzentrieren sich viele Nervenknoten. Plattwürmer sind meist **zwittrig**, ihre Entwicklung erfolgt über Larvenstadien (häufig mit Generationswechsel). Als **Parasiten** sind sie von großer Bedeutung als Krankheitserreger. Sie werden in drei Klassen eingeteilt:

- **Strudelwürmer**: vorwiegend räuberisch, einfache Augen.
- **Saugwürmer**: parasitisch, hoch entwickelte Haftorgane.
- **Bandwürmer**: reine Endoparasiten, Kopf mit Saugnäpfen und Haken, bis 12 m lang.

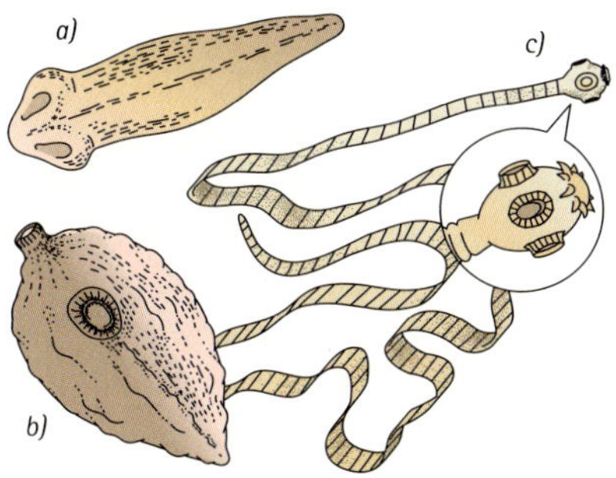

a) Planarie (Strudelwurm), b) Großer Leberegel (Saugwurm), c) Rinderbandwurm

Rund-/Schlauchwürmer (Nematoden). Sie verfügen über einen **fadenförmigen**, glatten Körper mit dicker Kutikula; neben frei lebenden Arten viele **Parasiten** (z. B. Trichinen, Spul- und Madenwürmer, Kartoffel- und Weizenälchen). Blutgefäß- und Atemsystem fehlen, das Nervensystem besteht aus zwei Nervensträngen mit Schlundring. Auch die **Rädertiere**, frei schwimmende Strudler im Süßwasser, gehören zu dieser Tiergruppe.

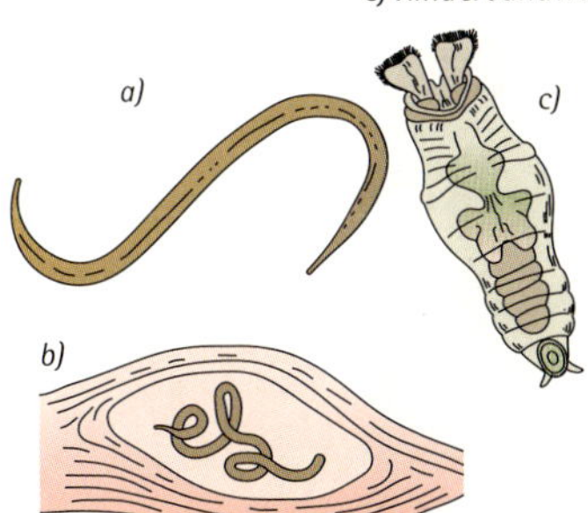

a) Spulwurm, b) Muskeltrichine, c) Rädertier

6.4 Weichtiere (Mollusken)

Der Körper der Weichtiere ist von einer **weichen**, drüsenreichen **Haut** bedeckt, die meist Schalen oder Gehäuse abscheidet (äußere oder innere Kalkschalen). Er besteht aus **Kopf**, muskulösem **Fuß**, **Eingeweidesack** und **Mantel**. Zur Atmung sind Kiemen ausgebildet. Die Mollusken verfügen über ein relativ stark zentralisiertes Nervensystem, das die Informationen der teilweise komplexen Sinnesorgane verarbeitet. Die meist geschlechtliche Fortpflanzung führt zu Eiern, die sich zu Larven entwickeln. Nach einer **Metamorphose** geht aus ihnen das voll entwickelte Tier hervor. Mit ca. 130 000 bekannten Arten stellen die Weichtiere nach den Gliederfüßern die artenreichste Tiergruppe; die bekanntesten Klassen sind **Schnecken**, **Muscheln** und **Kopffüßer**.

Metamorphose: Indirekte Entwicklung vom Ei zum geschlechtsreifen Tier; als Zwischenstadium sind selbständige Larvenformen eingeschaltet.

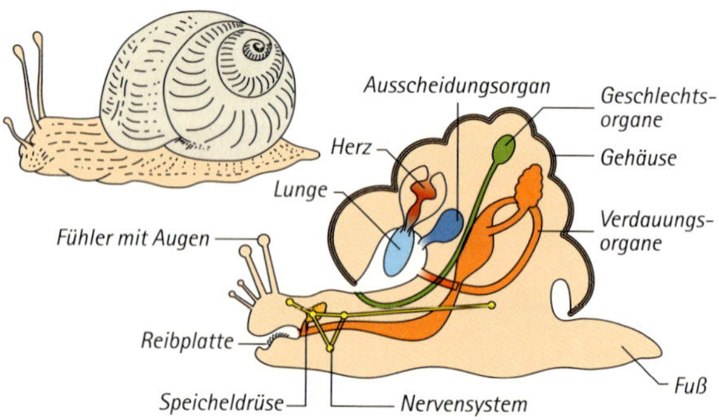

Bau einer Lungenschnecke

Wellhornschneckengehäuse mit Eigelege

Schnecken (Gastropoda). Artenreichste Klasse, Eingeweidesack und Schale spiralig aufgewunden (Nacktschnecken ohne Gehäuse), muskulöser Fuß zur Fortbewegung, Kopf mit Fühlern und Augen, Mundhöhle mit Reibplatte **(Radula)**, die dem Zerkleinern der Nahrung dient. Je nach Lage und Art der Atmungsorgane werden sie in **Vorderkiemer** (z. B. Wellhornschnecke), **Hinterkiemer** und **Lungenschnecken** unterteilt.

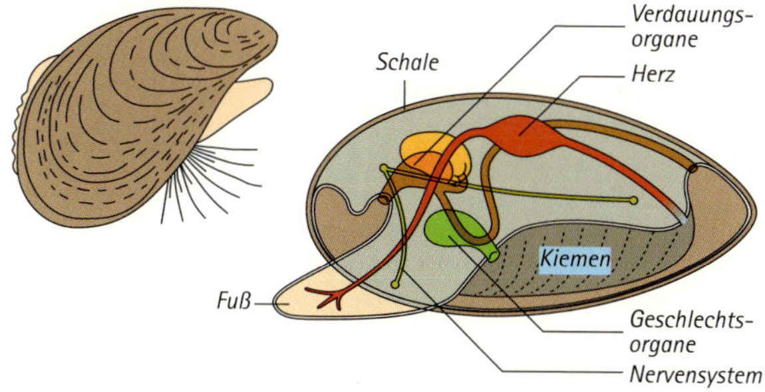

Bau einer Muschel, Teichmuschel

Muscheln (Bivalvia). Körper von zweiklappiger Schale umschlossen, die Klappen sind durch Muskeln verbunden; kein Kopf ausgebildet, Filtrierer (500 und mehr Liter Wasser pro Tag), Fortbewegung mit muskulösem Fuß kriechend oder durch ruckartiges Zusammenpressen der Schalen nach dem Rückstoßprinzip, teilweise festsitzend (sessil).

Muschel- und Schneckenstrand an der Ostsee

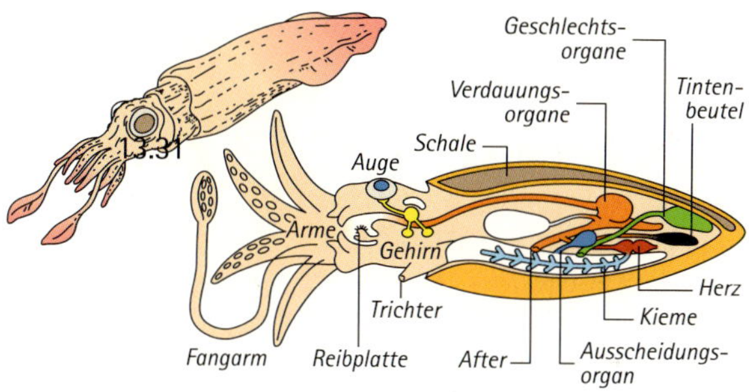

Bau eines Kopffüßers, Kalmar

Kopffüßer (Cephalopoda). Deutlich abgesetzter Kopfbereich mit Fangarmen (**Tentakel** mit zahlreichen Saugnäpfen), hoch entwickelten Augen (Bild- und Farbsehen), leistungsstarkem Nervensystem (Gehirn von Knorpelkapsel umgeben) und Mundhöhle mit Radula. Die Kalkschale ist meist stark zurückgebildet. Mit Hilfe der Tentakel geschickte Schwimmer. Bei Gefahr wird ein schwarzbrauner Farbstoff aus dem **Tintenbeutel** ausgestoßen. Die Kopffüßer werden in zwei Gruppen unterteilt, die **achtarmigen** und **zehnarmigen Tintenschnecken** (z. B. Tintenfisch).

6.5 Gliedertiere (Articulata)

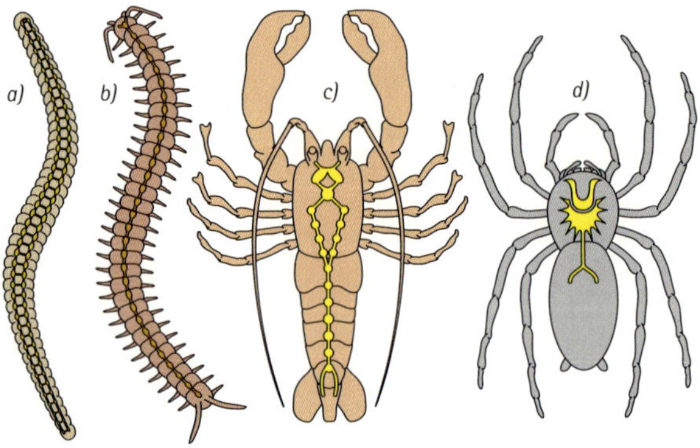

Entwicklung eines Zentralnervensystems bei den Gliedertieren: a) Ringelwurm, b) Hundertfüßer, c) Krebs, d) Spinne

Die Gliedertiere werden in die beiden Stämme der **Ringelwürmer** und **Gliederfüßer** unterteilt. Mit mehr als 75 % aller derzeit bekannten Tierarten stellen sie die artenreichste Tiergruppe. Sie sind durch starke Differenzierung und Spezialisierung ihrer Zellen, Gewebe und Organe charakterisiert. Ihr Körper ist in deutliche **Segmente** gegliedert, die alle einen gleichen Grundbauplan haben. Aus einem ursprünglichen **Strickleiternervensystem** hat sich bei vielen Arten durch Verschmelzung von Nervenknoten am Vorderende ein Gehirn herausgebildet.

Ringelwürmer (Anneliden)

Die Anneliden sind meist langgestreckte, runde Tiere, deren Segmente durch Scheidewände voneinander getrennt sind und paarweise jeweils gleiche Organe enthalten. Der **Hautmuskelschlauch** ist nach außen von einer nur dünnen Kutikula geschützt. Er ermöglicht durch Muskelspannung gegen einen Flüssigkeitsdruck der Leibeshöhlen die Fortbewegung und Aufrechterhaltung der Körperform. Oft sind segmentweise Borsten und Stummelfüße ausgebildet. Das Blutgefäßsystem ist geschlossen: Durch kontraktile Abschnitte wird das Blut durch Rücken- und Bauchgefäß gepumpt. Das Strickleiternervensystem ermöglicht eine effektive Reizverarbeitung und Reaktion auf chemische Reize, Erschütterungs- und Lichtreize. Der Stamm der Ringelwürmer wird in zwei Klassen unterteilt:

- **Vielborster (Polychaeten)**: meist mit deutlichen Stummelfüßen und langen Borsten, Kopf mit Tentakeln (z. B. Wattwurm).

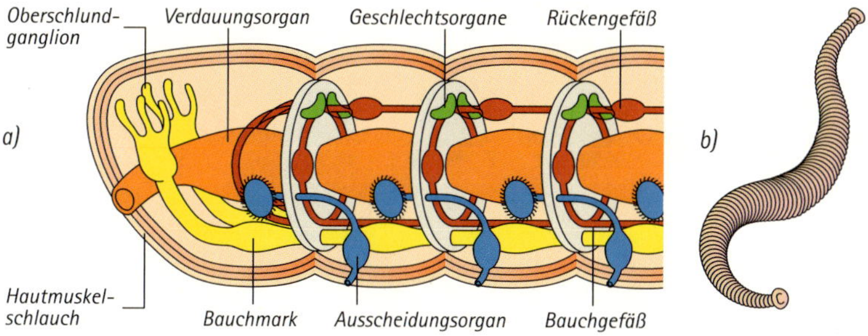

a) Regenwurm, Längsschnitt, b) Medizinischer Blutegel

- **Gürtelwürmer** mit den Untergruppen **Wenigborster** und **Egel**: Körper der Wenigborster mit charakteristischer Anschwellung, dem Clitellum, Borsten in Hauttaschen (z. B. Regenwurm). Körper der **Egeln** meist abgeflacht und ohne Borsten, konstante Segmentzahl, Saugnäpfe an den Körperenden, oft parasitische Lebensweise (z. B. Blutegel).

Gliederfüßer (Arthropoden)

Die Arthropoden haben alle Lebensräume (Wasser, Land und Luft) erobert. Ihr Körper ist meist in **Kopf**, **Brust** und **Hinterleib** gegliedert, er trägt paarige, gegliederte Extremitäten (Name!), die als Lauf- und Schwimmbeine der Fortbewegung dienen oder z. B. zu Greif-, Mund- oder Tastwerkzeugen umgebildet sind. Charakteristisch ist ein **chitinhaltiges Außenskelett**. Da es nicht mitwächst, muss es während der Entwicklung mehrfach abgestreift und neu gebildet werden. Viele Arten atmen durch **Tracheen**: röhrenförmige Einstülpungen der Chitinhaut, die den ganzen Körper durchziehen. Das Blutgefäßsystem ist offen, d. h., das Herz (Rückengefäß) pumpt das Blut direkt in den Körper. Nerven- und Sinnessystem sind hoch entwickelt (Facettenaugen, Sinnesorgane für chemische und mechanische Reize). Die Fortpflanzung geschieht geschlechtlich. Die Entwicklung

Bau eines Insektes

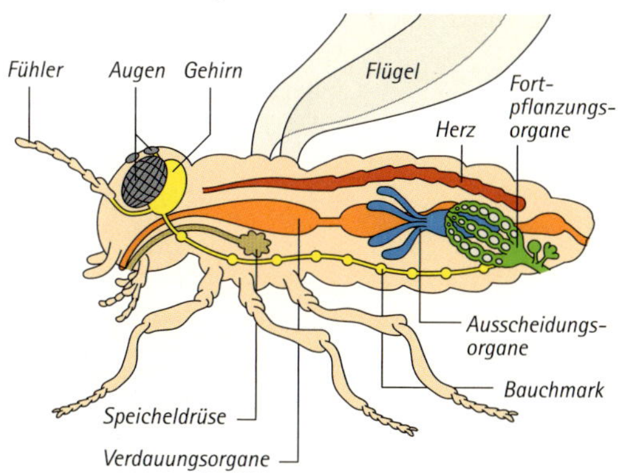

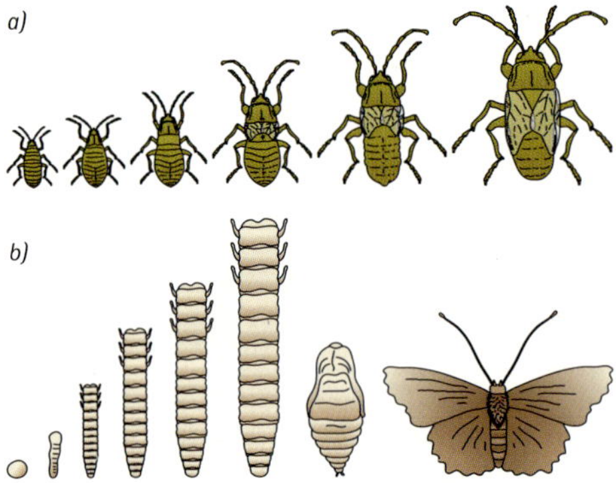

a) Hemimetabolie einer Bodenwanze, b) Holometabolie beim Schmetterling

läuft über Larvenstadien mit Metamorphosen. Nähert sich dabei die Larvenform mit jeder Verwandlung dem erwachsenen Tier stärker an, spricht man von **Hemimetabolie** (z. B. Libellen, Wanzen). Tritt zwischen die Larvenstadien ein Puppenstadium (Ruhephase), spricht man von **Holometabolie** (z. B. Schmetterlinge). Der vielgestaltige Stamm wird u.a. gegliedert in:

- **Spinnentiere**: teilweise mit Gift- und Spinndrüsen (z. B. Skorpion, Kreuzspinne, Milben).
- **Krebstiere**: Kiemenatmung, zahlreiche Extremitäten (z. B. Garnelen, Krabben, Hummer, Asseln).
- **Tausendfüßer**: 1 oder 2 Beinpaare pro Segment.
- **Insekten**: artenreichste Tiergruppe, Körper in Kopf, 3-teilige Brust (Thorax) und 12-teiligen Hinterleib (Abdomen) gegliedert, Thorax mit 3 Paar Beinen, zum Teil mit 1 bis 2 Paar Flügeln, die aus Hautfalten des Chitinpanzers entstanden sind. Bekannte Ordnungen: **Libellen**, **Heuschrecken**, **Schmetterlinge**, **Käfer** (Vorderflügel zu Deckflügel umgebildet), **Zweiflügler** (z. B. Stubenfliegen, Mücken: Hinterflügel zu Schwingkölbchen reduziert), **Hautflügler** (z. B. Ameisen, Bienen, Wespen: Weibchen mit Wehrstachel, oft Staaten bildend).

Tagpfauenauge

a) Assel, b) Großlibelle, c) Kreuzspinne, d) Schmetterling, e) Flusskrebs, f) Laubheuschrecke

6.6 Stachelhäuter (Echinodermata)

Die Stachelhäuter sind meist stern-, walzen- oder kugelförmige, **radiärsymmetrische** Lebewesen mit hoher Regenerationsfähigkeit, die ausschließlich im Meer leben. Durch Einlagerungen von Kalkplatten besitzen sie ein **Hautskelett**, oft sind Stacheln ausgebildet. Charakteristisch ist ihr **Wasserleitsystem** (Ambulacralsystem), das zur Atmung, Nahrungsaufnahme und Fortbewegung dient. Neben festsitzenden (sessilen) Arten gibt es viele räuberische, die sich schwimmend oder kriechend fortbewegen. Heute werden fünf Klassen unterschieden: **Haarsterne**, **Seewalzen**, **Seeigel**, **Seesterne** und **Schlangensterne**.

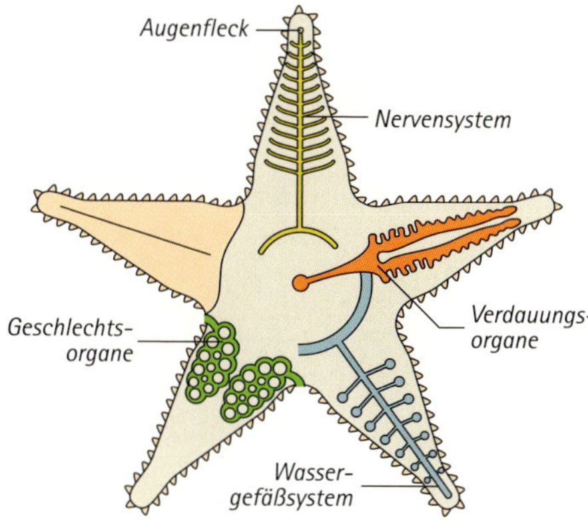

Querschnitt eines Seesterns; in jedem Arm ist nur ein Organsystem eingezeichnet

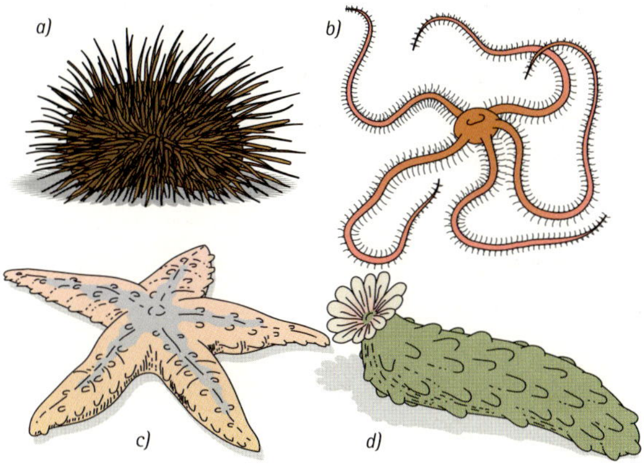

a) Seeigel,
b) Schlangenstern,
c) Seestern,
d) Seegurke

6.7 Chordatiere (Chordata)

Diese Tiere haben ein **inneres Skelett** in Form eines langgestreckten Stranges, der sich unter dem Hauptnervenstrang am Rücken entlangzieht. Fast alle Arten besitzen ein **geschlossenes Blutgefäßsystem**, Zellen, Gewebe und Organe sind stark ausdifferenziert. Sie werden in die Unterstämme der **Manteltiere** (z. B. Feuerwalzen, Salpen, Seescheiden),

Zur ausführlichen Information über Bau und Funktion der Organe und Organsysteme vgl. die Kapitel 1, 3, 5, 6, 7 und 8.

Schädellosen (z. B. Lanzettfischchen) und **Wirbeltiere** gegliedert. Die für uns wichtigste Tiergruppe stellen die Wirbeltiere dar.

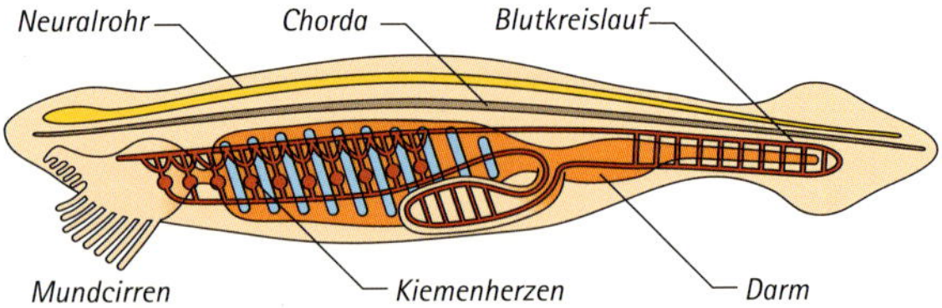

Längsschnitt eines Lanzettfischchens

Wirbeltiere (Vertebraten). Bei den Wirbeltieren ist die Chorda zu einer **knöchernen Wirbelsäule** weiterentwickelt, ihr Körper ist meist in **Kopf**, **Rumpf**, **Schwanz** und 2 Paar **Gliedmaßen** unterteilt. Der Spezialisierungs- und Differenzierungsgrad ihrer Gewebe, Organe und Organsysteme ist im Vergleich zu anderen Tiergruppen am weitesten fortgeschritten. Die meist paarigen Gliedmaßen haben in Anpas-

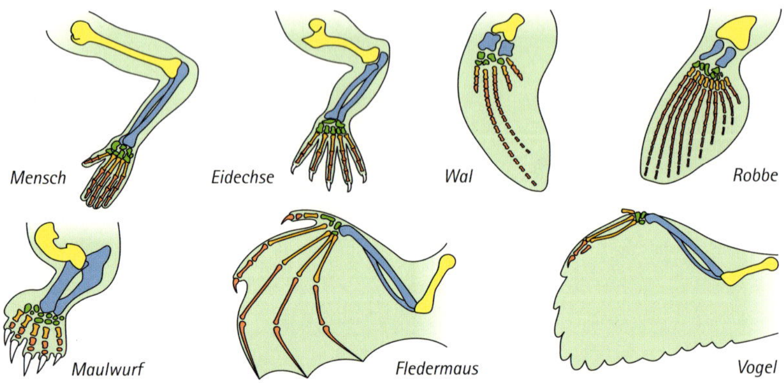

Umbildungen bei Wirbeltiergliedmaßen

sung an Fortbewegungsweisen und Lebensräume entsprechend ihrer Funktion drastische Umbildungen erfahren: z. B. zu Flossen, Lauf- und Grabbeinen, Greifhänden, Flügeln. Die Schädelkapsel umschließt und schützt ein hochentwickeltes Gehirn, in dem alle von den Sinnesorganen eintreffenden Informationen zentral verarbeitet und mit den Erfolgsorganen (Muskeln und Drüsen) verschaltet werden. In Anpassung an die jeweilige Lebensweise und in Abhängigkeit vom Entwicklungsstand sind in den einzelnen Wirbeltierklassen unterschiedlich ausdifferenzierte geschlossene **Blutgefäßsysteme** entstanden, die aus Herz, Arterien, Venen und Kapillaren bestehen. Das ausschließlich bei Wirbeltieren vorkommende **Lymphgefäßsystem** ist ein offenes System, in dem die Lymphe Nährstoffe (z. B. Fett) und Lymphozyten (Abwehrfunktion) durch den Körper transportiert. Die Atmung findet über Kiemen oder Lungen statt, zu unterschiedlich großen Anteilen auch über die Haut (bei Amphibien ca. 35 %). Oft ist ein deutlicher Unterschied zwischen weiblichen und männlichen Tieren einer Art vorhanden (Geschlechtsdimorphismus), die Fortpflanzung erfolgt geschlechtlich mit äußerer oder innerer Befruchtung. Die Wirbeltiere werden in sieben Klassen unterteilt:

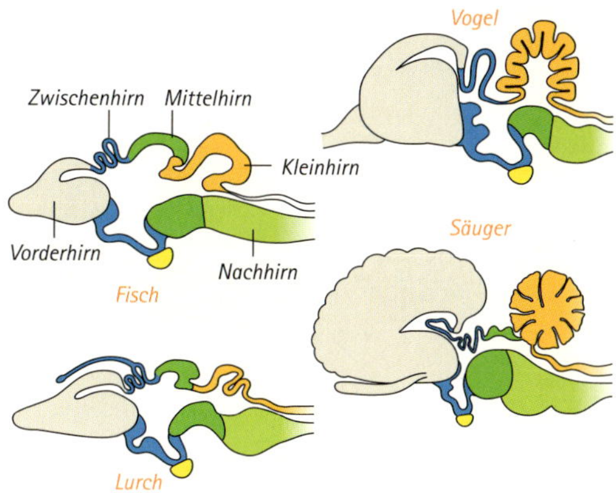

Entwicklung des Gehirns

Entwicklung der Blutgefäßsysteme bei Wirbeltieren

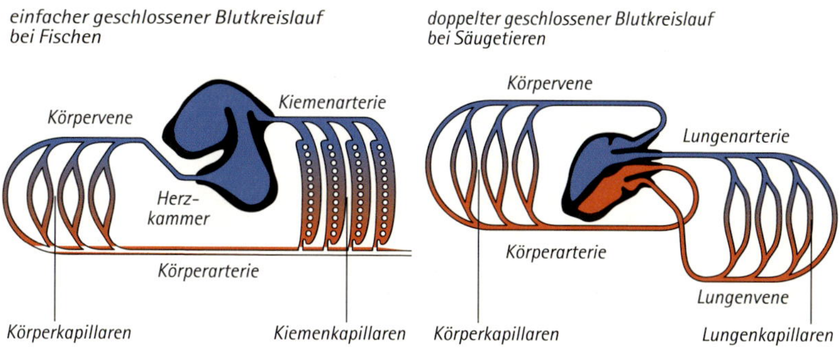

- **Rundmäuler**: Wassertiere mit schwach entwickeltem Knorpelskelett, z. B. Neunaugen.
- **Knorpelfische**: Wassertiere mit Knorpelskelett, meist 5 Kiemenspalten, ohne Schwimmblase, z. B. Haie, Rochen.
- **Knochenfische:** Wassertiere mit verknöchertem Skelett; in die schleimige Haut sind Knochenschuppen eingelagert, Kiemenatmung und Schwimmblase, z.B. Forelle, Hering.

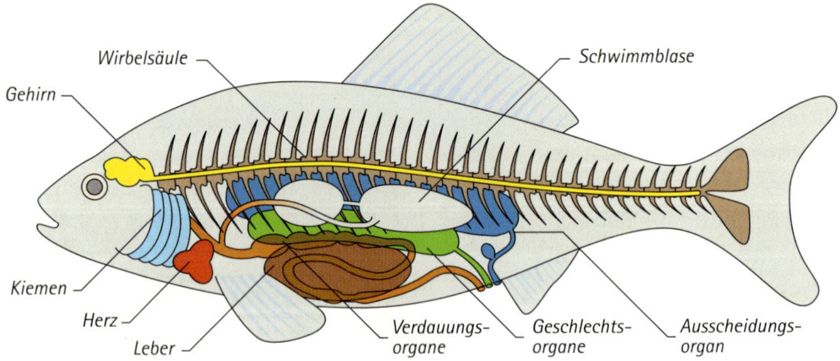

Vereinfachter Bauplan der Fische, Barsch

Eule

- **Lurche (Amphibien)**: auf Feuchtigkeit angewiesene **wechselwarme Tiere**, Extremitäten mit 4 Fingern und 5 Zehen, Eier werden meist als Laich ins Wasser abgelegt und dort befruchtet, Entwicklung über Larvenformen, die mit Kiemen atmen, erwachsene Tiere haben einfach gebaute Lungen, z. B. Salamander, Frösche, Kröten, Unken.
- **Kriechtiere (Reptilien)**: vorwiegend landlebende, **wechselwarme Tiere** mit einer von Hornschuppen bedeckten Haut, Extremitäten fünfstrahlig, innere Befruchtung, pergamentartige Eier oder Lebendgeburten, z. B. Schlangen, Echsen, Schildkröten, Krokodile.
- **Vögel (Aves)**: **gleichwarm**, Haut mit **Federn**, Vorderextremitäten zu **Flügeln** umgebildet, Knochen teilweise hohl, Lunge mit **Luftsäcken** verbunden (alles Anpassungen an die Flugfähigkeit), innere Befruchtung, kalkschalige Eier, hochentwickelte Brutpflege, z. B. Hühner-, Enten-, Sing- und Greifvögel, Spechte.
- **Säugetiere (Mammalia)**: **gleichwarm**, Haut meist mit **Haaren** bedeckt, Ausbildung von **Milchdrüsen**, innere Befruchtung, Embryonen entwickeln sich im Körperinneren, in einer **Gebärmutter**

Vereinfachter Bauplan der Vögel, Haushuhn

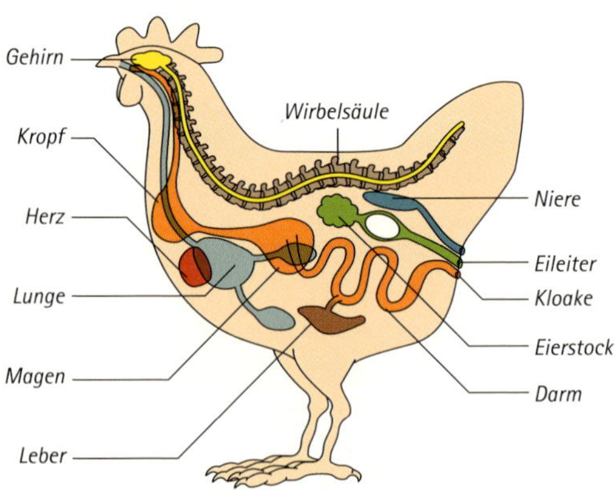

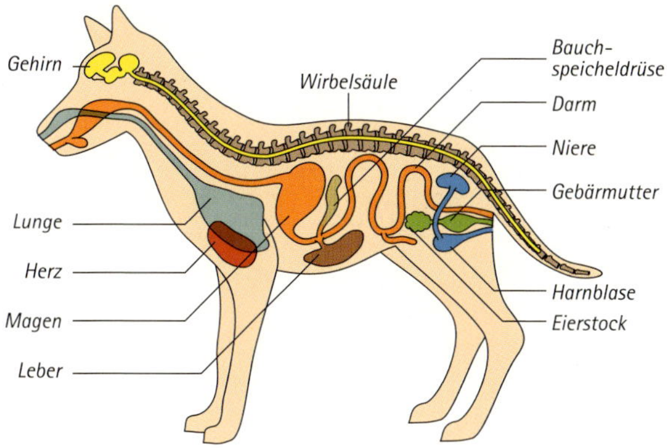

Vereinfachter Bauplan der Säugetiere, Hund

Rauhhaardackel

(Ausnahme: Kloakentiere), nach Lebendgeburten werden die Jungtiere **gesäugt** (Name!), z. B. Nage-, Raub-, Rüsseltiere, Robben, Wale, Herrentiere.

»Wirbeltiercollage«

Auf einen Blick: Lebewesen lassen sich ordnen

- Die heute bekannten ca. 1,5 Millionen Arten von Lebewesen werden fünf Reichen zugeordnet: Prokaryonten, Einzeller, Pilze, Pflanzen und Tiere.
- Grundlegende Einheit ist die Art: Arten werden zu Gattungen, Gattungen zu Familien, Ordnungen, Klassen, Abteilungen/Stämmen und Reichen geordnet.

Die fünf Reiche der Lebewesen

- Die **Prokaryonten** sind einzellige Lebewesen ohne echten Zellkern.
- Die **Einzeller** haben Zellen mit allen typischen Strukturen, sie sind **Eukaryonten**.
- Die **Pilze** sind heterotrophe Lebewesen; ihr Körper besteht aus langen Zellfäden, den Hyphen, mit denen sie ihr Substrat durchziehen.
- Das **Pflanzenreich** ist in die Abteilungen der Algen, Moose, Farne und Samenpflanzen gegliedert. Alle Pflanzen sind autotroph, ihre Zellen sind durch feste Zellwände und Plastiden gekennzeichnet. Der Körper der **Algen** ist nicht in Gewebe und Organe gegliedert, erst bei den **Moosen** finden sich stengel- und blattähnliche Differenzierungen. Die **Farne** zeigen eine klare Gliederung in Wurzel und Spross mit Sprossachse und Blättern; sie sind die ältesten Landpflanzen. Die **Samenpflanzen** sind mit der Ausbildung von Blüten, Samen und Früchten die am weitesten differenzierte Abteilung; sie werden in die **Nackt- und Bedecktsamer** unterteilt.
- Das **Tierreich** ist in die Stämme der Schwämme, Hohltiere, Niederen Würmer, Weichtiere, Gliedertiere, Stachelhäuter und Chordatiere unterteilt. Alle Tiere sind heterotroph mit Zellen ohne Zellwände und Plastiden. Die **Schwämme** sind festsitzende Wassertiere mit unspezialisierten Zellen. Erst die **Hohltiere** sind durch echte Gewebe gekennzeichnet. Die parasitär lebenden **Platt- und Rundwürmer** sind als Krankheitserreger von großer Bedeutung. **Schnecken, Muscheln** und **Kopffüßer** gehören zu den **Weichtieren**, ihr Körper weist meist eine innere oder äußere Kalkschale auf. Die **Stachelhäuter** sind radiärsymmetrische Meeresbewohner. Die **Gliedertiere** stellen mit **Gliederwürmern** und **Gliederfüßern** die artenreichste Tiergruppe, sie haben alle Lebensräume erobert. Die Spezialisierung und Differenzierung ihrer Zellen, Gewebe und Organe ist nur noch mit derjenigen der Wirbeltiere vergleichbar. Gegenüber dem meist knöchernen Innenskelett der Wirbeltiere ist ihr Körper von einem chitinhaltigen Außenskelett umgeben. Die **Wirbeltiere**, die zum Stamm der Chordatiere gehören, werden in die **Fische**, **Amphibien**, **Reptilien**, **Vögel** und **Säugetiere** gegliedert. Auch der Mensch ist biologisch gesehen ein Säugetier.

Fotonachweis

S. 12 oben: COREL
S. 13 oben: COREL
S. 13 unten: BAVARIA Bildagentur
S. 15 Mitte: BAVARIA Bildagentur
S. 15 unten: BAVARIA Bildagentur
S. 27: BAVARIA Bildagentur
S. 31: BAVARIA Bildagentur
S. 33: MEV Verlag
S. 49: MEV Verlag
S. 71: Getty Images/Yorgos Nikas
S. 81: MEV Verlag
S. 82: BAVARIA Bildagentur
S. 83: BAVARIA Bildagentur
S. 94: BAVARIA Bildagentur
S. 97: MEV Verlag
S. 113: MEV Verlag
S. 129: BAVARIA Bildagentur
S. 145 links: BAVARIA Bildagentur
S. 145 rechts: BAVARIA Bildagentur
S. 161: MEV Verlag
S. 177: IFA-Bilderteam
S. 193: MEV Verlag
S. 226: COREL
S. 230 (links und Mitte): MEV Verlag
S. 231 links: BAVARIA Bildagentur
S. 232: Archiv für Kunst und Geschichte, Berlin
S. 236: Archiv für Kunst und Geschichte, Berlin
S. 238: COREL
S. 243: MEV Verlag
S. 244: BAVARIA Bildagentur
übrige Fotos: Reiner Kleinert

Register